鄱阳湖生态系统研究丛书

鄱阳湖水环境与水生态

王晓龙　吴召仕　刘　霞　蔡永久　等　著

科学出版社

北　京

内 容 简 介

  鄱阳湖是我国第一大淡水湖，也是长江流域最大的通江湖泊，具有涵养水源、调蓄洪水、降解污染物及保护生物多样性等多种重要生态功能。本书围绕鄱阳湖水环境与水生态现状及其变化，从水量、水质、浮游植物与底栖动物等方面揭示了鄱阳湖水环境与水生态现状特征及演变趋势；结合人类活动影响分析，重点阐述了军山湖围垦后水环境、水生态的演变特征，对比分析了三峡工程建设前后鄱阳湖水环境、水生态的变化趋势。

  本书可供从事地理学、生态学、环境化学、环境工程及湖泊湿地保护与管理等相关领域的科研技术人员及高校师生参考阅读。

审图号：赣 S（2018）070 号

图书在版编目（CIP）数据

鄱阳湖水环境与水生态 / 王晓龙等著. —北京：科学出版社，2018.6
（鄱阳湖生态系统研究丛书）
ISBN 978-7-03-057922-5

Ⅰ. ①鄱⋯ Ⅱ. ①王⋯ Ⅲ. ①鄱阳湖-水环境-生态环境-研究 Ⅳ. ①X143

中国版本图书馆 CIP 数据核字（2018）第 128325 号

责任编辑：王腾飞 沈 旭 冯 钊 / 责任校对：彭珍珍
责任印制：张克忠 / 封面设计：许 瑞

科 学 出 版 社 出版
北京东黄城根北街 16 号
邮政编码：100717
http://www.sciencep.com

三河市荣展印务有限公司 印刷
科学出版社发行 各地新华书店经销
*
2018 年 6 月第 一 版 开本：720×1000 1/16
2018 年 6 月第一次印刷 印张：16 3/4
字数：335 000
定价：99.00 元
（如有印装质量问题，我社负责调换）

丛 书 序

　　湿地是人类重要的生存环境和自然界最富生物多样性的生态景观之一，也是实现可持续发展进程中关系国家与区域生态安全的重要战略资源。鄱阳湖是我国湿地生态系统中生物资源最丰富的地区。1992 年，鄱阳湖国家级自然保护区被列入《国际重要湿地名录》，其是具有重要国际保护意义的淡水湖泊湿地。湖区独特的水文环境与地形地貌孕育了丰富多样的湿地类群，在涵养水源、调蓄洪水、调节气候、净化环境和保护生物多样性方面发挥着巨大作用，为区域内社会、经济的和谐发展提供了保障。鄱阳湖兼有水体和陆地的双重特征，集中体现了以湿地为主要特征的环境多样性、生物多样性和文化多样性的统一，对流域内自然资源的可持续利用以及区域生态环境安全保障都极为重要。然而，由于巨大的人口压力和经济持续高速发展，湖区人为活动日趋加剧，鄱阳湖正面临着水域面积萎缩、湿地生态系统功能下降，以及生物多样性减少等诸多问题。流域内极端气候的频繁出现与三峡工程蓄水运行，进一步增加了湿地生态过程和功能演变的不确定性，湿地功能退化导致的区域生态系统失衡对社会经济发展的制约日趋明显，尤其是鄱阳湖湖泊水位的异常变动，给鄱阳湖湿地生态系统带来了一系列影响，包括局部湖区蓝藻水华频现、底栖生物结构趋单一化及水陆过渡带植物物种丰富度下降等，引起了国内外学者与社会的广泛关注。

　　随着鄱阳湖生态经济区建设的持续推进，湖区人为活动必然也随之不断增强，进而对鄱阳湖生态系统健康产生巨大压力，因此迫切需要系统认识湖区湿地生态系统过程及生态要素间相互作用关系与驱动机制，从而为区域规划与重大水利工程的生态评估提供科学依据，保障湖区生态系统稳定与社会经济的可持续发展。

　　为了提高对鄱阳湖生态系统过程的科学认识，2007 年中国科学院在江西省九江市庐山市建立了鄱阳湖湖泊湿地生态系统观测研究站（以下简称鄱阳湖站），2008 年正式投入运行，2012 年加入中国生态系统研究网络（CERN）。依托鄱阳湖站的长期定位观测，并在中国科学院知识创新工程重大项目、国家重点基础研究发展计划、科学技术部基础性工作专项以及国家自然科学基金等项目的持续支持下，鄱阳湖站相关研究人员对鄱阳湖气象、水文、植物、土壤等要素进行了长期的定位观测研究。这些定位观测研究对于认识在全球变化和人类活动共同驱动下鄱阳湖湿地生态系统过程与格局的变化规律，探讨对湿地生态系统结构与过程的调控管理途径具有重要意义。基于鄱阳湖生态系统定位观测研究数据与成果，在三峡工程环境验收评估、鄱阳湖水利枢纽工程规划生态评估以及为地方政府提供决策咨询等方面也发挥了重要作用。

鄱阳湖季节性洪水过程、周期性湖水快速更换、典型湖泊洲滩湿地结构，以及与大江大河密切的水力联系和生态联系，形成了多类型湿地生态系统及与季节性大尺度波动的水位高度关联的湿地结构。鄱阳湖是极为珍贵的天然湖泊湿地实验室，但国际上对于如此典型、独特的人地交互的动态湖泊湿地系统变化的本底原位研究甚少。长期以来，以鄱阳湖为代表的长江中游大型通江湖泊及其流域是我国地理学与生态学研究的重要基地。"鄱阳湖生态系统研究丛书"以鄱阳湖生态系统相关监测与研究成果为基础，从湖泊水文水动力、湖泊水生生态、湖区湿地植物、洲滩湿地生态以及有毒有害污染物时空格局等方面系统整理与总结了前期相关研究成果。

该系列丛书的出版对于丰富通江湖泊湿地相关研究积累，提升未来鄱阳湖生态系统观测能力与研究技术平台具有重要意义，也希望该系列丛书的出版有助于丰富和完善大型通江湖泊湿地生态系统研究的理论与方法，有益于鄱阳湖及其洲滩湿地生态系统的科学管理与保护。

刘兴土

前　言

　　鄱阳湖是我国面积最大的淡水湖泊，也是具有重要国际影响的大型通江湖泊。鄱阳湖承纳赣江、抚河、信江、饶河和修水"五河"来水，经调蓄后由湖口北注长江，形成完整的鄱阳湖水系。受"五河"入湖水量和长江水位顶托双重影响，湖区年际年内水位变幅巨大，形成"洪水一片，枯水一线""高水是湖，低水似河"的独特自然地理景观，在长江中下游湖泊群中极具代表性。鄱阳湖是具有全球保护意义和极高生物多样性的湖泊湿地，具有涵养水源、调蓄洪水、调节气候、净化水质和保持生物多样性等诸多生态功能，在稳定长江中下游生态流量与清洁水源补给等方面发挥着重要作用，为区域内社会经济的和谐健康发展提供了殷实的生态安全保障。

　　近年来，随着鄱阳湖周边地区经济快速发展，流域内入湖污染负荷持续增加、上游水利工程高强度建设开发以及极端气候的频繁出现，鄱阳湖水文情势发生了较大变化，枯水期水位下降与水量减少，导致湖区水环境容量降低、水质恶化与水域生态失衡等诸多问题。与我国长江中下游其他大型湖泊相比，虽然鄱阳湖目前水质相对较好，但近几十年来湖区水质持续恶化趋势也十分明显。20 世纪 80 年代鄱阳湖水质以Ⅰ类、Ⅱ类为主，90 年代Ⅰ类、Ⅱ类水体占比下降到 70%，2003 年降至50%左右，目前湖区Ⅰ类、Ⅱ类水体占比已不足 10%。当前鄱阳湖正处于从中营养向富营养水平过渡的关键时期，浮游植物结构与数量也呈快速演变趋势，部分湖湾区藻类优势种由硅藻向蓝藻转变特征明显，夏、秋季都昌和星子附近水域蓝藻水华频现。

　　鄱阳湖水域生态安全直接影响周边居民生活、工农业生产、水产养殖、湿地生态功能以及珍稀物种保护等。鄱阳湖水质改善与湿地生态保护一直受到社会各界的广泛关注和重视。2007 年，温家宝总理指示"一定要保护好鄱阳湖的生态环境，使鄱阳湖永远成为'一湖清水'"。2008 年，环境保护部和中国科学院联合发布的《全国生态功能区划》中鄱阳湖地区属于"湿地洪水调蓄重要区"，是长江中下游最大的调蓄水体，对长江中下游防洪安全与水量平衡具有重要意义。国务院于 2009 年 12 月 12 日正式批复《鄱阳湖生态经济区规划》，标志着建设鄱阳湖生态经济区正式上升为国家发展战略。江西省也正大力推进实施以鄱阳湖为核心，以保护生态、发展绿色产业为重点的鄱阳湖生态经济区建设。国家《国民经济和社会发展第十二个五年规划纲要》做出了加快建设沿长江中游经济带，重点推进鄱阳湖生态经济区等区域发展的部署。这些规划与发展战略的制定和顺利实施必然对鄱阳湖水环境水生态安全提出更高的要求。

本书紧密围绕鄱阳湖水环境与水生态现状与演变，通过历史资料收集、实地调查、长期定位观测、类别研究以及统计分析等方法，从湖泊水文、水质、浮游植物以及底栖动物等方面入手，重点阐述了湖泊水量平衡、水环境现状与演变、浮游植物与底栖动物群落结构和数量变化特征。结合历史监测数据分析与定位观测，揭示了军山湖水质水生态长期变化特征，定量分析了围湖工程对湖泊水环境、水生态长期演变的影响。基于长序列监测数据与历史资料，从江湖关系、水环境变化、水生生态系统演变以及鱼类资源等方面，深入比较三峡工程建设运行不同时期鄱阳湖水环境、水生态要素变化特征，揭示了三峡工程建设对鄱阳湖水域生态的影响。

本书作为"鄱阳湖生态系统研究丛书"之一，是近十年来中国科学院南京地理与湖泊研究所围绕鄱阳湖水环境与水生态相关成果的阶段性总结与集成。其中前言由王晓龙、徐力刚编写；第 1 章由王晓龙、陈宇炜、徐力刚、张路、赖锡军编写；第 2 章由游海林、白丽、余莉编写；第 3 章由吴召仕、刘霞、张艳会编写；第 4 章由吴召仕、刘霞编写；第 5 章由蔡永久、王晓龙、王兆德编写；第 6 章由刘霞、吴召仕、孙占东、徐彩平、蔡永久编写；第 7 章由王晓龙、徐力刚、张路、孙占东、李新艳、刘霞、吴召仕、蔡永久编写；第 8 章由王晓龙、徐金英编写。全书由王晓龙、蔡永久统稿。

鄱阳湖水文情势多变、湖区地貌类型多样，受江湖关系变化与人为活动干扰，鄱阳湖水环境与水生态演变及其影响因素极为复杂，加之著者水平有限，书中难免存在不足之处，恳请读者批评指正。

王晓龙

2018 年 5 月

目　　录

丛书序

前言

第1章　绪论 ·· 1

　1.1　鄱阳湖特征及研究意义 ··· 1

　　1.1.1　自然地理概况 ·· 1

　　1.1.2　鄱阳湖生态系统特征 ··· 3

　　1.1.3　鄱阳湖生态系统研究的学科代表性 ·· 5

　1.2　维持鄱阳湖生态系统平衡的重要性 ·· 6

　　1.2.1　鄱阳湖是生态保护地位突出的国际重要湖泊湿地 ·································· 6

　　1.2.2　鄱阳湖对维持区域生态系统平衡具有重要作用 ·································· 7

　1.3　鄱阳湖水环境、水生态现状 ··· 8

　　1.3.1　鄱阳湖水质演变特征 ··· 9

　　1.3.2　鄱阳湖浮游生物特征 ··· 9

　参考文献 ·· 11

第2章　鄱阳湖水文过程 ··· 13

　2.1　鄱阳湖水位变化特征 ·· 13

　　2.1.1　鄱阳湖主要控制水文站分布 ··· 13

　　2.1.2　鄱阳湖多时间尺度水位变化特征 ·· 15

　　2.1.3　鄱阳湖不同水文周期水位变化特征 ··· 19

　2.2　鄱阳湖水位波动周期性分析 ··· 21

　　2.2.1　水文过程周期性分析及其原理 ·· 21

　　2.2.2　小波函数的选择与水位序列处理 ·· 22

　2.3　鄱阳湖出入水量平衡与模拟 ··· 27

　　2.3.1　数据选取与处理 ·· 28

　　2.3.2　鄱阳湖水位与湖泊水量各组分的内在联系 ··· 31

　2.4　鄱阳湖湖区水位波动影响因素分析 ··· 42

　　2.4.1　长江水位对鄱阳湖水位的影响 ··· 42

　　2.4.2　气候变化对鄱阳湖水位的影响 ··· 46

　　2.4.3　降水因素 ··· 47

2.4.4 蒸发因素 ···47
2.4.5 人类活动的影响 ····································51
2.5 小结 ···53
参考文献 ···54
第3章 鄱阳湖水质现状与演变 ·······················57
3.1 鄱阳湖湖区水质时空变化特征 ················57
3.1.1 水质空间变化特征 ·······························58
3.1.2 水质季节变化特征 ·······························65
3.1.3 水质年际变化特征 ·······························66
3.1.4 水质类别分析 ···································68
3.2 鄱阳湖入湖河流水质动态与污染物输入通量 ······69
3.2.1 入湖河流水质动态变化特征 ···················69
3.2.2 入湖河流年际变化特征 ·························71
3.2.3 入湖河流水质类别分析 ·························73
3.2.4 入湖河流与主湖区水质特征对比分析 ·········74
3.3 鄱阳湖水体富营养评价 ··························77
3.3.1 湖泊分类及湖泊富营养化 ······················78
3.3.2 鄱阳湖富营养评价研究进展 ···················79
3.3.3 鄱阳湖富营养评价 ·······························80
3.4 小结 ···82
参考文献 ···82
第4章 鄱阳湖浮游植物时空动态 ····················85
4.1 鄱阳湖浮游植物群落组成 ·······················85
4.1.1 样品采集及分析方法 ·······························85
4.1.2 群落结构特征 ···································86
4.2 鄱阳湖浮游植物生物量 ··························88
4.2.1 季节变化 ···88
4.2.2 年际变化 ···89
4.2.3 空间变化 ···89
4.2.4 湖区及入湖河流的生物量比较分析 ···········91
4.3 鄱阳湖浮游植物动态的环境驱动要素 ·········93
4.3.1 水下光照 ···93
4.3.2 营养盐 ···97
4.3.3 水情条件 ···99

　　　4.3.4　其他因素 ··· 109
　4.4　鄱阳湖藻类水华新记录种特征分析 ··································· 110
　　　4.4.1　水网藻水华 ··· 110
　　　4.4.2　旋折平裂藻 ··· 113
　4.5　小结 ·· 116
　参考文献 ·· 117
第5章　鄱阳湖底栖动物群落结构及演变 ·································· 121
　5.1　鄱阳湖底质理化特征 ·· 122
　　　5.1.1　底质氮磷与有机质含量 ··· 122
　　　5.1.2　底质氮磷与有机质空间差异 ··································· 125
　5.2　鄱阳湖底栖动物群落结构现状 ·· 126
　　　5.2.1　种类组成 ··· 127
　　　5.2.2　密度和生物量时空格局 ··· 130
　5.3　鄱阳湖底栖动物演变特征 ··· 134
　　　5.3.1　密度和生物量变化 ··· 134
　　　5.3.2　优势种组成变化 ·· 136
　5.4　典型碟形湖——蚌湖底栖动物群落结构 ····························· 137
　　　5.4.1　种类组成 ··· 137
　　　5.4.2　密度、生物量及物种多样性 ··································· 138
　5.5　底栖动物水环境指示意义 ··· 142
　　　5.5.1　底栖动物群落结构主要影响因素 ····························· 144
　　　5.5.2　应用底栖动物评价鄱阳湖水质状况 ························· 148
　5.6　小结 ·· 150
　参考文献 ·· 151
第6章　鄱阳湖阻隔湖泊——军山湖水质水生态特征 ················ 154
　6.1　军山湖流域概况 ·· 155
　　　6.1.1　面积与容积 ·· 156
　　　6.1.2　降水 ·· 157
　　　6.1.3　径流 ·· 158
　　　6.1.4　蒸发 ·· 161
　　　6.1.5　水位 ·· 161
　6.2　军山湖污染物输入通量与水质现状 ···································· 162
　　　6.2.1　湖区污染物来源 ·· 162
　　　6.2.2　湖区水质现状 ··· 170

6.3　军山湖浮游生物变化特征 ··171
　　6.3.1　湖区浮游植物分析 ·· 172
　　6.3.2　湖区浮游动物分析 ·· 180
6.4　军山湖底栖动物变化特征 ··182
　　6.4.1　种类组成 ·· 183
　　6.4.2　空间与季节变化 ·· 184
　　6.4.3　时间演变特征 ·· 186
6.5　军山湖与鄱阳湖比较分析 ··188
　　6.5.1　水文情势比较分析 ··· 188
　　6.5.2　水质比较分析 ·· 189
　　6.5.3　入湖污染负荷类比分析 ·· 190
　　6.5.4　生物比较分析 ·· 191
6.6　鄱阳湖闸控湖泊人类活动影响及其对策建议 ······································195
　　6.6.1　人类活动影响 ·· 195
　　6.6.2　保护对策建议 ·· 195
参考文献 ··198
第7章　三峡工程建设运行前后鄱阳湖水环境水生态 ································200
7.1　三峡工程概况 ··201
7.2　三峡工程运行调度方式 ···202
　　7.2.1　设计运行调度方式 ··· 202
　　7.2.2　试运行水库运行调度 ·· 202
7.3　三峡工程建设运行不同阶段鄱阳湖水质变化特征 ·······························206
　　7.3.1　鄱阳湖水体 TN 和 TP 浓度及富营养化指数变化趋势 ·············· 206
　　7.3.2　鄱阳湖水质演变原因分析 ·· 210
7.4　浮游植物变化特征 ··217
　　7.4.1　鄱阳湖浮游植物现状 ·· 217
　　7.4.2　浮游植物变化趋势 ··· 219
　　7.4.3　三峡工程对鄱阳湖浮游植物的影响 ······································ 222
7.5　渔业资源变化及影响分析 ··224
　　7.5.1　产卵场生境变化 ·· 224
　　7.5.2　鄱阳湖渔获物组成变化 ·· 225
　　7.5.3　珍稀保护鱼类、淡水豚类变化特征 ······································ 227
7.6　小结 ···228
参考文献 ··229

第 8 章　政策建议与展望 ··232

　8.1　鄱阳湖水环境水生态保护管理现状 ··232

　　8.1.1　鄱阳湖水环境水生态保护法律法规条例 ························232

　　8.1.2　鄱阳湖生态保护区设置 ···233

　8.2　鄱阳湖水环境水生态监测与保护措施 ····································235

　　8.2.1　现有水环境水生态监测体系 ··235

　　8.2.2　鄱阳湖水环境水生态的具体保护措施 ····························236

　8.3　鄱阳湖水环境与水生态保护与管理对策建议 ·························239

　　8.3.1　建立综合管理机制 ···239

　　8.3.2　建立健全环境信息公开制度 ··240

　　8.3.3　加强鄱阳湖水环境水生态监测体系 ································240

　　8.3.4　建立鄱阳湖水环境水生态预警系统 ································242

参考文献 ··243

附录 ···245

第1章 绪 论

鄱阳湖是长江中下游与长江直接相通的最大湖泊,是我国最大的淡水湖泊湿地,湖区湿地面积约 2700 km²,是我国公布的第一批国家重点湿地保护区之一。1992 年,我国加入《关于特别是作为水禽栖息地的国际重要湿地公约》后鄱阳湖就被列入《国际重要湿地名录》。它是我国唯一加入世界生命湖泊网的湖泊,是具有国际性保护意义的淡水湖泊湿地。鄱阳湖作为与长江直接相通的湖泊,其地理位置位于长江中下游的连接处。东西承上启下,京九铁路大动脉贯通本区南北,对整个长江流域的经济发展和江海为一体的"T"形战略格局,具有十分重要的区位优势。鄱阳湖是一个典型的过水性吞吐湖泊,时令性显著的水陆交替的特殊景观,为湖滩草洲湿地生态系统发育提供了良好条件,成为珍禽、候鸟的天然乐园。每年冬季,都有成千上万只水禽来此越冬,尤其以从 20 世纪 80 年代就成为国际濒危物种的白鹤(又称西伯利亚鹤)最为著名,几乎每年全世界 95%以上的白鹤都在鄱阳湖越冬。

鄱阳湖独特的水文环境与地形地貌孕育了丰富多样的湿地类群,在涵养水源、调蓄洪水、调节气候、净化水质和保持生物多样性方面发挥着巨大作用,为区域内社会、经济的和谐健康发展提供了重要的生态安全保障。由于鄱阳湖湿地具有巨大生态功能及效益,因而保护鄱阳湖湿地显得尤为必要。2007 年,温家宝总理指示"一定要保护好鄱阳湖的生态环境,使鄱阳湖永远成为'一湖清水'"。2008 年,鄱阳湖地区在环境保护部和中国科学院联合发布的《全国生态功能区划》中属于"湿地洪水调蓄重要区",是长江中下游最大的调蓄水体,维系着长江中下游的防洪安全和水文循环。国务院于 2009 年 12 月 12 日正式批复《鄱阳湖生态经济区规划》,标志着建设鄱阳湖生态经济区正式上升为国家发展战略。然而,近几十年来巨大的人口压力和经济持续快速发展,加上湖区周围大规模的围垦、修堤和建坝等人类活动与自然演变过程相互叠加,导致长江中下游江、河、湖关系格局发生了变化,进而将会对湖泊水环境与水生态过程产生明显影响。

1.1 鄱阳湖特征及研究意义

1.1.1 自然地理概况

鄱阳湖位于江西省的北部,长江中游的南岸,地处北纬 28°11′~29°51′,东经

115°49′～116°46′，南北长 173 km，东西宽平均 16.9 km，最宽处约 74 km，最窄处约 2.8 km，湖面呈葫芦形，是我国第一大淡水湖，接纳赣江、抚河、信江、饶河、修水等河流来水。鄱阳湖是在北部湖口地堑与南部鄱阳湖断凹地质背景上演化形成的一个大型浅水湖泊。因受上述构造控制，湖泊形态南、北差异很大。北部入江水道，因两侧山地约束，水域狭长，呈瓶颈状，宽度 5～8 km，其中湖口区因梅家洲自西向东伸展，成为长江与鄱阳湖进行水沙交换的咽喉通道；松门山以南，水面开阔，宽达 50～70 km，是鄱阳湖大水体所在。从水系流域分布看，江西省行政区域与鄱阳湖流域高度重合，鄱阳湖流域占江西省面积的 94.1%，流域内赣江、抚河、信江、饶河、修水五大河流（简称"五河"）将上游山区和鄱阳湖连接成一个相互制约、相互影响的整体。

鄱阳湖地处我国亚热带湿润季风气候区，气候温和，降雨充沛，日照充足，年均气温 16.5～17.8℃，7 月平均气温 28.4～29.8℃，极端最高气温 40.3℃，1 月平均气温 4.2～7.2℃，极端最低气温−10℃。年日照时数 1760～2150 h，无霜期 246～284 d。多年平均年降水量 1570 mm，4～6 月降水量占年降水量的 48.2%左右。多年平均蒸发量 1235.6 mm，最大年蒸发量 1498.4 mm，最小年蒸发量 1036.9 mm，形成了本区夏季洪涝、秋季干旱的气候特点。湖区多年平均水温 18℃，多年月平均最高水温 29.9℃（8 月），多年月平均最低水温 5.9℃（1 月）。湖区土壤类型及资源丰富，以草甸土、黄棕壤、红壤、水稻土为主，还有大面积的旱地分布。地带性土壤以典型的红壤和黄棕壤为主，非地带性土壤主要是草甸土，分布在滨湖地带；水稻土是湖区面积最大的耕作土壤；旱作土壤主要有潮土、马肝土和黄泥土等。

鄱阳湖作为与长江自然相通的我国最大的淡水大湖泊，不同季节经历不同的干—湿—干交替过程，形成"洪水一片，枯水一线"的大面积湿地，具有"高水是湖，低水似河"独特的自然地理景观，在长江中下游湖泊群中极具代表性。鄱阳湖湖泊水力特征独特，水位时令性强，水情变化复杂而剧烈，与长江之间的耦合关系密切。每年汛期"五河"洪水入湖，湖水漫滩，洪水一片；枯水季节，湖水落槽，滩地显露，水面缩小，洪枯水位面积相差 10 多倍。湖水主要依赖地表径流和降水补给，集水面积 $1.62×10^5$ km²，补给系数高达 55%，主要纳"五河"以及西北部的博阳河与西河来水，出流由湖口北注长江。

鄱阳湖湿地是具有全球保护意义和极高生物多样性的湿地，其独特景观和环境异质性为许多物种提供了完成其生命循环所需的全部因子或复杂生命过程的一部分因子，形成了丰富的植物多样性和动物多样性（朱海虹，1997；王晓鸿，2005）。鄱阳湖湿地高等植物约 600 种，其中湿地植物 193 种，占该区高等植物总数的 32%；浮游植物约有 154 属，分隶于 8 门 54 科；浮游动物有 207 种，其中原生动物 229 种、轮虫类 91 种、枝角类 57 种、桡足类 30 种。此外，鄱阳湖区有鱼类 112 种，水生生物中兽类有江豚，爬行动物中游蛇科约 30 种，两栖动物中约有 30 种。鄱阳湖更是具有全球保护意义的众多水禽的越冬栖息地。目前鄱阳湖有鸟类 310 种，其中国家一级保护鸟类 10 种，二级保护鸟类 44 种，是白鹤、东方白鹳、鸿雁和小天鹅等珍稀水禽种群全球最大的越冬场所，在维系和指示全球生态环境演变方面具有典型性和非常独特的科学研究价值（官少飞等，1987；陈宜瑜等，1995；彭映辉等，2003）。

近几十年来，江湖关系变化受大江大河治理和流域水资源利用开发等人类活动的影响愈益明显，其间经历了如 20 世纪 60 年代前的湖泊大规模围垦和调弦口建闸封堵、70 年代的下荆江裁弯、80 年代葛洲坝水利枢纽工程建成运行、90 年代末的退田还湖和 21 世纪初三峡工程及上游控制性水利枢纽工程建设运行等不同阶段。这些重大水利工程所带来的干流水沙与河道地形以及湖盆容积与形态变化等的直接后果最终都引起了江湖水沙交换过程与通量的连锁调整，改变了江湖水文水动力特征，进而影响江湖蓄泄能力、湖泊水资源与水环境质量、湖泊生态系统完整性与稳定性以及湿地生物多样性与珍稀候鸟栖息地生境等各个方面（黄虹等，2003；李典友等，2009；Zhang et al.，2014）。近年来，鄱阳湖区集长江经济带高速发展之机和坐拥承东启西、连接南北的战略区位，社会经济发展进程不断加快，尤其是 2009 年国务院正式批复江西省环鄱阳湖生态经济区建设，鄱阳湖区开发上升为国家战略，这无疑将进一步影响鄱阳湖及湿地水环境与水生态的演变过程。

1.1.2 鄱阳湖生态系统特征

鄱阳湖属于典型的亚热带湿润季风性气候区的大型浅水湖泊生态系统类型，既有典型的洪泛平原高营养本底湖泊的特点，又有季节性水位变幅巨大，与江河关系密切等独特特征。鄱阳湖属于典型的淡水湖泊湿地类型，兼有水体和陆地的双重特征，集中体现了以湿地为主要特征的环境多样性、生物多样性和生态系统多样性的统一。

1. 水情驱动下的动态变化的生态系统

鄱阳湖上接江西省境内赣江、抚河、信江、饶河与修河五大干流，下通长江，湖区水位受流域来水与长江的双重影响，水位季节性与年际变幅巨大，形成"汛期茫茫一片水连天，枯水沉沉一线滩无边"的独特湿地生态景观（王晓鸿，2005）。鄱阳湖多年月平均水位以 7 月最高，1 月最低，年内水位变幅大，季节性水位相差 10 m 左右；年际水位变幅更大，最高水位与最低水位相差可达 16.7 m。鄱阳湖天然湿地和其他湿地一样处于动态变化之中，但鄱阳湖天然湿地的变化幅度在淡水湿地是罕见的。这种变化引起水位和水域面积的变化，进而造成鄱阳湖天然湿地各类型之间的动态变化，水位高时以湖泊为主体，水位低时以沼泽为主体，呈现水陆相交替出现的生态景观，即所谓"汛期茫茫一片水连天，枯水沉沉一线滩无边"。整个天然湖泊湿地处在年复一年的有规律地波动之中。这种高水位变幅不仅孕育了类型多样和面积巨大的洲滩湿地，而且还孕育了独特的动态变化的淡水湖泊生态系统，在全球淡水湖泊中极为罕见。

2. 多类型湿地复合生态系统

鄱阳湖地形地貌复杂多样，随着水位的涨落，呈现湖泊湿地、洲滩湿地、河流湿地、沼泽湿地、湖滨湿地、三角洲湿地以及人工湿地等多种湿地景观的分布格局，形成了以湖泊湿地为核心的多类型复合的湿地生态系统类型。这种多类型湿地的复合体，体现了非地带性特点，在空间分布上呈现跨地带性、间断性和随机性，构成了鄱阳湖湿地生态系统的复杂性，奠定了孕育丰富生物多样性的基础（王晓鸿，2005；Wang et al.，2014）。鄱阳湖湿地生态系统便是由若干个子系统和子子系统组成，各个系统之间不仅有着复杂的能量和物质的循环与流动，而且在一定条件下交织在一起，互相转化，互相影响，互相依存，互相作用。这种复合体既具有湿地的多功能性，也形成了鄱阳湖生境与生物的多样性。比如植物，有种类繁多的水生、湿生植物，又有适生范围广的中生、陆生植物，以及被人类驯化利用的农作物；就动物而言，既有水生动物，尤其是以鱼类为主的水生经济动物，又有丰富多彩的鸟类、兽类以及被人类驯化的畜禽等。

3. 江湖关系作用强烈的开放型生态系统

4070 km^2 的鄱阳湖承接赣江、抚河、信江、饶河、修水五大河及博阳河等小河流的来水，经调蓄后经湖口汇入长江，流域面积 $16.2×10^4$ km^2，是一个完整的水系。同时，河湖水位受制于流域面积达 $180×10^4$ km^2 的长江的影响，长江水还时有倒灌入湖的现象。因此，鄱阳湖湿地受制于整个大系统的影响，尤其是气候与地表水文过程。当流域降雨量大，河流汇水量多时，湿地水位升高（闵骞，2002；李世勤等，2008；Ye et al.，2014）。而当此时，长江水量亦大时，湿地水位则出现极端高位，表现出湿地洪泛现象。河流带来泥沙及各种营养物质和有害物质，影响湖水水质和生物生长繁育，当河流上游生态脆弱，水土流失严重时，影响更大。另外，江河又给鄱阳湖湿地生物提供了更大的活动空间，如江、湖、河、海洄游性鱼类，从海中经长江进入鄱阳湖，然后溯河而上到一定的河段产卵繁殖，幼鱼又回到湖中育肥；四大家鱼在长江中繁殖，到鄱阳湖中生长。

1.1.3 鄱阳湖生态系统研究的学科代表性

1. 富营养化初期的大型浅水湖泊水环境与水生态过程研究

长江中下游拥有世界上最具代表性的大型浅水湖泊群，其中，大于 10 km² 的湖泊有 86 个。中国著名的五大淡水湖中有 4 个（鄱阳湖、洞庭湖、太湖和巢湖）位于该区域。这些湖泊一般分布于长江两岸，多与洼地蓄水及长江水系的演变有关，历史上均与长江自然相通，与长江水力关系密切。由于近代水力设施兴建，大多数湖泊与长江失去了直接联系，水力停留时间大大加长，湖泊换水周期缓慢，水环境容量也因此急剧缩小，从而使得湖泊水质逐步恶化（王毛兰等，2008；Du et al.，2011）。

鄱阳湖是目前长江中下游地区营养水平最低的大型浅水湖泊（富营养指数 TSI = 58.0），但由于流域内地区社会经济的快速发展以及近年来鄱阳湖经济区的建立，鄱阳湖正处于从中营养向富营养过渡的关键时期（吕兰军，1996；王圣瑞等，2012；王毛兰等，2014）。2008 年，全国湖泊调查及中国科学院鄱阳湖湖泊湿地观测研究站建站后鄱阳湖水环境长期定位监测数据显示，鄱阳湖Ⅰ类、Ⅱ类水体已不足 30%。影响水质类别的主要超标污染物——TN、TP 的全年平均水平已进入Ⅳ类水标准，且仍呈现逐年上升的趋势，水质逐步恶化，水体富营养化已进入临界水平（王毛兰等，2014；王圣瑞等，2014）。此外，近年来在鄱阳湖都昌水域和星子水域频现局部蓝藻水华，预示着鄱阳湖已逐步趋向藻华生长增殖的生态转变。对处于富营养化初期的鄱阳湖水环境和水生态进行长期定位监测和研究，将有助于提升我国对富营养化初步转型期的大型浅水湖泊水环境和水生态科学认识，为湖泊水环境治理和管理提供科学依据（孟宪民，2001；杨永兴，2002）。

2. 亚热带湿润区淡水湖泊湿地生态与水文过程研究

鄱阳湖周期性的湖水快速更换、季节性大水位变幅以及与大江大河密切的水力联系，形成了多类型湿地生态系统及与季节性大尺度波动的水位高度关联的湿地结构。国际上对于如此典型、独特的人地交互的动态湖泊湿地系统变化的本底原位研究甚少，该地区是极为珍贵的天然湖泊湿地实验室。与内陆淡水沼泽湿地（扎龙国家级自然保护区、向海国家级自然保护区为代表）以芦苇等为优势种，水位变幅相对较小，不超过 1.5 m 等特征相区别，鄱阳湖湖泊湿地属于内陆淡水湖泊湿地，水情变化剧烈，绝对水位变幅在 15.0 m 以上，是我国水位变幅最大的两个湖泊湿地（鄱阳湖湿地和洞庭湖湿地），其阶梯状的湿地植被发育完善。近年来洞庭湖由于人类大规模在洲滩湿地栽植杨树、围垦活动，洲滩湿地植被群落自然演替过程的连续性遭到严重破坏，呈现出支离破碎的景观面貌特征（刘兴土，2007；谢永宏等，2014）。因此，对鄱阳湖结构进行相对完整的湖泊湿地长期和系统研究显得非常重要和紧迫。

3. 大型通江湖泊江湖河耦合系统水文水动力学研究

大型通江湖泊造成的复杂江湖河耦合系统是一个极富特色和极具科学价值的研究区域。鄱阳湖作为通江湖泊，是长江中下游仅有的与长江自然相通的三个大型湖泊之一，与长江之间十分密切的水量交换及物质输移关系，深刻影响鄱阳湖水文和水动力特征。与此叠加的子流域"五河"来水对鄱阳湖的水文水动力作用使其更加复杂。气候变化叠加强烈人类活动的影响，使河湖系统的演变机制尤为复杂，表现在各要素影响分量难于区分，演变动力学机制难于精确刻画，不确定性大，未来变化趋势难于预测等（余莉等，2011；Zhang et al.，2014）。随着鄱阳湖水情处于不断的发展和演变，其水文规律将可能出现质的变化。如何理解全球气候变化的自然驱动因素以及人类活动，特别是大型水利工程的人为影响对鄱阳湖水文和水动力条件的协同效应，区分自然和人类活动对鄱阳湖江湖河一体化耦合水文系统演变规律的影响效应，是亟待开展的重要科学研究内容。

1.2 维持鄱阳湖生态系统平衡的重要性

鄱阳湖独特水情动态和特殊的环境条件，使其发育了独特的多类型湖泊湿地系统，形成了极其丰富的生物多样性，蕴藏着珍贵的物种基因，是我国陆地淡水生态系统中的重要物种基因库。同时，鄱阳湖作为我国重要的淡水湖泊湿地，不但具有相对完整的湿地景观系统和生态结构，而且在世界所有湖泊生态系统中具有典型性和独特性，是一个具有全球意义的生态瑰宝。维持鄱阳湖生态系统平衡对区域生态系统稳定以及国际关键生物物种生境与生物多样性保护均具有重要意义。

1.2.1 鄱阳湖是生态保护地位突出的国际重要湖泊湿地

鄱阳湖是国际迁徙性珍稀候鸟迁飞的重要驿站或越冬栖息地，素有"白鹤王国""候鸟天堂"的美誉，包括世界自然保护联盟（IUCN）极危鸟类 1 种、濒危鸟类 4 种、易危鸟类 14 种。属于《中华人民共和国政府和日本国政府保护候鸟及其栖息环境的协定》中保护的鸟类有 153 种，占该协定中保护鸟类总数的 67.4%；属于《中华人民共和国政府和澳大利亚政府保护候鸟及其栖息环境的协定》中保护的鸟类有 46 种，占该协定中保护鸟类总数的 56.8%。在鄱阳湖越冬的白鹤、东方白鹳、白枕鹤、白头鹤和鸿雁五种珍稀鸟类占全球种群数量的比例非常高。其中鄱阳湖发现的白鹤（3119 只）和东方白鹳（3757 只）种群数量超过了全球估计数量；白枕鹤占全球种群数量的 59.73%；白头鹤 546 只，占迁徙路线种群数量的 54.6%；鸿雁 52665 只，占迁徙路线种群数量的 95.75%。另外，数量占迁徙路线上高比例的水鸟有 5 种，黑鹳 69 只，占迁徙路线种群数量的 69%；白琵鹭 2143 只，占迁徙路线种群数量的 32.97%；小天鹅 27016 只，占迁徙路线种群数量的 31.41%。因此，鄱阳湖湿地自然保护区于 1992 年被列入了国际重要湿地名录，是我国承诺的国际履约湖泊湿地。其还先后加入了东北亚鹤类网络、东亚-澳大利西亚鸻鹬鸟类网络等保护网络，已成为世界自然基金会、国际鹤类基金会与国际自然及自然资源保护联盟的重点优先保护地区。鄱阳湖同时也是江豚的重要栖息地。长江江豚是世界上所有近 80 种鲸豚类动物中唯一的淡水亚种，是长江生态系统中极其重要的旗舰物种，为我国所特有。2005~2007 年考察结果表明，鄱阳湖中江豚数量占整个种群数量的 1/4~1/3，是整个江豚分布区中密度最高的水域。因此，鄱阳湖生态系统保护与研究具有重要的科学意义与应用价值。

此外，鄱阳湖也是全球独具特色的复杂大型江河湖水系统。长江是世界上第三大河，年入海径流量 9600 亿 m^3。鄱阳湖作为一个典型的洪泛平原上浅水湖泊湿地，流域面积 16.4 万 km^2，年径流量约 1500 亿 m^3，占整个长江径流量的 15%。鄱阳湖与长江相互作用、互为制约，当长江涨水时，可形成顶托之势，甚至倒灌入湖，年倒灌量随水情而异。鄱阳湖与长江这种强烈相互作用的江湖格局是在世界上其他主要大湖或大河流域（如北美五大湖流域、亚马孙河流域、尼罗河流域和密西西比河流域等）所没有的。鄱阳湖这一江-湖-河强相互作用下的复杂大型水系在全球具有鲜明的特色。

目前长江流域开发和鄱阳湖区域社会经济发展还处于快速发展时期。鄱阳湖也是经历逐渐增强的人类活动干扰的大型浅水湖泊的代表。我国已建成运行的世界上最大的水利水电工程——三峡工程是其中的一个代表，其调节库容为 221.5 亿 m^3，对长江中下游水沙具有很强的调节能力。高强度的人类活动以及气候变化正在改变着长期以来形成的长江中下游通江湖泊水文水动力特征（陈宜瑜等，1995；Wu et al.，2015）。当前，鄱阳湖优良的水环境和湿地生态面临着严重的威胁，湖区局部水环境与湿地生态问题开始显现，诸多潜在的生态与环境效应正在酝酿形成。作为正在经历剧烈变化的浅水湖泊的典型代表，鄱阳湖有世界其他大河和大湖流域所不可能具备的开展湖泊与湿地科学研究的条件。

1.2.2 鄱阳湖对维持区域生态系统平衡具有重要作用

鄱阳湖对长江中下游洪水调蓄，洪旱危害缓解方面具有重要作用。鄱阳湖是长江中游最大的天然水流量调节器，其容积巨大的蓄水功能对调蓄"五河"洪水和长江洪水，减轻洪水危害具有重要作用。已有研究表明鄱阳湖对"五河"洪水具有明显的调蓄作用。鄱阳湖历年削减最大日平均流量 2690～37300 m^3/s，多年平均削减 14700 m^3/s，削减百分比为 48.3%。从历年的水文统计资料中，选择 17 个大水年进行分析，得到的结论是：在大水年，鄱阳湖削减"五河"洪峰值为 7850～37300 m^3/s，平均削减洪峰流量为 20000 m^3/s，其百分比为 50.9%。鄱阳湖年均调节洪水总量为 143.9 亿～1067.6 亿 m^3，平均为 449.7 亿 m^3，相应湖口出水量为 64.5 亿～864.3 亿 m^3，平均为 306.6 亿 m^3，其调蓄的水量为 27.0 亿～247.5 亿 m^3，平均为 143.1 亿 m^3，平均调蓄洪水量的百分比为 31.8%。长期以来，鄱阳湖作为长江水量的"调节器"，鄱阳湖年均入江水量达 1450 亿 m^3，约占长江径流量的 15.6%，对长江中下游地区调蓄洪峰、控制洪水以及减轻洪水危害等方面发挥着极为重要的作用。

鄱阳湖具有维系区域生态平衡和重要生态服务功能的作用。鄱阳湖湿地效益类型丰富多样，除直接的产品用途如储水、供水，生产湿地植物产品，生产湿地动物产品，能源生产，水运，休闲/旅游，作为研究与教育用地等以外，还具有巨大的生态功能，主要有涵养水源、调蓄洪水、调节气候、降解污染、控制侵蚀、保护土壤、参与营养循环、作为生物栖息地等。已有研究表明，在鄱阳湖湿地生态系统服务价值中，涵养水源、调蓄洪水的价值最大，为 137.55 亿元/a，其次为减少土壤肥力流失，价值为 37.92 亿元/a，净化污染物价值，为 24.80 亿元/a，文化科研功能、生物栖息地、CO_2 固定和 O_2 释放、有机物质生产价值分别为 18.01 亿元/a、11.81 亿元/a、7.05 亿元/a 和 2.48 亿元/a，鄱阳湖湿地的总服务功能价值达 239.62 亿元/a，而鄱阳湖湿地的有机物质生产价值仅占全部功能价值的 1.03%（崔丽娟，2014）。

维持鄱阳湖生态系统稳定也是支撑地方社会经济可持续发展的重要保障。鄱阳湖生态经济区建设已成为支持地方经济发展的国家战略之一。经济区以鄱阳湖为核心，行政区划上包括南昌、九江、上饶、鹰潭、抚州和景德镇 6 个设区的市，38 个滨湖县（市、区），涉及人口 1000 多万，国民生产总值 6600 亿元。鄱阳湖生态经济区强调人与自然和谐相处，要求实现生态文明和经济文明相统一。因此，鄱阳湖生态保护与研究是实现鄱阳湖生态经济区发展的基础。

1.3　鄱阳湖水环境、水生态现状

鄱阳湖作为我国重要的淡水湖泊湿地，具有相对完整的湿地景观系统和生态系统结构，而且在世界所有湖泊生态系统中具有典型性和独特性，是一个具有全球意义的生态瑰宝。季节性的洪水、周期性的湖水快速更换、典型的湖泊洲滩湿地结构及与大江大河密切的水力联系和生态联系、悠久的人文历史和源远流长的文化底蕴，形成了包括湖泊水域生态系统、湿地生态系统、江湖相互作用和人文地理等彼此相联系的复杂水文环境与湿地结构。目前国际上对于如此典型、独特的人地交互的动态湖泊系统变化的本底原位研究甚少。

1.3.1 鄱阳湖水质演变特征

鄱阳湖是我国第一大淡水湖泊，同时也是国际上重要的湿地，由于资源丰富，其在鄱阳湖生态经济区的经济发展中起着至关重要的作用。随着周边经济的发展，鄱阳湖水质呈现恶化趋势。20 世纪 80 年代以来，鄱阳湖的富营养化状况进入中营养化水平，且近年来鄱阳湖水质呈逐渐恶化趋势，总氮和总磷超标是水质下降的主要原因（王毛兰等，2014；圣瑞等，2014）。20 世纪 80 年代至 2000 年，鄱阳湖水质总体较好，2000 年以后水体呈下降趋势，尤其是 2003 年以后，Ⅰ～Ⅱ类水面积比例显著下降，Ⅲ类水及以上比例呈现逐年上升的趋势，2011 年（极枯年）已达到 60%。2009～2011 年，鄱阳湖营养盐浓度已达到富营养水平，且浓度逐年升高。空间上，鄱阳湖丰水期水质较好，大部分区域能够达到Ⅱ～Ⅲ类水质标准，入湖河流段水质较差，为Ⅳ～Ⅴ类，湖区中部水质较好，为Ⅱ类水。鄱阳湖东部和南部水质较差，中部及北部水体水质相对较好。此外，由于流域内矿产资源开发与社会经济发展，鄱阳湖入湖河道以及河口区沉积物重金属污染调查与评价也一直是鄱阳湖水环境研究的重要内容。鄱阳湖湖体水质的下降可能与污染物的输入有直接关系。湖区的水质空间分布和湖区水动力条件密切相关，当湖区流速较大时，空间分布呈现南部及东部水质浓度高，湖心区（都昌）和北部出湖区（星子）较小；当湖区流速很小时（7～9 月），南部及东部水质浓度高，北部出湖区（星子）次之，湖心区（都昌）最小。鄱阳湖的水质环境演变，除了受天然湖泊的演替过程作用，还受人类活动等诸多因素的影响，如水利设施建设、产业结构调整以及土地利用格局等，这些因素直接或间接地影响着湖区水环境，而湖区的水环境状况对鄱阳湖生态安全有着极为重要的意义。

1.3.2 鄱阳湖浮游生物特征

近年来，鄱阳湖的水质变化日益引起各方的重视，除鄱阳湖水质时空变化特征多有报道外，局部湖区水体营养状态与浮游藻类生物量与结构也得到关注。目前，有关鄱阳湖浮游藻类的研究涉及较多的是群落组成和数量分布。1987～1993 年，鄱阳湖浮游植物以绿藻门种类最多，硅藻门其次，隐藻门最少；全湖平均浮游藻类密度值为 5.15×10^5 个/L，10 月的三汊湖浮游藻类种类最多，其值为 1.18×10^6 个/L，7 月的松门山区域浮游藻类个体数最低，仅为 1.96×10^5 个/L；浮游藻类以绿藻占绝对优势，全湖平均值为 2.17×10^5 个/L。鄱阳湖水质处于中富营养的前期。秋季物种较为丰富，春季物种数量和生物量均大于秋季，物种多样性指示鄱阳湖向富营养化发展。浮游藻类分布密度以 2 月最低（2.7×10^5 个/L），9～10 月最高，可达 3.55×10^6 个/L，优势种的数量呈现出一定的季节变化，春季是硅藻的繁盛期，夏秋季节蓝藻最多，秋末和冬季绿藻和甲藻数量增多。

总体而言，鄱阳湖浮游藻类以绿藻门种类最多，硅藻门其次，隐藻门最少；浮游藻类以绿藻占绝对优势，鄱阳湖水质状况处于中富营养的前期。从种类生态类型组成角度看，鄱阳湖浮游藻类主要来自河流型物种，其在湖泊条件下发展成优势种。近年来，鄱阳湖浮游藻类群落结构发生了一些新的变化，如浮游藻类种类数下降等。区域上，水动力条件不同，影响浮游藻类叶绿素 a（chl a）含量的环境因素也不一致，在静水区 chl a 主要受总磷影响，而在流水区流速成为藻类生长的关键因素。可以认为，目前鄱阳湖浮游藻类生物量较低，浮游藻类生长存在光限制，而水动力条件以及由其引起的沉积物再悬浮被认为是造成上述现象的原因之一。但研究多以 chl a 表征浮游藻类生物量，对群落结构及其与水动力条件之间的关系研究还不够透彻。

进入 21 世纪，鄱阳湖水位波动更为剧烈，春秋季干旱有所加剧，旱涝急转现象日渐凸显，对湖区水环境与水生态产生许多不利影响。此外，湖区社会经济活动日益增强，人为活动干扰越发强烈，这些必然会导致湖泊水文水环境变化，从而引起湖泊淡水生态系统动态平衡过程的改变，进而影响鄱阳湖的整体生态服务功能。因此，对鄱阳湖的水环境及水生态的保护一直受到各级政府的重视。2007 年，温家宝总理批示要求："一定要保护好鄱阳湖的生态环境，使鄱阳湖永远成为'一湖清水'"。此外，2011 年《中共中央国务院关于加快水利改革发展的决定》中明确提出要"加强太湖、洞庭湖、鄱阳湖综合治理"，将鄱阳湖的治理与保护提高到了前所未有的高度。《中华人民共和国国民经济和社会发展第十二个五年规划纲要》做出了加快建设沿长江中游经济带，重点推进鄱阳湖生态经济区、武汉城市圈等区域发展的部署，这必然给维护鄱阳湖地区水环境水生态安全提出更高的要求。为保障鄱阳湖地区水生生态系统安全，迫切需要弄清鄱阳湖目前的水环境水生态现状、影响机制和发展趋势，并在此基础上提出政策建议，从而确保鄱阳湖的健康发展。

参 考 文 献

陈宜瑜，常剑波. 1995. 长江中下游泛滥平原的环境结构改变与湿地丧失. 中国湿地研究. 长春：吉林科学技术出版社.

陈宜瑜，吕宪国. 2003. 湿地功能与湿地科学的研究方向. 湿地科学，1：7-11.

崔保山，杨志峰. 2006. 湿地学. 北京：北京师范大学出版社.

崔丽娟. 2004. 鄱阳湖湿地生态系统服务功能价值评估研究. 生态学杂志，23（4）：47-51.

官少飞，郎青，张本. 1987. 鄱阳湖水生植被. 水生生物学报，11（1）：9-21.

黄虹，邹长伟. 2003. 鄱阳湖水文承载力现状和趋势分析. 中山大学学报：自然科学版，42（19）：161-163.

李典友，潘根兴. 2009. 长江中下游地区湿地开垦及土壤有机碳含量变化. 湿地科学，7：187-190.

李世勤，闵骞，谭国良，等. 2008. 鄱阳湖 2006 年枯水特征及其成因研究. 水文，28：73-76.

刘兴土. 2007. 我国湿地的主要生态问题及治理对策. 湿地科学与管理，1：18-22.

陆健健，何文珊，童春富，等. 2006. 湿地生态学. 北京：高等教育出版社.

吕兰军. 1996. 鄱阳湖富营养化调查与评价. 湖泊科学，8：241-247.

吕宪国. 2004. 湿地生态系统观测方法. 北京：中国环境科学出版社.

孟宪民. 2001. 湿地管理与研究方法. 北京：中国林业出版社.

闵骞. 2002. 20 世纪 90 年代鄱阳湖洪水特征的分析. 湖泊科学，14（4）：323-330.

彭映辉，简永兴，李仁东. 2003. 鄱阳湖平原湖泊水生植物群落的多样性. 中南林学院学报，23（4）：22-27.

王毛兰，赖建平，胡珂图，等. 2014. 鄱阳湖表层沉积物有机碳、氮同位素特征及其来源分析. 中国环境科学，34（4）：
　　　1019-1025.

王毛兰，周文斌，胡春华. 2008. 鄱阳湖区水体氮、磷污染状况分析. 湖泊科学，20：33-33.

王圣瑞，等. 2014. 鄱阳湖水环境. 北京：科学出版社.

王圣瑞，倪栋，焦立新，等. 2012. 鄱阳湖表层沉积物有机质和营养盐分布特征. 环境工程技术学报，2：23-28.

王宪礼. 1997. 我国自然湿地的基本特点. 生态学杂志，16：64-67.

王晓鸿. 2005. 鄱阳湖湿地生态系统评估. 北京：科学出版社.

王晓龙，徐金英. 2016. 鄱阳湖湿地植物图谱. 北京：科学出版社.

王晓龙，徐力刚，姚鑫，等. 2010. 鄱阳湖典型湿地植被土壤微生物量特征研究. 生态学报，30：5033-5042.

吴桂平，叶春，刘元波. 2015. 鄱阳湖自然保护区湿地植被生物量空间分布规律. 生态学报，35（2）：361-369.

谢永宏，等. 2014. 洞庭湖湿地生态环境演变. 长沙：湖南科学技术出版社.

杨永兴. 2002. 从魁北克 2000—世纪湿地重大事件活动看 21 世纪国际湿地科学研究的热点与前沿. 地理科学，22：
　　　150-155.

余莉，何隆华，张奇，等. 2011. 三峡工程蓄水运行对鄱阳湖典型湿地植被的影响. 地理研究，30：1-12.

朱海虹. 1997. 鄱阳湖. 合肥：中国科学技术大学出版社.

Amoros C，Bornette G. 2002. Connectivity and bio-complexity in water bodies of riverine floodplains. Freshwater
　　　Biology，47：761-776.

Du Y，Xue H P，Wu S J，et al. 2011. Lake area changes in the middle Yangtze region of China over the 20 th century.
　　　Journal of environmental management，92：1248-1255.

IHP（UN ESCO-IHP）. 1998. Workshop on Eco-hydrology. Lodz，Poland.

Mitsch W J，Gosselink J G. 2000. Wetlands. New York：John Wiley & Sons.

Wang X L，Xu L，Wan R，et al. 2014. Characters of soil properties in the wetland of Poyang Lake，China in relation to
　　　the distribution pattern of plants. Wetlands，34：829-839.

Winter T C. 2001. The concept of hydrological landscapes. Journal of the American Water Resources Association，37（2）：335-349.

Wu G，Liu Y，Fang X W. 2015. Combining multispectral imagery with in situ topographic data reveals complex water level variation in China's Largest Freshwater Lake. Remote Sensing，7：13466-13484.

Ye X C，Li X H，Liu J，et al. 2014. Variation of reference evapotranspiration and its contributing climate factors in the Poyang Lake catchment，China. Hydrological Processes，28：6151-6162.

Zhang Q，Ye X C，Adrian D. 2014. An investigation of enhanced recessions in Poyang Lake：Comparison of Yangtze River and local catchment impacts. Journal of Hydrology，517：425-434.

第 2 章 鄱阳湖水文过程

鄱阳湖作为我国第一大淡水湖，是一个季节性涨水湖泊，也是与长江自然相通的最大湖泊。受赣江、抚河、信江、饶河和修水与长江水位的双重影响，鄱阳湖水位时令性强，水情变化复杂而剧烈。每年 4～6 月为鄱阳湖流域"五河"主汛期，7～9 月为长江主汛期。仅"五河"出现大洪水时，鄱阳湖水位一般不高；长江主汛期出现洪水时，鄱阳湖水位受长江洪水顶托或倒灌影响而壅高，长期维持在高水位，因此湖区年最高水位多出现在 7～9 月。鄱阳湖涨水期水位主要受流域"五河"来水控制，退水期则主要受长江水情控制。鄱阳湖多年月平均水位以 7 月为最高，1 月为最低，年内水位变幅大。这种高水位变幅孕育了类型多样和面积巨大的洲滩湿地，形成了独特的大型通江淡水湖泊生态系统，在全球淡水湖泊中极为罕见。20 世纪 90 年代之后，鄱阳湖湖区发生洪涝灾害的频率显著增加，1995 年、1998 年、1999 年三年的水位均超过了历史最高水位，进入 21 世纪后又连续多年发生干旱灾害。随着鄱阳湖水情不断的发展和演变，其水文规律也发生相应变化。因此，开展鄱阳湖水文过程和变化特征及规律研究，对保障鄱阳湖水环境安全，减轻旱涝灾害威胁以及维持鄱阳湖区域生态安全和生态系统功能的完整具有十分重要的意义。

2.1 鄱阳湖水位变化特征

2.1.1 鄱阳湖主要控制水文站分布

鄱阳湖水系十分完整，位于江西省境内的赣江、抚河、信江、饶河和修水及博阳河、西河（也称漳田河）的水流均注入鄱阳湖，经过调蓄后在江西省湖口县汇入长江，补给系数 55，流域面积约 160000 km²，占长江流域面积的 9.0%。其中约 157000 km² 的鄱阳湖流域面积都位于江西省境内，约占江西省面积的 94.1%。各河流流域面积中以赣江水系流域面积（至外洲水文站）最大，占鄱阳湖流域总面积的 49.9%；抚河水系流域面积（至李家渡水文站）占总流域面积的 9.8%；信江水系流域面积（至梅港水文站）占总流域面积的 9.6%；修水水系流域面积（至修水柘林水文站，潦河万家埠水文站）占总流域面积的 8.0%；饶河水系流域面积（至乐安河虎山水文站，昌江渡峰坑水文站）占总流域面积的 7.0%；其余 15.7%

的鄱阳湖流域面积为湖口与"五河"控制水文站之间的区间面积（鄱阳湖编委会，1988；朱海虹，1997）。

鄱阳湖每年 4 月进入汛期，7 月达最高水位，8~9 月略降仍维持较高水位，10 月稳定下降进入枯水期，至次年 3 月，巨大的水位变幅形成了鄱阳湖水陆交替的典型湿地景观。江西省水文局环鄱阳湖区共布设了 5 个主要控制性的水文站，从南向北依次为康山站、棠荫站、都昌站、星子站和湖口站（图 2-1）。

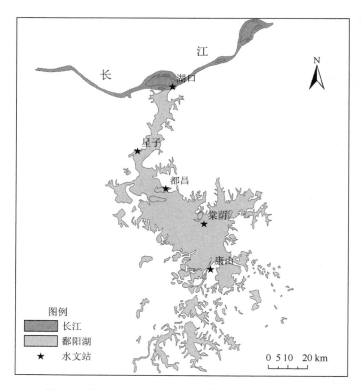

图 2-1　鄱阳湖流域与 5 个控制性水文站地理位置图

鄱阳湖湖底高程由南向北倾斜，由南部 12.0 m 降至湖口处约 1.0 m，落差高达 11.0 m。湖盆高程变化导致鄱阳湖形成倾斜的水面，湖水位由南至北呈现出沿程变化（鄱阳湖编委会，1988；闵骞等，1992）。因此，鄱阳湖 5 个控制性水文站同一时期内记录的水位数据也各不相同。尽管如此，5 个控制性水文站在同一时期内的水位表现出较强的相关性。对鄱阳湖上述 5 个控制性水文站水位进行皮尔逊相关分析，并进行双尾检验，结果见表 2-1。可以看出，5 个水文站的水位都呈现极显著正相关。相对其他水文站而言，棠荫站和康山站水位相关度最高，相关系数为 0.973；湖口站与康山站水位相关度最小，相关系数为 0.817，究其原因，可能是由于空间距离较远，两个水文站之间的水面倾斜也更明显。值得一提的是，湖口站与其他 4 个水文站水位的相关度都较小，除了空间上的距离相对较远外，另一个原因可能是由于湖口站的水位受长江影响作用强烈（闵骞等，2002；Wu et al.，2007；郭华等，2007）。

表 2-1　鄱阳湖 5 个控制性水文站水位相关分析

水文站	星子站	都昌站	棠荫站	康山站	湖口站
星子站		0.952**	0.947**	0.900**	0.888**
都昌站			0.967**	0.933**	0.874**
棠荫站				0.973**	0.865**
康山站					0.817**
湖口站					

**表示 $P<0.01$，双尾检验

2.1.2　鄱阳湖多时间尺度水位变化特征

鄱阳湖水面主要是由鄱阳湖大湖面和北部与长江相互作用的湖面组成。已有研究结果表明，星子站可以代表 90.4%的都昌站水情变化，同时可以代表 88.3%的湖口站水情变化，也能够说明 95.3%的棠荫站水情（周文斌等，2011；万荣荣等，2014）。此外，星子站水位与其他 4 个控制性水文站水位相关程度高（表 2-1）。因此，本节以星子站的水位数据为代表分析鄱阳湖 1953～2012 年的水文情势过程特征。

1. 鄱阳湖年尺度水位变化特征

从图 2-2 可以得知，鄱阳湖年最高水位（1953～2012 年，下同）变化为 15.91～22.43 m，多年平均值为 19.04 m，其中以 1998 年年最高水位为最高，1972 年年最高水位为最低。年最低水位（1953～2012 年）变化为 7.02～9.35 m，多年平均值为 7.90 m，其中以 1954 年年最低水位为最高，2004 年年最低水位为最低。年内水位变幅（1953～2012 年）变化为 7.67～14.19 m，年内水位变幅均值为 11.14 m，其中以 1998 年和 1999 年的年内水位变幅最高（均为 14.19 m），以 2001 年的年内水位变幅最低。年际水位变幅最大值为 15.41 m，为 1998 年年最高水位与 2004 年年最低水位之差。

1953～2012 年鄱阳湖年平均水位变化为 10.96～16.03 m，多年平均水位为 13.25 m，其中以 1954 年年平均水位最高，2011 年年平均水位最低。1954 年，江淮中下游流域梅雨期比常年延迟 1 个月，梅雨期大概维持 50 天，且在梅雨期下雨的天数较多，降雨覆盖范围广泛，使得该年年均水位相对较高。2011 年年初，鄱阳湖流域降水就相对偏少，且同时"五河"进入鄱阳湖的水量较少，加上长江上中游来水量也比常年偏少，从而导致该年鄱阳湖严重枯水长期持续；尽管随着后期雨季的到来在一定程度上缓解了鄱阳湖干旱的趋势，但水位较正常年份偏低的局面仍然会继续维持半个月左右。已有研究认为，鄱阳湖枯水变化的主要原因是由流域内的降水变化决定，同时也与鄱阳湖湖盆形态变化密切相关，而三峡水库调度运行可能不是导致鄱阳湖枯水的主要原因（李世勤等，2009；叶许春等，2009）。

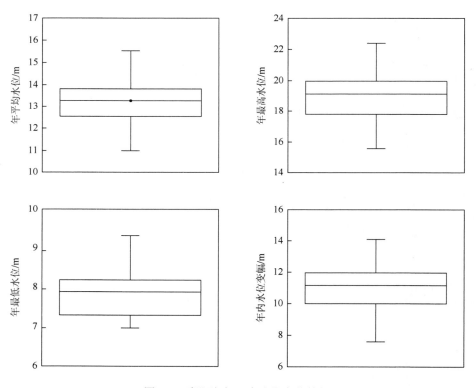

图 2-2　鄱阳湖年尺度水位变化特征

2. 鄱阳湖月尺度水位变化特征

从图 2-3 中可以看出，鄱阳湖水位年内过程线都呈现单峰型，在 7 月水位达到最高值，其中逐月平均水位变化为 7.19～21.87 m，逐月最高水位变化为 7.45～22.43 m，逐月最低水位变化为 7.02～21.44 m。逐月水位变幅变化为 0.32～7.38 m，呈现"波峰-波谷-波峰"(正弦函数)的形状,波峰分别在 4 月和 11 月出现,波谷则出现在 8 月。

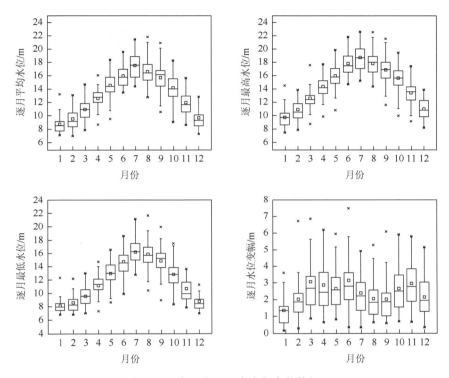

图 2-3　鄱阳湖月尺度水位变化特征

表 2-2 中为鄱阳湖多年月平均水位数据。可以看出,多年月均水位 13.23 m,以 7 月最高(17.64 m),1 月最低(8.89 m)。其中有 1～3 月和 8～9 月共计 5 个月的最大平均值均发生在 1998 年,占全年比例的 41.67%;有 4 个月(6～7 月和 10～11 月)的最大值发生在 1954 年,占全年比例的 33.33%,4 月、5 月和 12 月份的平均水位的最大值依次出现在 1992 年、1976 年和 1982 年。有 3 个月(3 月、4 月和 7 月)的最小平均值发生在 1963 年,站全年比例的 25%;1 和 6 月的最小平均值都发生在 1979 年,而 9 和 10 月的最小平均值均发生在 2006 年,2 月、5 月、8 月、11 月和 12 月的平均水位的最小值则依次出现在 2004 年、2011 年、1971 年、2009 年和 2007 年。月平均水位从 1 月逐渐升高,7 月达到峰值,峰值过后月平均水位逐渐降低。1953～2012 年,每年月平均水位极大值出现在 5～9 月,出现在 5 月、6 月、7 月、8 月和 9 月的年数分别为 1 年、8 年、33 年、12 年和 6 年;每年平均月水位极小值出现在 12 月至次年 2 月,出现在 12 月、1 月、2 月的年数分别为 20 年、30 年和 10 年。

表 2-2　鄱阳湖多年月平均水位数据（1953～2012 年）　（单位：m）

水位数据	1 月	2 月	3 月	4 月	5 月	6 月	7 月	8 月	9 月	10 月	11 月	12 月
均值	8.89	9.53	11.03	12.78	14.61	16.03	17.64	16.69	15.87	14.21	11.90	9.64
最小值	13.36	13.19	14.91	16.13	18.36	19.75	21.38	21.87	20.18	18.41	15.84	12.63
出现年份	1998	1998	1998	1992	1976	1954	1954	1998	1998	1954	1954	1982
最小值	7.30	7.19	7.92	8.85	9.67	13.62	14.42	12.88	10.63	9.20	8.84	7.45
出现年份	1979	2004	1963	1963	2011	1979	1963	1971	2006	2006	2009	2007

3. 鄱阳湖日尺度水位变化特征

从图 2-4 和图 2-5 中可以看出，鄱阳湖星子站历年日平均水位以 1998 年为最高，而历年年均水位则以 1954 年为最高。图 2-5 显示了 1953～2012 年鄱阳湖历年年均水

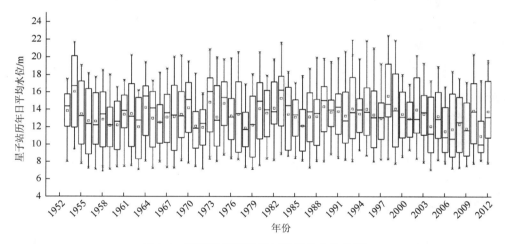

图 2-4　鄱阳湖星子站历年日平均水位特征

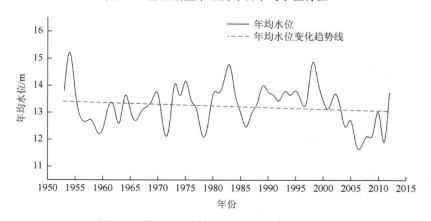

图 2-5　鄱阳湖历年年均水位变化序列曲线图

位变化趋势。可以看出，鄱阳湖历年年均水位呈现下降趋势，尤其是在 1998～2011年下降速度明显加快，平均每年下降幅度达到 0.35 m。

2.1.3　鄱阳湖不同水文周期水位变化特征

根据鄱阳湖湖水位年内变化特征值统计，将鄱阳湖多年月平均水位出现极大值和极小值的年份分别归类在一起，结合整个时间序列的鄱阳湖水位变化特征，即形成鄱阳湖水位的三个时段。这三个时段对应的年数分别是 60 年（1953～2012 年）、5 年（1954 年、1976 年、1982 年、1992 年和 1998 年）、8 年（1963 年、1971 年、1979 年、2004 年、2006 年、2007 年、2009 年和 2011 年），依次代表鄱阳湖水位的总体水平时段、高水位时段和低水位时段（闵骞等，2000）。通常人们依据鄱阳湖水情的变化特征将鄱阳湖的年内水位划分为四个时期，分别为枯水期、涨水期、丰水期和落水期（万荣荣等，2014）。四个时期对应的月份各不相同，枯水期为 12 月至次年 2 月、涨水期为 3～5 月，丰水期为 6～9 月，落水期为 10～11 月（闵骞，1995，Ye et al.，2011）。

图 2-6 显示了总体水平时段、高水位时段和低水位时段四个时期各自的水情特征。在相同时期内，总体水平时段和高水位时段的最高水位相同，但是总体水平时段的平均水位和最低水位都远远低于高水位时段的平均水位和最低水位。以枯水期水情特征为例，总体水平时段和高水位时段的最高水位均为 11.82 m；总体水平时段的平均水位和最低水位分别为 9.35 m 和 7.86 m，而高水位时段的平均水位和最低水位分别为 10.46 m 和 9.08 m，水位分别相差 1.11 m 和 1.22 m。总体水平时段和低水位时段的最低水位基本相同，但是总体水平时段的平均水位与最高水位远远高于低水位时段的平均水位与最高水位。同样以枯水期水情特征为例，总体水平时段和高水位时段的最低水位均为 7.86 m；总体水平时段的平均水位和最高水位分别为 9.35 m 和 11.82 m，而低水位时段的平均水位和最高水位分别为 8.31 m 和 8.96 m，水位分别相差 1.04 m 和 2.86 m。在不同时期内，枯水期与丰水期水情特征差异显著。如枯水期总体水平时段的平均水位、最高水位和最低水位依次为 9.35 m、11.32 m 和 7.86 m，而丰水期总体水平时段的平均水位、最高水位和最低水位依次为 16.56 m、20.61 m 和 13.56 m，三者水位分别相差 7.21 m、9.29 m 和 5.70 m。涨水期与落水期水情特征的三时段水位差异不显著。

涨水期水情是枯水期水情涨至丰水期水情的过渡阶段，落水期水情刚好与之相反，是丰水期水情降至枯水期水情的过渡阶段。对鄱阳湖水位特性研究的报道很多（Hu et al.，2007；白丽等，2010；郭华等，2011；Li et al.，2013），但是关于鄱阳湖涨水期和落水期水情特征的比较却鲜于报道。图 2-7 显示了具体年份涨水期和落水期水位的高低变化特征。可以看出，在 1953～2012 年这 60 年中，

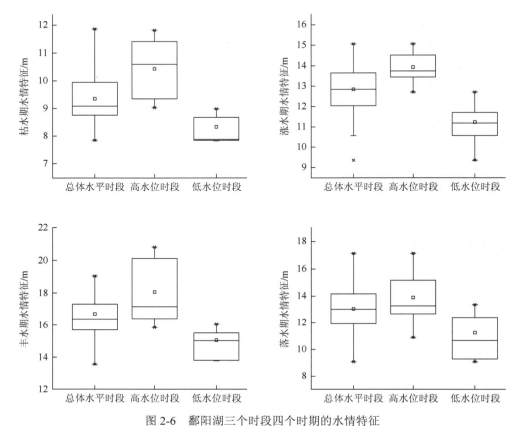

图 2-6　鄱阳湖三个时段四个时期的水情特征

有 28 年的涨水期水位大于当年落水期的水位，有 32 年的落水期水位大于当年涨水期水位。

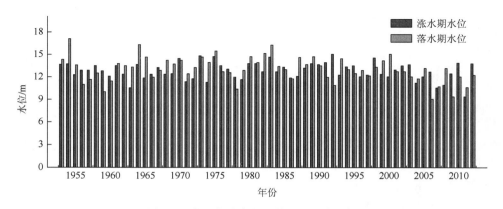

图 2-7　鄱阳湖涨水期和落水期水情比较

1953～2012 年，鄱阳湖涨水期的平均水位、最高水位、最低水位依次是
12.81 m、15.07 m（1992 年）和 9.36 m（2011 年），对应落水期的三种水位依次是
13.05 m、17.13 m（1954 年）和 9.08 m（2006 年）。从以上分析可以得知，涨水期
和落水期水位出现极值的年份均是鄱阳湖湖水位年内变化特征值统计表中出现过
的年份（表 2-2），表明涨水期的水位受当年枯水期水情影响作用强烈，而落水期
则受当年丰水期水情影响较大（图 2-8）。

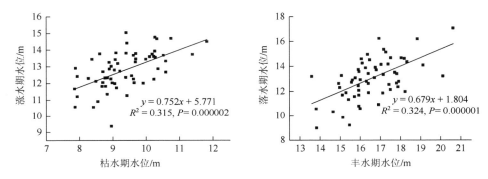

图 2-8　鄱阳湖四个时期水情特征拟合关系

2.2　鄱阳湖水位波动周期性分析

水位波动是指一定周期内水位的升降过程。自然状态下，水位波动可以发生
在从秒（如波浪的运动）到世纪（如地质时期的海岸线变迁）等不同的时间尺度，
且水位波动可以具有不同的波动幅度及波动过程。因此，对于水位波动的度量，
主要涉及两个基本问题：首先是确定水位波动的度量周期，其次是确定特定周期
水位波动过程的衡量指标。湿地水文是湿地生态系统的重要组成之一，不仅左右
着湿地的物理、化学和生态功能，也对湿地发育演化和维持景观效益起到重要作
用。鄱阳湖季节性水位变化与水文情势过程是鄱阳湖湿地形成与演化的主要驱动
因子，主导了鄱阳湖湿地生态过程与生态格局的形成。鄱阳湖水文情势变化复杂
多样，尤其在最近几年气候变化以及人类活动影响下愈演愈烈。开展鄱阳湖水位
波动的周期性分析，有助于了解鄱阳湖水文过程的时间变化特征。本节应用小波
分析方法探讨了鄱阳湖水文时间序列的多时间尺度特征，以期揭示鄱阳湖多年水
位变化的周期性和规律性，从而为鄱阳湖水资源管理及调控提供一定的参考依据。

2.2.1　水文过程周期性分析及其原理

水文时间序列随时间的变化受多种因素的共同影响，并且大都属于非平

稳序列，它既包括受确定性因素影响的确定性成分，比如周期成分、趋势成分以及突变成分等，同时又包括受不确定性因素影响的随机成分。传统意义上的水文时间序列分析方法建立在数理统计的随机水文学理论基础之上。但是由于现实自然界中的水文现象十分复杂，加之水文系统的非线性、时刻变化、分布不确定性的特点，传统的水文时间序列分析方法在实际应用中的局限性也比较突出，以滑动平均模型为例，参数估计的复杂性是该种方法存在的致命缺点。

　　1984 年，由法国地球学家 Morlet 提出的一种具有时-频多分辨功能的小波分析技术，可以对时间序列作粗略和细致的系统分析，既能显示时间序列变化的全貌，又能剖析其局部变化的特性，因此有学者称小波分析为"数学显微镜"，它是研究水文序列变化特性的新兴且相对有效的分析方法（王文圣等，2002）。小波分析技术具有时-频多分辨功能，在水文时间序列分析中一个重要的应用就是运用多时间尺度分析研究水文序列的变化趋势和周期等组成（van der Valk，2005；李荣峰等，2005）。多时间尺度是指在系统变化中并不存在真正意义上的周期性，而是时而以某种周期变化，时而又以另外一种周期变化，并且在同一时段中又包含各种时间尺度的周期变化（李士进等，2009）。在实际应用中主要是利用小波变换将非平稳时间序列分解为较原始序列平稳得多的时间序列，然后对分解后的各序列进行分别研究（van der Valk，2005；刘健等，2009）。简单而言就是要由小波变换方程得到小波系数，再通过这些系数来分析时间序列的时频变化特征。小波方差随尺度的变化过程，称为小波方差图。小波方差图可以用来确定信号中不同种尺度扰动的相对强度和存在的主要时间尺度，即主周期（桑燕芳等，2008）。运用小波分析方法可以清晰地提取出隐藏在水文时间序列中的多种变化周期，充分反映系统在多种不同时间尺度中的变化趋势，并能对水文系统的未来发展趋势进行定性化估计。

2.2.2　小波函数的选择与水位序列处理

　　在对水文时间序列进行小波分析之前需选择恰当的基小波函数，换句话说，选择合适的基小波函数是水文时间序列进行小波分析的前提。主要原因是在实际应用研究中，即便是针对同一水文时间序列，如果选择的基小波函数不同，最后所得到的分析结果往往也会有一定的差异，有的时候甚至会得到很大的差异（王红瑞等，2006；王卫光等，2008）。基于水文情势包含多时间尺度的变化特征以及受到多种影响因子的共同作用，选取 Morlet 连续复小波变换来分析鄱阳湖水位变化的多时间尺度特征，主要原因有：①在水位变动过程中含有多时间尺度变化特征，并且这种变化常常都是连续的，故需采用连续复小波变换来对水文时间序列进行分析；②对实小波变换而言，实小波只能给出水文时间序列变化的正负及振幅范围，而复小波则不然，它能够提供水文时间序列变化的位相和振幅两方面的信息，且有利于对水文系统作进一步分析研究；③复小波函数的实部和虚部位相差 π/2，可以消除当用实小波变换系数作为判断依据而产生的虚假振荡，从而使分析结果更为准确（万中英等，2003；Stocker et al.，2005；王文圣等，2005；郭华等，2006）。基于上述三个优点，故本书选取 Morlet 连续复小波函数。Morlet 连续复小波是高斯包络下的单频率复正弦函数，Morlet 连续复小波为复数小波，其定义为

$$\varphi(t) = e^{-t^2/2} e^{i\omega t}$$

　　鄱阳湖水文情势变化除主要受"五河"与长江来水双重影响之外，同时也受到湖盆形态、地形地貌、气象条件及土壤植被等多种因子的共同影响，在其固有的相关性和周期性的基础上，也伴随有很大的随机性，表现出较强的非线性特点（黄虹等，2003；郭华等，2008）。因此，在对鄱阳湖历年年均水位进行小波变换以前，首先需对年均水位时间序列两端数据进行一定长度的延伸，从而减小或者消除序列开始点和结束点附近的边界效应。在进行完小波变换之后，接着再去掉两端延伸数据的小波变换系数，从而保留原年均水位数据序列时间段内的小波系数。

　　小波系数实部等值线可以用于反映水位变动在不同的多时间尺度周期变化以及其在时间域中的分布，并在此基础上能够判断出在不同时间尺度上，鄱阳湖水位变动特征以及未来演变趋势。不同时间尺度的鄱阳湖历年年均水位变化特征可以由不同时间尺度的小波系数反映出来。如小波系数为正数则对应鄱阳湖年均水位升高；反之，为负数则对应鄱阳湖年均水位下降；如果小波系数为零则对应着突变点，表示在这个点的前后鄱阳湖年均水位变化必然不同。小波系数的绝对值越大则表明该时间尺度变化越显著。从图 2-9 中可以看出，鄱阳湖历年年均水位变动在不同时段表现出不同的周期变化和交替变化，总的来说在鄱阳湖星子站历年年均水位演变过程中存在着 25～32 年、19～23 年、8～15 年以及 3～7 年 4 类尺度的周期变化特征。

　　Morlet 连续复小波系数的模值能够揭示不同时间尺度变化周期所对应的能量密度在时间域中的分布，且模值越大，表明与之相对应的时段或者尺度的周期性也就越强。从图 2-10 可以看出，在鄱阳湖 1953～2012 年的历年年均水位变动过程中，25～32 年时间尺度模值最大，说明该时间尺度周期变化最明显；19～23 年时间尺度的周期变化次之；接下来是 8～15 年的变化周期；其他时间尺度的周期性变化则比较小。

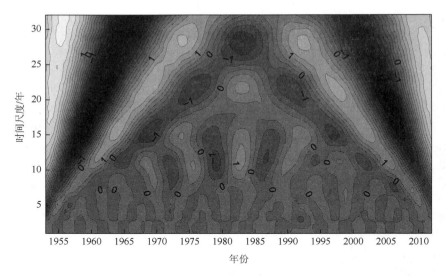

图 2-9　鄱阳湖历年年均水位序列 Morlet 连续复小波系数时频图

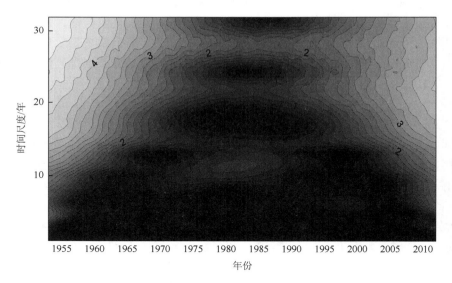

图 2-10　鄱阳湖历年年均水位序列 Morlet 连续复小波系数模等值线图

　　Morlet 连续复小波方差分析图可以揭示水位时间序列的波动能量随着时间变化的分布特征。从图 2-11 可以看出，鄱阳湖历年年均水位变动的小波方差图中存在 3 个较为明显的峰值，它们依次对应着 28 年、22 年和 5 年的时间尺度。其中，最大峰值对应着 28 年的时间尺度，说明 28 年左右的周期振荡最强，为鄱阳湖历年年均水位变动的第一主周期；22 年时间尺度对应着第二峰值，为鄱阳湖历年年均水位变动的第二主周期，第三峰值分别对应着 5 年的时间尺度，鄱阳湖历年年均水位变动的第三主周期。从而可以得知，以上 3 个周期的波动控制着鄱阳湖历年年均水位在整个时间域内的变化特征。

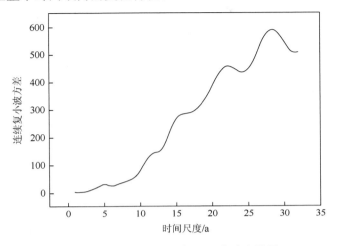

图 2-11　鄱阳湖历年年均水位小波方差图

　　在连续复小波方差检验结果的基础上，绘制出控制鄱阳湖历年年均水位演变的主周期趋势图（图 2-12）。从主周期趋势图中能够分析出在不同时间尺度下，鄱阳湖水位变动存在的平均周期以及升高-下降的水位变化特征。可以计算出，在 28 年特征时间尺度上，水位波动变化的平均周期为 19 年左右，大约经历了 3 个高-低水位转换期；而在 22 年特征时间尺度上，水位波动的平均变化周期为 15 年左右，大约经历了 4 个周期的高-低水位变化；而在 5 年特征时间尺度上，历年年均水位波动变化频率比较快速，且波动极值点分布较为散乱，振荡行为也较为明显。小波分析技术既能够将隐含在水位时间序列中各种随时间变化的周期振荡较为清晰地突显出来，又可以反映鄱阳湖历年年均水位波动的变化趋势，从而对其年均水位波动未来演变趋势做一个定性的估计。

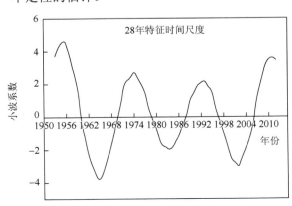

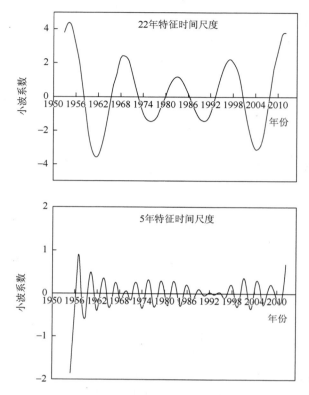

图 2-12　鄱阳湖历年年均水位不同特征时间尺度小波实部过程线

　　周期性水文过程作为构成湿地要素的三大要素之一，对湿地生态系统结构和功能具有重要的影响，尤其是在湖泊湿地中，水文过程通常是决定湿地植被分布的主导因素（Coops et al.，2003；Geraldes et al.，2005；Gibson et al.，2006；Guo et al.，2012）。鄱阳湖是具有国际性保护意义的重要湖泊湿地，其年内和年际水位变幅之大在国际范围内的湖泊中十分罕见。因此，基于鄱阳湖的特殊性和区域性，关于鄱阳湖水文过程的研究已有大量的文献报道，对鄱阳湖周期性水文过程的研究已经相对比较成熟（陈宜瑜等，2003；余莉等，2011；黄群等，2013）。然而，由于鄱阳湖水位受长江和"五河"来水的双重影响，鄱阳湖水文过程变化十分复杂，至今也没有相关文献能够准确地揭示和预测出鄱阳湖水文过程的内在演变机制及发展趋势。可以确定的是，尽管鄱阳湖逐日和逐月水位变动受降水以及其他环境因子等共同作用而未显现出较为明显的规律性，但是对于鄱阳湖历年年均水位序列而言还是存在一定的周期性。以往对鄱阳湖水位变动周期的研究大部分是依据实测水位数据资料和时间序列的对应关系建立"水位-年份"关系示意图（图 2-5），从而确定鄱阳湖历年年均水位序列的周期性。

从该图中也可以看出，鄱阳湖历年年均水位序列大约存在 28 年的周期性，跟连续复小波分析方法得到的分析结果相一致。然而对于较小波分析方法来说，运用线性相关法分析鄱阳湖历年年均水位的周期性并不是很直观，而且不能确定在特征时间尺度上水位波动变化的平均周期。因此，运用小波分析方法确定的鄱阳湖历年年均水位序列的周期性更加科学，且能够提取水文序列中更多的隐藏信息。

　　由于水文时间序列的复杂性以及容易遭受随机因素干扰的特性，水文过程的时间序列并非是按照严格的周期序列展开的，水文时间序列中往往都会存在异常的信号，即小波分析技术中所谓的"噪声"（郑显等，1999）。因此在对鄱阳湖水文时间序列的多尺度分析中，首先需考虑噪声因素对周期分析的结果可能产生的不利影响，接着运用消噪措施来减小或者消除噪声对分析结果产生的影响。本书以对鄱阳湖年均水位时间序列的两端进行一定长度的延伸，来减小或去除水文时间序列的开始点和结束点附近产生的边界效应。此外，在对水文时间序列进行小波分析之前选择好恰当的基小波函数，也是减小噪声对结果产生不利影响的一种有效方法。故本书依据鄱阳湖水文过程的动态变化特征，选取 Morlet 连续复小波变换分析鄱阳湖历年年均水位变动的多时间尺度特征具有一定科学性和合理性。本节中关于鄱阳湖多时间尺度的研究结果主要有三点：①借助连续复小波分析时、频局部化的特性，可以较好地应用于鄱阳湖历年年均水位的多时间尺度分析，且分析得到的结果较传统的分析方法更具有科学性及可行性，且能够发掘水文时间序列中更多的隐藏信息；②鄱阳湖历年年均水位时间序列存在着多种时间尺度，且大时间尺度包含着小时间尺度，每种时间尺度均隐含着鄱阳湖历年年均水位波动的变化规律；③周期性水文过程的精确确定，有助于进一步揭示鄱阳湖水位变动的内在演变机制及发展趋势，对维持鄱阳湖生态水文过程，降低区域洪涝灾害风险能够提供一定的参考依据。

2.3　鄱阳湖出入水量平衡与模拟

　　水是湖泊中最根本的物质，是维持湖泊各项功能正常运行的条件。当湖泊的水量动态平衡关系被打破时，湖泊蓄水量将持续增加或减少，引起湖泊水位持续上升或下降。这种持续的水位变化会引起湖泊生态与环境的相应变化（秦伯强，1993；王苏民等，1998）。因此，湖泊水量及其平衡关系是湖泊生态环境研究中最基本的问题。鄱阳湖作为中国最大的淡水湖泊也是长江最大的通江湖泊，其水位的变化对湖区水资源利用、生态环境及长江中下游旱涝防治工作具有举足轻重的作用（朱海虹，1997）。本节基于鄱阳湖长期观测数据分析湖泊水量收支情况对湖水位季节变化的影响，并通过对比长江来水和鄱阳湖水位的季节变化和长期趋势，探讨长江来水对湖水位的影响；同时结合 BP 神经网络模型，模拟气候条件控制下的鄱阳湖水位，进而甄别出气候变化和人类活动对鄱阳湖水位的影响分量。

2.3.1　数据选取与处理

1.水文与气象数据选取

水文数据包括湖口水位和鄱阳湖流域"五河"流量两部分。选取近 50 年（1960～2008 年）的湖口水文站逐日水位数据进行分析。鄱阳湖流域由五个相互独立的子流域组成，但仅赣江、抚河、信江三个子流域在下游出口断面设有流量监测站，修水和饶河在其主要支流上设有流量监测站。根据监测站分布情况，选取赣江流域外洲站、抚河流域李家渡站、信江流域梅港站、修水流域的万家埠站和虬津站，饶河流域的虎山站和渡峰坑站共 30 年（1978～2007 年）的月平均径流数据用于湖泊水量平衡计算，并分析其与湖口水位的内在关系。水文站概况见表 2-3。

表 2-3　鄱阳湖流域水文站分布

水系	水文站	集水面积/km²
赣江	外洲	80948
抚河	李家渡（焦石）	15811
信江	梅港	15535
修水（潦河）	万家埠	3548
修水	虬津	9914
饶河（乐安河）	虎山	6374
饶河（昌江）	渡峰坑	5013
鄱阳湖	湖口	162225

选取鄱阳湖流域 18 个国家气象站的逐月降水量和 20 cm 蒸发皿数据，时段为 1960～2008 年。各流域的气候条件用不同气象站的数据表示，其中赣江流域为樟树站，修水流域为修水站，饶河流域包括鄱阳站和景德镇站，信江流域为贵溪站，抚河流域包括南城站和广昌站，用于代表"五河"流域站点共 7 个，其他 11 站点分布在环鄱阳湖湖区（表 2-4）。分别在长江中上游流域的嘉陵江、乌江、汉江、三峡库区、宜昌到湖口河道及洞庭湖 6 个流域共选取了 58 个国家气象站点的降水和 20 cm 蒸发皿数据，时段为 1960～2008 年。

表 2-4　鄱阳湖流域气象站点概况

序号	站台编号	站名	纬度/(°)	经度/(°)
1	57598	修水	114.35	29.02
2	58502	九江	116.00	29.73
3	58508	德安	115.77	29.33
4	58509	永修	115.82	29.05
5	58510	湖口	116.23	29.73
6	58514	星子	116.05	29.45
7	58517	都昌	116.20	29.27
8	58519	鄱阳	116.68	29.00
9	58527	景德镇	117.12	29.18
10	58606	南昌	115.92	28.60
11	58607	南昌县	115.95	28.55
12	58608	樟树	115.33	28.04
13	58612	余干	116.68	28.70
14	58614	进贤	116.27	28.38
15	58626	贵溪	117.13	28.18
16	58693	新建	115.83	28.70
17	58715	南城	116.39	27.35
18	58813	广昌	116.20	26.51

2. 数据处理

1）实际蒸散发计算

目前，有多种理论和方法用于计算实际蒸发量。互补相关理论基于实际蒸散量和潜在蒸散量之间的互补相关关系，仅需要标准气象站观测数据即可直接估算实际蒸散量。基于互补相关理论，一些模型相继被提出，例如，AA（advection-aridity）模型、CRAE（complementary relationship areal evapotrans-piration）模型和 GG（granger and gray）模型（万中英等，2003；Kebedeet al.，2006；韩松俊等，2009）。相比其他两个模型，平流-干旱互补相关模型（AA 模型）估算精度较高。本节选取 AA 模型来估算鄱阳湖流域和长江中上游流域的陆面实际蒸发量。

互补相关理论认为在 $1 \sim 10 \text{ km}^2$ 均一下垫面，若外界输入能量恒定，当供水充分时，实际腾发量与潜在腾发量相等；当下垫面供水不足时，实际腾发量与潜在腾发量呈负相关，且二者之和为一常数，等于湿润环境下蒸发量的 2 倍，如式（2-1）所示。

$$ET_a + ET_p = 2ET_w \tag{2-1}$$

式中，ET_a 为实际蒸发量，mm/d；ET_p 为潜在蒸发量，mm/d；ET_w 为湿润环境下蒸发量，mm/d。

在最初的互补相关关系中，潜在蒸散量和湿润环境蒸散量的定义并不明确，已有研究证实湿润环境蒸散量可由 Prestley-Taylor 公式计算，潜在蒸散量可以由 Penman 公式计算，并据此提出了 AA 模型（Poff et al.，1999；Beniston，2002）。Penman 潜在蒸散量由辐射项与空气动力学项两部分组成，如式（2-2）所示。

$$E_0 = E_{rad} + E_{aero} \tag{2-2}$$

式中，E_0 为 Penman 潜在蒸散量；E_{rad} 为潜在蒸散量中的辐射项；E_{aero} 为潜在蒸散量中的空气动力学项，如式（2-3）所示。

$$E_{rad} = \Delta(R_n - G) / (\Delta + \gamma)$$
$$E_{aero} = \gamma E_a / (\Delta + \gamma) \tag{2-3}$$

式中，Δ 为饱和水汽压梯度；γ 为湿度计常数；R_n 为净辐射通量；G 为土壤热通量；E_a 为空气干燥力，如式（2-4）所示。

$$E_a = \rho_a C_p (e_a^* - e_a) / (\gamma r_a) \tag{2-4}$$

式中，ρ_a 为空气密度；C_p 为空气定压比；e_a 为水汽压；e_a^* 为空气温度下的饱和水汽压；r_a 为空气动力学阻力。

Prestley-Taylor 公式可表示为 Penman 潜在蒸散量中辐射项的一定比例，如式（2-5）所示。

$$E_{pt} = aE_{rad} \tag{2-5}$$

式中，E_{pt} 为 Prestley-Taylor 湿润环境蒸散量；a 为 Prestley-Taylor 公式系数，取值约为 1.26。

2）人工神经网络

人工神经网络（artificial neural networks，ANN）是由大量简单神经元广泛连接而成的复杂网络。它不需要任何数学模型，只靠过去的经验来学习，通过神经元的模拟、记忆和联想，处理各种模糊、非线性、含有噪声的数据，采用自适应的模式识别方法来进行预报分析。水文过程具有复杂性、不确定性或非确知性，而 ANN 模型相当于"黑箱"模型，非常适合于复杂系统和非线性系统，为解决水文科学研究面临的问题提供了新的思路和可能的途径，被广泛地应用于降雨、径流、水位和水质参数等各种水文变量的模拟和预测的研究中。

　　BP（back propagation）网络是单向传播的多层前馈网络，一个三层前馈网络可以模拟任一连续函数。因为 BP 网络具有结构简单、具备一定的推广能力、有被"固化"的潜在可能性、能够通过学习带正确答案的实例集自动提取"合理的"求解规则等独特的优点，成为神经网络中应用最为广泛的一种形式。BP 网络的学习过程由正向传播和反向传播组成。正向传播过程中，输入信号通过每层的神经元处理后在输出层输出模拟信号。若模拟信号不能达到期望误差，则修改各层神经元的权值，同时模拟信号的误差沿原路返回。结果反复传播，最后使模拟信号误差达到要求范围。三层单图点输出的 BP 网络结构模型如图 2-13 所示。

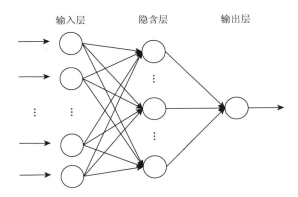

图 2-13　三层单图点输出的 BP 网络结构模型

2.3.2　鄱阳湖水位与湖泊水量各组分的内在联系

　　水位变化是水量变化的直观表现，当湖泊水量处于动态平衡状态时，湖水位保持稳定，如果湖泊水量某个组分出现异常变化，引起水量收支不平衡，则水量平衡状态被打破，湖水位相应地开始升高或降低。所以，分析湖水位与湖泊水量中各组分的关系，可以找出引起湖水位变动的直接原因，又因为湖泊水量的变化提供了大量自然及人类活动的综合信息，可为进一步探讨导致湖水位发生变化的根本原因提供线索。因此本节的主要内容就是讨论鄱阳湖水位与其水量各组分的内在关系，为深入分析鄱阳湖水位变化的影响因素建立基础。

非参数检验更加适合于非正态分布数据，本节采用线性回归的方法讨论水位与水量各组分之间的数学关系，相关关系采用适合于非正态分布数据的 Spearman 相关分析法，显著性检验选择双尾（two-tailed）t 检验。

1. 鄱阳湖水位-面积-体积曲线

鄱阳湖是一个吞吐型、季节性的浅水湖泊，年内洪、枯水位的落差变化大，湖泊相应的面积、容积也相差极大。根据实测数据，鄱阳湖面积最大可达 4070 km²，相应容积为 320×10^8 m³（按 1998 年 7 月 31 日湖口水位 22.59 m 计），是长江三峡水库防洪库容（221.5×10^8 m³）的 1.4 倍，洞庭湖总库容的 1.9 倍，长江干流汉口至湖口河段相应容积的 2.6 倍。在 20 世纪 70 年代曾对鄱阳湖的面积、容积进行了全面的测量，绘制了湖泊水位-面积-体积曲线，但是 1949 年后的 50 年内，鄱阳湖建堤围湖的现象十分严重，尤其是 50～70 年代。过度围垦使湖泊形态发生了变化，90 年代前鄱阳湖调节系数最小只有 13.8，90 年代后随着对盲目围垦的控制，湖泊调节系数达到 28.7。

20 世纪 70 年代的湖泊水位-面积-体积曲线不能反映出近期鄱阳湖的形态，而基于遥感影像观测的湖泊形态数据与实测值相差较大。叶许春根据 2008 年、2009 年《江西省水资源公报》中提供的鄱阳湖月平均水位资料及相应的湖泊面积和容积，以及 1995 年后的部分数据，绘制出鄱阳湖湖口站水位及其相应的湖水面面积、容积曲线图，如图 2-14 所示。由图可知，鄱阳湖的容积随水位的上升呈持续的曲线上升状态，但湖泊水面面积随湖口水位呈台阶式的变化。在水位小于 12.0 m 时，湖水面随水位的变化较为缓慢，当水位在 12.0 m 与 15.0 m 之间时，湖水面变化极大，当水位上升至 15.0 m 以上时，湖水面的增加又趋于缓慢，但当水位增加至 21.5 m 以上时，水位的微小变化将引起鄱阳湖水面的显著增加。

为获得最佳的拟合效果，以湖口站实测水位资料为依据，结合相应的湖泊面积、容积数据，分别对鄱阳湖湖口水位-面积，水位-容积进行多项式拟合，得到鄱阳湖湖口水位及其相应的湖泊面积、容积线性关系。湖口水位-面积关系如式（2-6）所示，湖口水位-容积关系如式（2-7）所示。

$$S = \begin{cases} -2.093h^3 + 68.79h^2 - 561.122h + 1374.066 & (h < 12.0m) \\ 6.676h^3 - 371.533h^2 + 6894.220h - 40890.617 & (h > 12.0m) \end{cases} \quad (2\text{-}6)$$

$$V = 0.0007h^{4.15} \quad (2\text{-}7)$$

式中，h 为湖口站水位，m；S 为湖泊水域面积，km²；V 为湖泊容积，10^8 m³。

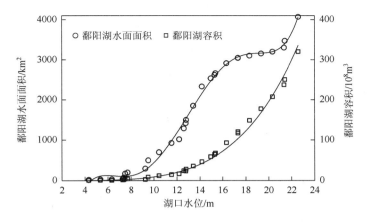

图 2-14　鄱阳湖湖口站水位及其相应的湖水面面积、容积曲线图

2. 鄱阳湖区间地表净入湖水量的估算

1）湖面降水量和蒸发量

采用鄱阳湖湖区周边 12 个国家气象站（九江站、湖口站、德安站、星子站、都昌站、南昌站、南昌县站、波阳站、余干站、进贤站、新建站、永修站）1978～2008 年的日降水量和 20 mm 蒸发皿实测数据计算鄱阳湖湖面降水量和蒸发量。

计算中以各气象站的月平均降水量数据作为湖面降水量，而湖面蒸发由各气象站的 20 cm 蒸发皿月平均蒸发数据乘以相应的折算系数来确定。湖面的降水和蒸发是鄱阳湖水量平衡中重要的组成部分，湖面的降水总量和蒸发水量分别为降水量、水面蒸发与湖泊面积的乘积，如式（2-8）和式（2-9）所示。

$$P_{\mathrm{w}} = 10^5 \cdot P \cdot A_{\mathrm{lake}} \qquad (2\text{-}8)$$

$$E_{\mathrm{w}} = 10^5 \cdot E_{20} \cdot A_{\mathrm{lake}} \cdot k \qquad (2\text{-}9)$$

式中，P_{w} 为湖面降水量，$10^8\ \mathrm{m}^3$；P 为湖面降水量实测数据（各气象站降水量平均值，mm）；A_{lake} 为鄱阳湖水体面积，km^2；E_{w} 为湖面蒸发量，$10^8\ \mathrm{m}^3$；E_{20} 为 20 mm 蒸发皿实测数据（各气象站蒸发皿蒸发量平均值，mm）；k 为蒸发皿折算系数。

在相同的气象条件下，蒸发皿实测的蒸发量往往要大于实际的水面蒸发量，计算水面实际蒸发量需乘上相应的蒸发皿折算系数 k。为确定鄱阳湖的水面蒸发量，在江西省都昌县城郊的小东湖（由鄱阳湖港汊筑坝而成，面积 2 km²，水深约 4 m）内建立都昌蒸发试验站，进行地面与漂浮水面蒸发量对比研究。根据都昌站的实验资料，推求出常用地面小型蒸发皿 E601、φ80、φ20 月蒸发量的折算系数，见表 2-5。

表 2-5　地面常用小型蒸发皿的折算系数（k）

系数	1 月	2 月	3 月	4 月	5 月	6 月	7 月	8 月	9 月	10 月	11 月	12 月	平均
R601	0.72	0.81	0.74	0.82	0.98	1.04	1.02	1.07	1.15	1.12	0.94	0.86	0.94
R80	0.67	0.63	0.54	0.56	0.66	0.72	0.73	0.81	0.92	0.95	0.85	0.78	0.74
R20	0.51	0.55	0.49	0.51	0.60	0.68	0.67	0.75	0.83	0.83	0.70	0.63	0.65

注：R601、R80、R20 分别为 E601、φ80、φ20 蒸发皿的折算系数

根据式（2-8）和式（2-9）计算获得鄱阳湖湖面降水总量和蒸发总量。鄱阳湖湖面降水入湖水量多年平均值为 31.80×10^8 m³，从湖面降水总量的年际变化来看（图 2-15），年降水总量以 1998 年的 60.91×10^8 m³ 最大，1978 年的 14.43×10^8 m³ 最小，变化幅度为 46.48×10^8 m³，表明湖面降水量的年际变化较大。近 30 年湖面降水量年际变化具有两个明显的拐点，分为三个阶段：湖面降水量在 1983 年达到一个高值后开始下降，随后逐渐升高，在 1998 年达到历史最大，之后又开始回落，尤其是 2002 年后湖面降水总量快速下降，在 2007 年达到历史第二低值。鄱阳湖湖面蒸发量的年际变化总体较小，长期呈微小的下降趋势。湖面蒸发水量多年平均值为 23.26×10^8 m³，以 1983 年的 29.70×10^8 m³ 最大，2006 年的 14.70×10^8 m³ 最小，变化幅度为 15.00×10^8 m³。从年际变化来说，湖面降水入湖水量多个年份大于湖面蒸发出水量，只有 1978 年和 1979 年湖面蒸发水量大于降水总量，1982 年、1986 年、2001 年、2007 年共 4 年湖面蒸发水量与降水总量基本持平。总之，30 年来湖面产水量为正值，而湖面降水是其趋势变化的主控因素。

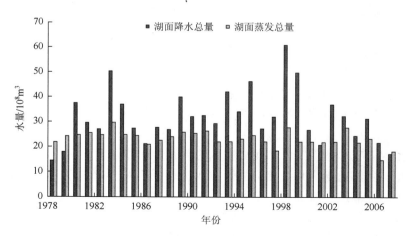

图 2-15　1978～2007 年鄱阳湖湖面降水总量和蒸发总量变化过程

2）湖区坡面入湖水量

鄱阳湖流域面积包括"五河"流域和环湖区两部分。根据《全国水资源综合规划技术细则》（水利部水利水电规划设计总院，2003 年 5 月）水资源分区成果划分，鄱阳湖环湖区（以下简称湖区）范围为：赣江从外洲水文站以下、抚河李家渡水文站以下、信江梅港水文站以下、乐安河石镇街水文站以下、昌江古县渡水文站以下、修水永修水文站以下至湖口县的湖口水文站。湖区集水面积约占鄱阳湖流域面积的 13%。本节以此为参照，根据所搜集的数据，划分鄱阳湖湖区范围为：赣江从外洲水文站以下、抚河李家渡水文站以下、信江梅港水文站以下、乐安河虎山水文站以下、昌江渡峰坑水文站以下、修水虬津水位站以下、潦水万家埠水文站至湖口县的湖口水文站，集水面积占鄱阳湖流域总面积的 15.5%。鄱阳湖湖区面积包括水体面积和陆面面积两部分，湖区入湖水量除湖面直接的降水量和蒸发量外，还包括一部分坡面产流量。本节采用径流系数的方法将湖区的降水量折算为坡面入湖水量。根据相关的研究成果，鄱阳湖湖区的径流系数采用0.639。湖区坡面入湖水量根据式（2-10）进行计算。

$$Q_s = 0.639 \times 10^5 \times P \times (25082 - A_{\text{lake}}) \qquad (2\text{-}10)$$

式中，Q_s 为湖区坡面入湖水量，$10^8\ \text{m}^3$；P 为湖区降水量（环湖区气象站降水量均值，mm）；A_{lake} 为湖面面积，km^2。

鄱阳湖湖区坡面入湖水量的年际变化如图 2-16 所示。湖区坡面入湖水量多年平均值为 $225.94 \times 10^8\ \text{m}^3$，以 1999 年的 $308.10 \times 10^8\ \text{m}^3$ 最大，1978 年的 $151.03 \times 10^8\ \text{m}^3$ 最小，变化幅度为 $156.97 \times 10^8\ \text{m}^3$，表明湖区坡面入湖水量的年际变化较大。湖区坡面入湖水量的年际变化趋势与湖面降水量的变化趋势十分相似，也呈现 3 个不同的阶段。出现这种现象的原因在于二者都直接由湖区降水量计算而来，可见，降水是湖区入湖水量变化的主控因素。

3）湖区地表净入湖水量

湖区面积占鄱阳湖流域总面积的 15.5%，湖区产水量是湖泊水量收支的重要组成部分，为方便进行水量平衡的计算与分析，定义湖区地表净入湖水量 Q_{LNi} 如式（2-11）所示。

$$Q_{\text{LNi}} = Q_s + P_{\text{W}} - E_{\text{W}} \qquad (2\text{-}11)$$

式中，Q_{LNi} 为湖区地表净入湖水量，$10^8\ \text{m}^3$；Q_s 为湖区坡面入湖水量，$10^8\ \text{m}^3$；P_{W} 为湖面降水量，$10^8\ \text{m}^3$；E_{W} 为湖面蒸发量，$10^8\ \text{m}^3$。

1978～2007 年共 30 年鄱阳湖湖区地表净入湖水量变化趋势如图 2-16 所示。湖区坡面入湖水量、湖面降水量和湖面蒸发量分别占湖区总水量的 80.4%、11.3% 和 8.3%。因此，湖区地表净入湖水量主要受湖区坡面径流的影响，湖面降水量和

蒸发量所占的比重较小，对总水量的影响不大。湖区地表净入湖多年平均水量为
$234.47 \times 10^8 \, m^3$，最小值为 1978 年的 $143.63 \times 10^8 \, m^3$，最大值为 1998 年的
$340.87 \times 10^8 \, m^3$，与湖区坡面入湖水量成一致的变化特征：1983 年达到一个高值
后开始下降，随后逐渐升高，在 1998 年达到历史最大后开始回落，尤其是 2002 年
后降幅明显。

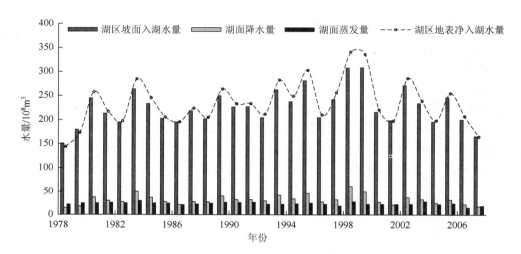

图 2-16　鄱阳湖湖区地表净入湖水量（包括坡面入湖水量、湖面降水量和湖面蒸发量）的年际变化

3. 鄱阳湖水量的动态变化

鄱阳湖水位的年内、年际变化都十分剧烈，为研究引起这一现象的直接原因，
本节从年内、年际两个尺度对鄱阳湖水量平衡状态进行初步的分析。一般的湖泊
水量平衡方程包括湖面降水量，出入湖的地表、地下径流量，湖面蒸发量，人工
取水消耗量。假设地下水同鄱阳湖的水量交换常年处于稳定状态，地下水变化量
在水量平衡方程中作为 0 处理。湖面降水量和蒸发量以及湖区坡面入湖水量三个
参数即可表示为湖区净入湖水量，则鄱阳湖水量平衡方程可概化为式（2-12）。

$$Q_b + Q_{LNi} - Q_o - \varepsilon = \Delta V \qquad\qquad (2\text{-}12)$$

式中，Q_b 为流域入湖水量（流域"五河"水文控制站流量之和，$10^8 \, m^3$）；Q_{LNi}
为湖区地表净入湖水量，$10^8 \, m^3$；Q_o 为出湖水量（湖口站径流量，$10^8 \, m^3$）；ε 为湖
区人工取水消耗水量，$10^8 \, m^3$；ΔV 为时段内湖泊蓄水量变幅，$10^8 \, m^3$。

湖区人工取水消耗水量在入湖总水量中所占比例很小，不会改变鄱阳湖蓄水
量的长期变化趋势。假设无人工取水影响下的湖泊蓄水量可以代表真实情况下湖
泊蓄水量的长期变化趋势，则鄱阳湖水量平衡方程改写为式（2-13）。

$$Q_b + Q_{LNi} - Q_o = \Delta V' \qquad (2\text{-}13)$$

式中，$\Delta V'$ 为时段内天然来水条件下的湖泊蓄水量变幅，即 $\Delta V' = \Delta V + \varepsilon$。

　　鄱阳湖总净入湖水量包括"五河"流域来水和区间净入湖水量，根据以上对湖区坡面入湖水量、湖面降水量和蒸发量的计算，获得鄱阳湖水量的年际、年内变化(图 2-17)。根据计算结果，流域多年平均净入湖水量为 $1229.81 \times 10^8 \ \mathrm{m}^3$，占总入湖水量的 84%，占总水量的 41.4%。通过湖区进入湖体的水量为 $234.47 \times 10^8 \ \mathrm{m}^3$（其中湖区坡面入湖水量为 $225.94 \times 10^8 \ \mathrm{m}^3$，湖面降水量为 $31.80 \times 10^8 \ \mathrm{m}^3$，湖面蒸发消耗水量为 $23.26 \times 10^8 \ \mathrm{m}^3$），占入湖水量的 17%，占总水量的 7.9%。区间净入湖水量相对于流域入湖水量的比值相对较小，因此，鄱阳湖净入湖水量的年内、年际变化与流域入湖水量的变化相似。流域最大净入湖水量是 1998 年的 $2076.05 \times 10^8 \ \mathrm{m}^3$，其次为 1983 年的 $1628.20 \times 10^8 \ \mathrm{m}^3$，最小净入湖水量是 2004 年的 $732.82 \times 10^8 \ \mathrm{m}^3$，其次是 1979 年的 $791.12 \times 10^8 \ \mathrm{m}^3$。流域入湖水量的年内变化中，6 月平均入湖水量最大，为 $218.69 \times 10^8 \ \mathrm{m}^3$；12 月来水量最小，为 $41.42 \times 10^8 \ \mathrm{m}^3$；来水量在 3 月后迅速升高，8 月开始快速下降。流域每年 4～6 月净入湖水量最大，占全年净入湖总水量的 46.65%，而 11 月至次年 1 月净入湖水量最小，占全年地表净入湖总水量的 11.01%。

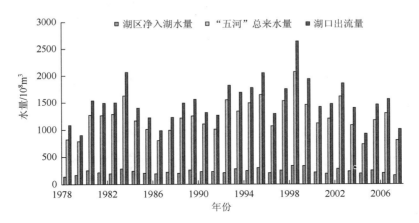

图 2-17　鄱阳湖水量各项收支年际变化

　　作为鄱阳湖湖水唯一的出口，湖口站多年平均出湖水量为 $1506.37 \times 10^8 \ \mathrm{m}^3$，占总水量的 50.7%。湖口站最大出湖水量是 1998 年的 $2644.83 \times 10^8 \ \mathrm{m}^3$，其次是 1983 年的 $2067.37 \times 10^8 \ \mathrm{m}^3$；最小出湖水量是 1979 年的 $901.61 \times 10^8 \ \mathrm{m}^3$，其次是 2004 年的 $927.72 \times 10^8 \ \mathrm{m}^3$。出湖水量的年内变化中，5 月出湖水量最大，为 $204.96 \times 10^8 \ \mathrm{m}^3$，1 月出湖水量最小，为 $55.21 \times 10^8 \ \mathrm{m}^3$，出湖水量从 2 月后开始快速上涨，4～6 月达到最大，占全年出湖水量的 40%。与流域来水量在 6 月后迅速

下降不同的是，出湖水量在 11 月后才显著减少，12 月至次年 2 月是出湖水量最小的 3 个月，该时段内出湖水量占全年总出湖水量的 12.69%。

在流域来水和出湖水的共同控制下，鄱阳湖蓄水量呈现出剧烈的年际和季节变化。近 30 年，鄱阳湖蓄水量总体呈下降趋势，其多年平均蓄水量为 -42×10^8 m³，其中 1979 年增幅最大（62.92×10^8 m³），1998 年降幅最大（-227.91×10^8 m³）。30 年内，26.7% 的年份蓄水量变幅较小（为 $-15 \times 10^8 \sim 15 \times 10^8$ m³），13.3% 的年份蓄水量增幅大于 15×10^8 m³，60% 的年份蓄水量降幅大于 15×10^8 m³，降幅超过 140×10^8 m³ 的有 3 年，分别为 1983 年、1998 年和 1999 年。总体来说，蓄水量 20 世纪 80 年代变化最小，10 年间年均下降了 28.32×10^8 m³；90 年代变化最大，10 年间年均下降了 62.11×10^8 m³；2000 年后 8 年内年均蓄水量下降了 37.88×10^8 m³。

就季节分配来说（图 2-18），12 月至次年 5 月湖泊蓄水量稳定，只有少量增幅，6 月蓄水量突然增大至 57.82×10^8 m³ 达到最大值，蓄水量在 6 月后开始迅速减小，形成明显的漏斗状，在 10 月达到最大降幅（-54.57×10^8 m³）。鄱阳湖蓄水量变幅由流域入湖水量和湖口出湖水量各自所占总水量的百分比控制，12 月至次年 5 月二者的比例相当时，蓄水量保持稳定，6 月流域来水量大于出湖水量，蓄水量开始迅速增加，7～11 月出湖水量明显大于流域来水量，蓄水量快速下降。

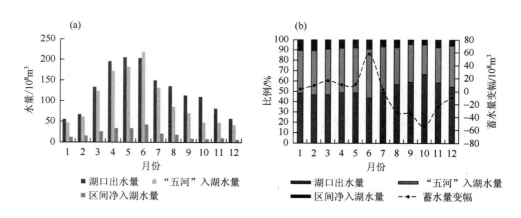

图 2-18　鄱阳湖水量各项收支的季节变化和湖泊蓄水量变幅

（a）为各组分的季节变化曲线；（b）为各组分的年内分配比例，虚线是各月的湖泊蓄水量变幅

4. 鄱阳湖水位与水量收支项的关系

1）水位波动与流域入湖水量的关系

流域来水占总入湖水量的 84%，是湖泊最主要的水量来源。它的季节变化对

湖泊水量平衡状态具有直接的影响，是引起鄱阳湖水位变化的关键因素。流域来水从 2 月开始快速升高，4～6 月稳定上涨，7～10 月快速下降。流域来水反映了湖泊流域内降水的季节变化，4～6 月是流域"五河"的主汛期，集中降水形成大量的入湖水量，导致湖泊水位快速起涨，而最高水位与流域最大入湖水量发生时间错开约 1 个月。与流域入湖水量快速下降不同的是，湖水位的退水过程缓慢，10 月前都保持在 15 m 以上的较高水位（图 2-19）。

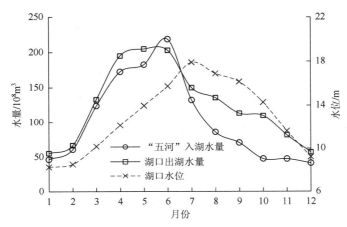

图 2-19　鄱阳湖湖口水位、"五河"入湖水量及湖口出湖水量的季节变化对比

通过以上分析看出，鄱阳湖水位在涨水段与流域入湖水量具有一致的变化特征，但在退水段两者具有不同的特征。这种现象可以通过对两者相关关系的分析直接反映出来（图 2-20）。12 月至次年 6 月，湖口水位大多位于 16 m 以下，两者呈高度正相关的关系（相关系数为 0.793，通过 0.01 水平检验），湖口水位随着流域入湖水量的增加而上涨（图 2-20（a））；7～11 月，流域入湖水量减小，散点多集中在 $200×10^8$ m³ 之内，与之对应的湖口水位多数位于 14 m 以上，且数据点分布散落，无规律可循（图 2-20（b））。通过以上分析得到同其他学者一致的结论：鄱阳湖涨水面（含最低水位）主要受流域来水控制，退水面（含最高水位）受流域来水影响较小，可能与长江来水的顶托作用有关（姜加虎等，1999；戴仕宝等，2006；Hu et al.，2007）。

2）水位波动与出湖水量的关系

湖泊出湖水量的季节性波动不仅反映了湖泊水量的动态平衡条件，还决定于湖泊形态的变化，尤其是受到湖口水位和湖泊出流量相互关系的影响。一般情况下，对于自然状态的、没有人类控制措施的湖泊来说，湖泊出流量（R_{out}）与湖口水位（H）具有一定的数量关系，可用式 $R_{out} = aH^b$ 表示。对于多数自然条件下的湖泊来说，式中，参数 b 的取值范围为 0～3。$b = 1$ 时，表示湖泊出流量与湖水位呈线

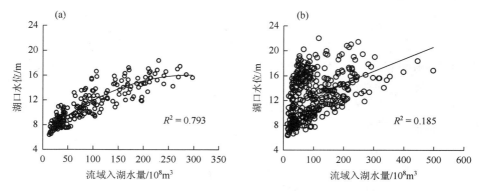

图 2-20　鄱阳湖年内湖口水位与流域入湖水量的关系分析

（a）为 12 月至次年 6 月湖口水位与流域入湖水量的相关关系；（b）为 7~11 月湖口水位与流域入湖水量的相关关系

性关系；b 接近 0 时，表示出流量不受湖口水位变化的影响，为一恒定值；b 值越大，表示较小的湖水位变幅就会引起湖泊出湖水量产生显著的变化。通过分析发现，只有在 12 月至次年 4 月鄱阳湖水位较低时，湖泊出湖水量才与湖口水位高度相关；5~11 月，湖口出湖水量与湖口水位没有明显的统计关系（图 2-21）。通过拟合参数，b 取值为 3.371。由于出湖水量还受流域来水量的影响，考虑到湖水位和流域来水对鄱阳湖出湖水量的综合影响，利用统计回归的方法拟合出鄱阳湖出湖水量的计算公式如式（2-14）所示。

$$Q_o = \begin{cases} 0.039 \times h^{3.371} & （12\,月至次年\,4\,月） \\ 0.802 \times Q_b + 53.305 & （5~11\,月） \end{cases} \qquad （2\text{-}14）$$

式中，Q_o 为出湖水量，$10^8\,\mathrm{m}^3$；Q_b 为流域入湖水量，$10^8\,\mathrm{m}^3$；h 为鄱阳湖湖口水位，m。

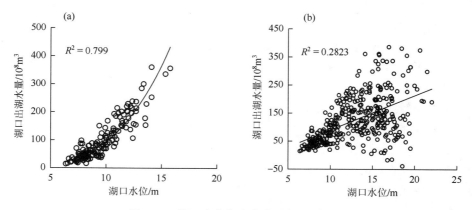

图 2-21　湖口水位与出湖水量的关系分析

（a）为 12 月至次年 4 月湖口水位与出湖水量相关关系；（b）为 5~11 月湖口水位与出湖水量相关关系

鄱阳湖湖口出湖水量和水位的关系式 $R_{out} = aH^b$ 中，参数 $b = 3.371$，说明 12 月至次年 4 月鄱阳湖水位的变化对湖口出湖水量具有显著影响，即较小的流域来水量变化引起湖口水位小幅变动，但湖泊的出湖水量却会发生显著的变化。12 月至次年 4 月为鄱阳湖的枯水期，是湖口水位波动变幅相对较小的一个时间段，同时也是南北水位落差最大的时期，5 个月里最小水位落差也在 3 m 以上，依靠重力作用湖水下泄流入长江。一旦水位落差增大，那么出湖水量相应地开始增加，由于这期间湖泊蓄水量本来就很小，较小的出湖水量变幅在总水量中就会占据较大的比例。因此，鄱阳湖的参数 b 较大，湖水位较小的变幅就会引起出湖水量显著的变化。从 5 月开始，出湖水量与湖水位不具备统计意义上的相关关系，尤其是当湖水位超过 10 m 时，数据点分布更加散乱（图 2-21（b））。但是两者季节变化曲线的下落段，尤其是水位的退水段（8～11 月）具有相似的变化特点（图 2-19）。与流域入湖水量快速下降不同的是，7 月后，湖水位和出湖水量的下降速度都较为缓慢，10 月后，二者的下降速度开始加快。造成这种现象可能的原因是，5 月、6 月是湖泊流域来水最大的月份，此时长江水位较低，湖水可以顺畅地由湖口泄入长江，出湖水量达到最大，7 月长江主汛到来，长江水位升高对湖水下泄形成壅阻，出湖水量减少，鄱阳湖水位达到最大。随着长江水位的消退，出湖水量开始平稳下降，湖水位逐渐回落。10 月后，长江进入枯水期，长江水位降低，湖水可以迅速泄出鄱阳湖。总之，5～11 月出湖水量和湖水位变化具有一定的联系，只是这种关系并不能通过简单的统计方法表示出来，而 12 月至次年 4 月出湖水量明显受到湖水位变化的影响。

　　3）水位波动与区间入湖水量的关系

　　鄱阳湖湖区面积为 25082 km^2，当水体面积达到最大的 4032 km^2（湖口水位为 22.53 m）时，也只占湖区总面积的 16%，因此湖区大部分面积属于陆地。湖区多年平均入湖总水量的 80.4% 由湖区的坡面径流入湖形成，湖面产水量所占比重较小，其中 57.8% 的水量由湖面降水产生，42.2% 的水量由水面蒸发形成。有研究表明，1955～2004 年 50 年内，虽然鄱阳湖湖面年降水总量大于年蒸发总量，但是 8～10 月湖面的蒸发水量达 13.72×10^8 m^3，是湖区同期水资源总量的 1.7 倍，湖面降雨产水量满足不了蒸发损失量，此时湖区秋旱严重，对湖区抗旱极为不利（图 2-22（a））。湖区净入湖水量变化占入湖总水量的比重较小，没有影响到湖泊水量的动态平衡状态，对湖水位的变化影响程度也较小。但是水位变化会导致湖泊面积发生改变，进而对湖面蒸发量和降水量产生一定影响。当湖水位小于 14 m 时，湖面降水量与湖水位的线性关系较好，随着水位的上升，湖面降水量逐渐增大；湖水位大于 14 m 后，数据点散乱分布在线性趋势线两侧，说明这时湖水位对湖面降水量的影响程度开始减弱。而湖面蒸发量与湖水位的相关关系较好，蒸发量随着湖水位的升高而增大，说明湖水位对湖面蒸发量的变化有重要影响（图 2-22（b））。

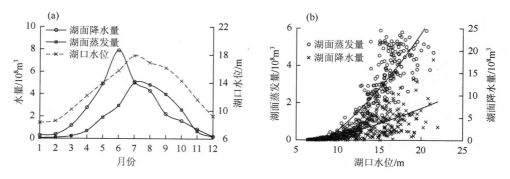

图 2-22　鄱阳湖湖面蒸发量和降水量与湖口水位的关系
（a）为湖面降水量和蒸发量及湖口水位的季节变化；（b）为湖面降水量和蒸发量及湖口水位的相关关系

简单的湖面蒸发量和湖水位的统计关系可用式（2-15）表示。

$$E_{\mathrm{w}} = 2 \times 10^{-6} \times h^{5.228} \qquad (2\text{-}15)$$

式中，E_{w} 为湖面蒸发量，$10^8\ \mathrm{m}^3$；h 为湖口水位，m。

鄱阳湖湖面蒸发量和湖水位的相关系数高达 0.92，尤其是当湖水位小于 14 时，拟合效果最好。虽然式（2-15）等号右边的系数很小，但水位因子的幂较大，说明较小的水位变化对蒸发量的影响较大，这部分水量对秋旱较为严重的 9 月和 10 月来水更为重要，且这时段的多年平均水位一般为 14 m 左右，因此可用该式初步进行这时段内湖水位变化对湖区水资源开发利用的影响分析。

2.4　鄱阳湖湖区水位波动影响因素分析

2.4.1　长江水位对鄱阳湖水位的影响

鄱阳湖承接流域"五河"来水后由湖口泄入长江，同时长江中上游来水经过湖口再流向下游，并对鄱阳湖水下泄形成壅阻或促进作用。所以鄱阳湖水位是长江和鄱阳湖交互作用的结果，复杂的江湖关系造就了鄱阳湖水位剧烈的季节变化。正是因为这种水力联系非常复杂，才使得对鄱阳湖水位物理机制的研究较为困难，目前只有少数学者利用水动力模型或者统计的方法定量、半定量地对这方面内容做了探讨。下面将从年内和年际变化趋势两个方面定性分析鄱阳湖水位和长江水位的关系。

1. 年内水位波动影响分析

根据 1965 年、1985 年和 2005 年共三年的长江九江站的日水位数据，绘制鄱阳湖水位与九江水位变化的回归分析图。通过统计分析表明，湖水位与九江水位呈直线相关，相关系数在 0.99 以上，并通过了 0.01 水平的 Spearman 双尾检验，说明湖口水位与长江水位密切相关。苏守德指出，若湖口处没有长江水的阻挡，鄱阳湖水量将会顺利泄出，所以汛期长江来水增加导致最高湖水位的产生。刘小东和 Hu 等学者都认为当最高水位过后、枯期到来时，随着长江来水的减少，湖口水位进入稳定的退水阶段。

2. 年际水位波动影响分析

利用 MK 突变检验方法分别分析了 1960～2007 年湖口站水位和长江汉口站年内各月径流的变化趋势，如图 2-23 所示。对比近五十年湖口站水位和长江干流汉口站流量。总的来说，湖口站和汉口站的流量具有相似的变化趋势，尤其是枯水期二者的变化趋势更加相似（12 月至次年 3 月），但有个别月份一定时期内二者变化的相似程度较差。变化趋势差异较大的时期有：4 月，湖口水位在 1980 年开始快速升高，由 1992 年进入显著升高的阶段，虽然同一时期的汉口流量也具有升高的趋势，但没有湖口水位增幅明显；5 月，1990～2000 年，湖口水位呈现略微下降的趋势，而汉口流量降幅显著；7 月，1972～1987 年，湖口水位上升，汉口流量下降，但二者变幅都不显著；8 月，1972～1983 年，湖口水位上升，汉口流量下降，之后二者都开始上升，但是湖口水位的增幅要大于汉口流量。可以看出，年内湖口水位和汉口流量变化趋势差异较大的时期主要集中在 4～5 月鄱阳湖流域主汛期内和 7～8 月长江中上游主汛期，除这两个时间段外，湖口水位和汉口流量具有一致的变化趋势，尤其是在 20 世纪 90 年代之后这种一致性更加明显，而且二者进入显著变化（0.05 显著性水平）的时间也几乎相同。

以上分析表明，鄱阳湖水位与长江水位具有一致的季节变化特征和相似的长期变化趋势，其中鄱阳湖枯水期时（12 月至次年 3 月）二者变化趋势的相似程度很高，鄱阳湖流域和上游长江流域汛期时二者变化趋势的相似程度稍差。可以认为，长江水位对鄱阳湖水位变化具有重要影响，尤其是对鄱阳湖枯水期湖水位的影响最为明显。

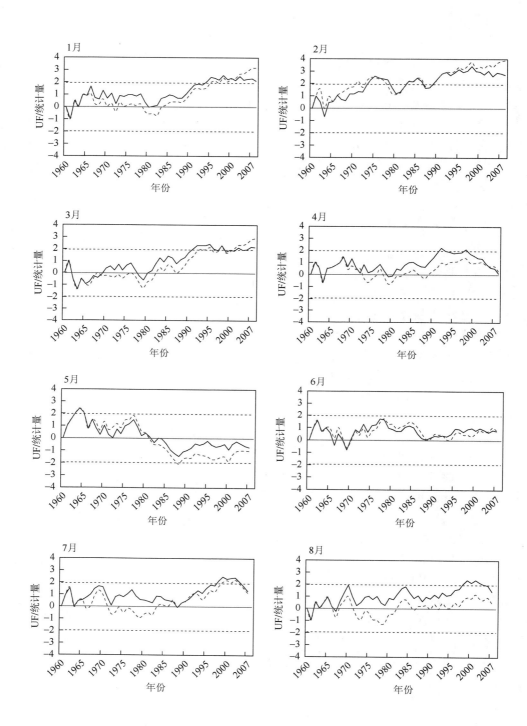

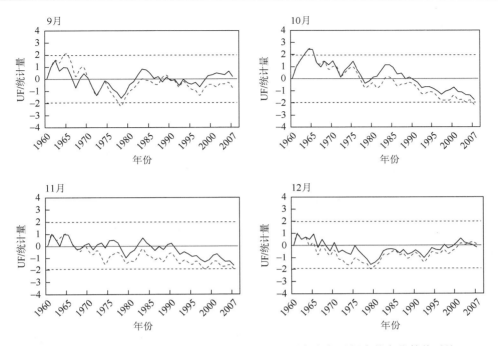

图 2-23　1960～2007 年湖口站水位和长江汉口站年内各月径流的变化趋势对比

实线表示湖口站水位，虚线表示汉口站流量，水平虚线表示 0.05 水平的临界值

　　通过进行鄱阳湖水量收支项和长江水位与鄱阳湖水位统计关系的规律分析，结果表明，12 月至次年 3 月，鄱阳湖水位与流域来水和长江水位的相关性都很好，该时段也是鄱阳湖沿程水位落差最大的时候，说明这期间长江水位高低和湖泊流域来水多少共同控制湖口水位的变化，两者的差值越大造成湖水下泄越多，湖水位越低，但它们对湖水位的控制作用难以分出主次；4～6 月，湖水位与鄱阳湖流域来水高度相关，与长江来水的关系较差，说明这期间控制湖水位的主要因素是湖泊流域来水；7～8 月，湖水位与流域来水和长江来水的统计关系都相对较差，尤其是湖泊流域来水，引起这个现象可能的原因是，湖泊流域“五河”汛期已过，流域来水对湖水位的影响减弱，但长江主汛到来，使长江水位显著升高，湖口处鄱阳湖水量下泄受到长江高水位的壅阻，甚至会出现江水倒灌的现象，所以这时的江湖关系十分复杂，不能通过简单的线性关系来体现；9～11 月，流域来水进入枯水期，湖水位随着长江水位的下降而衰退。总的来说，在鄱阳湖流域主汛时期，湖水位主要受流域来水的控制，长江主汛到来后，长江水位是湖水位的主要控制因素，而当湖泊流域和长江都进入枯水期后，湖水位受到湖泊来水和长江来水的共同控制，这两个因素的控制作用难以分出主次（刘健等，2010；叶许春等，2012）。

2.4.2 气候变化对鄱阳湖水位的影响

湖泊水位变化主要是由湖泊的水量收支所决定，一段时期内的湖泊的水量平衡由该时期内的气候平均状况所决定。气候变化对湖泊的影响实际上是通过对下垫面水文情势的塑造来实现的，因此对湖泊变化更直接的影响来自湖面降水量、湖面蒸发量以及径流量（闵骞，2006；刘健等，2009）。通常以降水和气温这两个气候指标作为切入点来研究气候变化对湖泊水位的影响。上一节的分析结果表明，鄱阳湖水位受湖泊流域来水和长江来水的双重影响，因此下文将结合鄱阳湖流域和长江中上游流域的降水量和实际蒸发量来分析气候变化对鄱阳湖水位的影响。

将湖口以上的长江中上游流域划分为 6 个子流域，共包括了 58 个国家气象站点。由于长江中上游流域面积广大，降水、蒸发分布不均，用所有站点气象数据的均值不能表示整个长江中上游流域的气候条件。本节首先用每个子流域内所有气象站点气象数据的均值来表示该流域的气象条件；其次，由于长江流域径流变化的主控因子是降水，蒸发对其影响较小，所以以 6 个子流域的降水作为变量，用主成分分析法提取了两个主成分来表示整个长江中上游流域的降水分布，见表 2-6。两个主成分提取各变量的信息较充分，最差的乌江流域也提取到 85%的信息。第一主成分主要概括了嘉陵江流域、汉江流域和三峡库区降水量的信息，说明这三个流域降水分布特点相似，因此用这三个子流域的降水量均值表示第一主成分；第二主成分说明乌江流域、宜昌到湖口河段和洞庭湖流域的降水分布特点相似，用这三个流域的降水量均值表示第二主成分。因此，选择第一主成分、第二主成分两个变量表示长江中上游的降水量。鄱阳湖流域的降水量用"五河"各流域上共 7 个气象站降水量的均值表示，其中赣江流域为樟树站，修水流域为修水站，饶河流域包括鄱阳站和景德镇站，信江流域为贵溪站，抚河流域包括南城站和广昌站。

表 2-6　主成分提取长江中上游降水成分

子流域	提取信息量	主成分	
		1	2
嘉陵江流域	0.922	0.936	0.213
汉江流域	0.916	0.880	0.378
乌江流域	0.850	0.528	0.756
三峡库区	0.878	0.725	0.594
宜昌到湖口河段	0.881	0.479	0.807
洞庭湖流域	0.943	0.168	0.957

2.4.3　降水因素

　　近 50 年来长江流域的水资源总量的变化主要受控于气候变化，其中各支流年径流量的变化与年降水量的关系十分密切，呈现同向变化的特征。这是因为长江除极小部分的上游河源区的径流由冰川补给外，绝大部分流域的径流均有降水补给（林承坤等，1999）。长江流域的径流量及其变化主要受降水的控制。由于径流是水位变化的直接原因，因此在没有人类活动或水利工程的影响下，降水是水位的主要控制因素，相似的降水条件下水位变化也相似。

　　表 2-7 是湖口以上长江中上游流域两个主成分和鄱阳湖流域当月及上月降水量与当月湖口水位的相关系数。可以看出，当月的湖口水位与长江流域上月降水量显著相关，与鄱阳湖流域降水的相关性也是上月好于当月，这与鄱阳湖水位的季节变化落后于流域入湖水量季节变化一个月的现象一致。这说明天然来水是鄱阳湖水位的重要影响因素之一。

表 2-7　鄱阳湖水位与降水量的相关系数

成分	月份	1 月	2 月	3 月	4 月	5 月	6 月	7 月	8 月	9 月	10 月	11 月	12 月
第一主成分	当月	0.29	0.07	-0.06	0.14	0.20	0.37	0.30	0.48	0.15	0.31	0.18	0.11
	上月	0.28	0.34	0.27	0.14	0.61	0.08	0.14	0.40	0.69	0.59	0.61	0.36
第二主成分	当月	0.51	0.35	0.34	0.13	0.51	0.33	0.53	0.45	0.10	0.01	0.29	0.19
	上月	0.33	0.51	0.54	0.44	0.66	0.46	0.52	0.75	0.70	0.48	0.54	0.58
鄱阳湖流域	当月	0.64	0.48	0.38	0.30	0.56	0.50	0.52	0.19	0.16	0.11	0.15	0.34
	上月	0.54	0.62	0.73	0.51	0.53	0.55	0.63	0.59	0.18	0.18	0.54	0.57

2.4.4　蒸发因素

　　蒸发量是地表能量平衡和水量平衡的重要组成部分，是决定天气和气候条件的重要因子，在全球水循环和气候演变中具有举足轻重的作用。鄱阳湖流域水量平衡关系发生了变化导致该流域旱涝灾害频发（Gibson et al.，2006；刘钰等，2009）。由于实际蒸发量在流域水量平衡关系中占据重要的比重，研究实际蒸发量的变化对鄱阳湖流域水量平衡关系的变化具有至关重要的作用。王艳君利用对流-干旱模型计算了长江中上游及鄱阳湖流域的实际蒸散发量（王艳君等，2005）。通过计算表明，长江中上游流域和鄱阳湖流域上月的实际蒸散发对鄱阳湖当月的水位也具有一定的影响（表 2-8），但影响程度没有降水对湖水位的影响大。因此，在气候因素中，降水是鄱阳湖水位变化最主要的影响因素，实际蒸散发是次要的因素。

表 2-8　鄱阳湖水位与流域实际蒸散发量的相关系数

成分	月份	1	2	3	4	5	6	7	8	9	10	11	12
第一主成分	当月	0.15	0.07	0.17	0.28	0.22	0.11	−0.22	−0.22	0.46	0.40	0.48	0.00
	上月	0.21	0.30	0.29	0.18	0.28	0.16	−0.30	−0.51	−0.33	0.25	0.46	0.41
第二主成分	当月	0.42	0.34	0.11	0.32	0.01	−0.25	−0.32	−0.28	0.48	0.38	0.44	0.07
	上月	0.43	0.54	0.52	0.18	0.13	−0.14	−0.51	−0.57	−0.39	0.37	0.67	0.59
鄱阳湖流域	当月	0.49	0.48	0.07	0.18	−0.07	−0.06	−0.45	−0.15	0.37	0.23	0.32	0.31
	上月	0.54	0.59	0.52	0.11	0.03	−0.26	−0.49	−0.59	−0.07	0.38	0.55	0.68

　　鉴于鄱阳湖当月湖水位与长江中上游流域和鄱阳湖流域的上月降水量及实际蒸散发量的相关性均较好，可将长江中上游流域两个主成分和鄱阳湖流域分别对应的上月降水量及实际蒸散发量共 6 个变量与鄱阳湖当月湖水位建立对应关系。

　　一般情况下，湖面水情变化是气候因素和人类活动共同影响的结果。本节主要讨论气候变化对鄱阳湖水位的影响，利用 ANN 模型进行训练率定时需选取人类活动影响较小的时间段。通过文献调研，认为鄱阳湖流域主要的人类活动主要包括湖区的围湖造田和流域上水利工程的运行。20 世纪 80 年代至 90 年代初，对盲目围垦之害逐渐被人们所认识，且已得到控制，而水利工程投入运行的情况也较少，因此选用 1980～1994 年共 15 年的数据用于率定气候变化对鄱阳湖水位的影响。将长江中上游流域两个主成分和鄱阳湖流域对应的 3 个上月降水变量和 3 个上月实际蒸发变量作为自变量，湖口站当月水位作为因变量，按照 1960 年 1～12 月、1961 年 1～12 月、……，直至 2007 年 1～12 月的顺序建立好样本，然后计算 1980～1994 年共 15 年上月降水量和实际蒸散发量与当月湖水位的相关系数。经计算，1980～1994 年上月降水量和实际蒸散发量与当月湖水位的相关系数（表 2-9）都在 0.7 以上，通过置信度检验，可见选用该时段资料用于建立和率定 ANN 模型具有很好的可信度。

表 2-9　鄱阳湖当月湖水位与流域上月降水量和实际蒸散发量的相关性及模拟效果

时间段	相关性分析						模拟效果	
	降水量与水位的相关系数			实际蒸散发量与水位的相关系数			相对误差/%	效率系数
	第一主成分	第二主成分	鄱阳湖流域	第一主成分	第二主成分	鄱阳湖流域		
训练期	0.73	0.73	0.75	0.76	0.76	0.79	6.35	0.918
率定期	0.73	0.72	0.76	0.70	0.71	0.74	6.66	0.916

从 ANN 模型运算的角度认为，通过 1980～1994 年数据率定的模型能够较好地模拟流域降水量和实际蒸发量与鄱阳湖水位的关系；再选择 1990 年这个节点，将 1980～1994 年划分为两个时段，其中 1980～1989 年 10 年数据用于训练，1990～1994 年 5 年数据用于模型率定。因此，1960～2007 年被划分为三个时段：训练期（1980～1989 年）、率定期（1990～1994 年）、模拟期（1960～1979 年、1995～2007 年）。计算尺度为月，即以长江中上游流域、鄱阳湖流域上月降水量和实际蒸发量作为输入，湖口站当月水位作为输出。ANN 模型有不同的网络拓扑结构，本节选择 Levenberg-Marquardt 后项传播网络（BP 网络），通过试算确定网络结构为 3 层 4 个节点。经过 ANN 模型训练与率定，可知在模拟期：1980～1989 年湖口站实测水位与模型输出值的相对误差为 6.35%，效率系数为 0.918，两者过程线如图 2-24（a）所示；率定期（1990～1994 年）湖口站实测水位与模型输出值的相对误差为 6.66%，效率系数为 0.916，两者过程线如图 2-24（b）所示。可以认为，训练后的 ANN 模型能够很好地反映气候因素与鄱阳湖水位之间的关系，该模型可用于分析气候因素对鄱阳湖水位的影响分量。

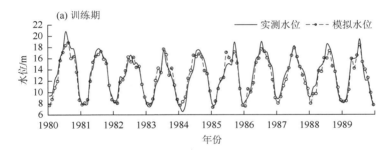

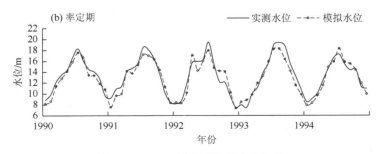

图 2-24　ANN 模拟鄱阳湖水位效果

将建立好的 ANN 模型用于模拟 1960～1979 年和 1995～2007 年的湖口站水位。模拟结果表明，1960～1979 年湖口站实测水位值与模型输出值的相对误差为 7.07%，效率系数为 0.902；1995～2007 年湖口站实测水位值与模型输出值的相对误差为 7.12%，效率系数为 0.893（图 2-25）。

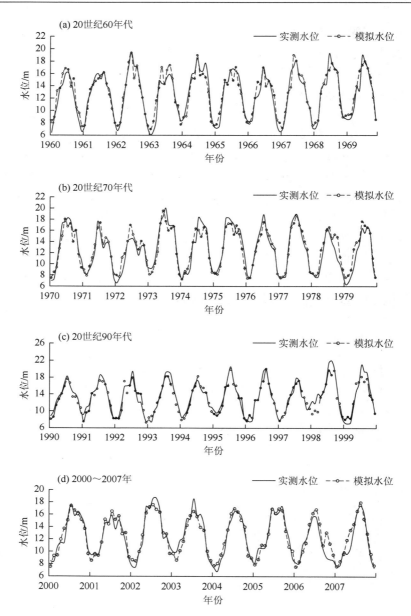

图 2-25　ANN 模拟的 20 世纪 60 年代、70 年代、90 年代及 2000～2007 年鄱阳湖模拟水位和同时期实测水位

　　从图 2-25 中可以看出，模拟值与实测水位拟合较好，说明这两个时段内气候条件仍是影响鄱阳湖水位的主要因素；有些年份的模拟值和实测值存在差异，表示人类活动对鄱阳湖水位具有一定影响，但影响程度较小。不同年代

ANN 模型的模拟效果有所不同。20 世纪 60 年代中期湖口站最高水位模拟效果较差，其中 1963 年的实测水位与模拟值的差值最大（实测水位低于模拟值 2.64 m）。另外，70 年代是模拟效果较差的一个时期（相对误差为 7.5%），其中 1972 年模拟最高水位的绝对误差为 -2.53 m，1978 年 9 月和 1979 年 6 月模拟水位的平均误差已达 -1.91 m，差值最大可达 -3.99 m。90 年代，1992 年 9～10 月的误差为 -2.00 m，1998 年和 1999 年年最高水位误差较大，分别为 3.35 m 和 2.85 m。2000 年之后也是模拟效果较差的一段时间，2003 年、2004 年和 2006 年的模拟值和实测值的差异较大，尤其是低水位的模拟效果较差，2006 年 10 月模拟水位的绝对误差达 3.97 m。

值得注意的是，这些误差较大的年份都是来水异常的年份，或为重旱年，或为特涝年，如 1963 年、1978 年、2003 年都是特旱年，1979 年、2004 年为重旱年，而 1998 年属于大水年。这个现象说明，气候因素是鄱阳湖水位变化的主控因素，人类活动的影响是次要因素，但在来水异常的年份，人类活动对鄱阳湖水位的影响作用就会加强。

2.4.5　人类活动的影响

1. 长江流域及鄱阳湖流域水利工程概况

中华人民共和国成立后，以水库为主体的水利工程得到了迅速发展。从 1956 年长江上修建第一批大型水库蓄水起，至 1995 年年底统计，长江流域共建水库 45628 座，总库容已达 1420.5 亿 m³，其中大型水库 119 座，总库容 904 亿 m³，至 1998 年汛后调查，长江流域已建成大型水库 142 座，总库容约 1185 亿 m³，其中库容在 10 亿 m³ 以上的特大水库共 25 座，总库容约 876 亿 m³。长江流域大型水利工程主要包括，汉江中游的丹江口水利枢纽工程（1968 年开始蓄水）、长江干流的葛洲坝水利枢纽工程（1981 年开始蓄水）、长江干流的三峡水利枢纽工程（2003 年开始蓄水）以及南水北调工程等。

据统计，截至 2006 年年底，江西省共建成或基本建成各类水库 9782 座，其中大型水库 25 座，中型水库 238 座，小（一）型水库 1439 座，小（二）型水库 8080 座。其中以赣江流域最多，20 世纪 60 年代修建 7 座（潘桥、飞剑潭、紫云山、长冈、上游、油罗口、老营盘），70 年代修建 4 座（江口、社上、团结、白云山），90 年代修建 3 座（万安、龙潭、南车）。抚河流域除了有大型水库——洪门水库外，还有赣抚平原灌区，是水资源利用强度最大的流域，修水流域、信江流域和饶河流域水库相对较少。大部分水库都以防洪、灌溉和供水为主（表 2-10）。水库的修建，方便了工农业取水，同时增加了蒸发和渗漏损失量，最重要的是改变了鄱阳湖入湖径流的季节分配，导致湖水位的季节变化发生改变（鄱阳湖编委会，1988；蔡玉林等，2009）。

表 2-10　鄱阳湖流域主要大型水库信息

库名	建成时间	所在河流	所在地	集水面积/km²	总库容/亿 m³	兴利库容/亿 m³
飞剑潭	1960	赣江饶市水	宜春	79.3	1.15	0.78
上游	1966	赣江苏溪水	高安	140	1.84	1.285
老营盘	20世纪60年代	赣江云亭水	泰和	172	1.071	0.556
油罗口	20世纪60年代	赣江章水	大余	557	1.16	0.54
江口	1970	赣江袁河	新余	3900	8.9	3.4
长冈	1970	赣江贡水	兴国	4845	3.57	1.58
社上	1973	赣江泸水	安福	427	2.034	1.41
团结	1978	赣江梅江	宁都	412	1.68	0.69
白云山	1979	赣江富水	吉安	464	1.14	0.81
万安	1994	赣江	万安	36900	22.16	7.98
龙潭	1996	赣江营前水	上犹	150	1.156	1.062
南车	1998	赣江牛吼江	泰和	459	1.53	
柘林	1975	修水	永修	9340	79.2	34.4
东津	1995	修水东津水	修水	1080	7.98	3.65
七一	1960	信江金沙溪	玉山	324	2.49	0.77
洪门	1969	抚河黎滩水	南城	2376	12.2	5.418
滨田	1960	饶河滨田水	波阳	72.6	1.15	0.737

2. 鄱阳湖流域水资源开发及土地利用现状

随着江西省社会经济的发展、人口的增多，工农业以及生活耗水量占地表水资源量的比重也呈现增大趋势。在各年的耗水成分中，农业灌溉始终占据较大比例，均在 70% 左右；再加上林牧渔，农业用水耗水量占全年总耗水量的80% 以上；工业用水占全年总耗水量的比例在 10% 左右，其余 10% 左右消耗于城镇和农村生活用水。随着江西省人口数量的增长和社会经济的发展，1999～2004 年江西省总耗水量占地表水资源量的比例也呈逐步上升的趋势，从 7% 左右上升到 11% 左右。这些因素对鄱阳湖入湖径流量均产生降低的作用，导致湖水位下降。

流域覆被作为下垫面要素的重要组成部分对径流的变化有着重要的影响，不同的覆被对径流的影响不同。植被，特别是森林植被，可以起到蓄水、保水、保土作用，削减洪峰流量，增加枯水流量。1950～1980 年，江西省流域的森林砍伐现象非常严重，森林覆盖率从中华人民共和国初期水平分别降至 20 世纪 60 年代的37.3%、70 年代的 32.7%和 80 年代初期的 31.5%。80 年代开始，江西省开展了以山水综合治理为主的山江湖工程，大量植树造林，森林覆盖率迅速提高到 1996 年的 54.6%，进入 21 世纪，森林覆盖率更是超过 60%。

受到围湖造田和泥沙淤积的影响，鄱阳湖水面面积和蓄水体积严重萎缩，并且洪水位被抬高，高水位持续时间加长，水情恶化。鄱阳湖区现有大小圩堤 564 座，其中面积在 0.67 km² 以上的圩堤 251 座，总面积达 4180 km²，主要分布在鄱阳湖东岸和南岸的平原区域。1949 年后的近 50 年内，以 60 年代围垦最盛，其次是 50 年代和 70 年代，80 年代和 90 年代围垦较少。围湖造田工程导致鄱阳湖水面面积严重减少，由 1954 年的 5050 km² 减少到 2002 年的 4050 km²，其中围垦使湖泊面积减少1210 km²。江河湖库泥沙的淤积，行蓄洪能力的降低，使得在汛期往往出现"小流量、高水位；小洪水、大灾情"，加大了防汛的压力，加剧了洪涝灾害。泥沙的淤积使鄱阳湖容积自 50 年代初的 321 亿 m³ 缩小到现在的 260 亿 m³，其中因水土流失造成的泥沙淤积而减少的容积为 6 亿～8 亿 m³，湖床以每年 2.3 mm 的速度增高，很多的水域已淤为洲地。水土流失主要分布于鄱阳湖水系"五河"流域中上游及鄱阳湖滨湖地区，现有水土流失面积 336.12×10⁴ hm²。20 世纪 50 年代，江西省水土流失面积为 110×10⁴ hm²，到 90 年代水土流失面积扩大到 460×10⁴ hm²，增加了 3 倍多。20 世纪 90 年代以来，水土流失面积虽有所减少，但流失强度却在不断加剧。目前，江西省每年因人为因素新增的水土流失面积达 5.33×10⁴ hm²，相当于江西省每年治理水土流失面积的三分之一。

2.5   小   结

（1）鄱阳湖水位变化的直接原因是湖泊水量收支发生了变化。流域"五河"来水占总入湖水量的 84%，是鄱阳湖最主要的水量来源。12 月至次年 6 月，鄱阳湖水位（一般位于 16 m 以下）与流域来水高度相关，湖水位随着流域入湖水量的增加而上涨，7～11 月流域来水对湖水位的影响较小。12 月至次年 4 月，鄱阳湖出湖水量与湖水位变化关系密切，可用式 $R_{out} = 0.039 \times H^{3.371}$ 表示，说明较小的湖水位变幅就会引起出湖水量显著的变化。在鄱阳湖区间入湖水量中，水面蒸发量受到湖水位变化的影响很大，在 8～10 月湖区秋旱时这种影响对鄱阳湖水资源利用十分不利。

（2）通过进行鄱阳湖水量收支项和长江水位与鄱阳湖水位统计关系的规律分

析，结果表明，在枯水期，长江来水和湖泊流域来水共同控制鄱阳湖水位的变化，二者的差值越大造成湖水下泄越多，湖水位越低。在鄱阳湖流域汛期时，控制湖水位的主要因素是湖泊流域来水；在长江主汛时，湖水位的变化机制十分复杂，湖水位与湖泊流域来水和长江来水来都没统计意义上的相关关系。

（3）ANN 模型模拟结果显示，近 50 年来气候因素是鄱阳湖水位变化的主控因子，人类活动的影响作用是次要的，但在重旱年或丰水年，人类活动的影响作用会增强。

参 考 文 献

白丽，张奇，李相虎.2011. 湖泊水量变化影响因子研究综述. 水电能源科学，28（3）：30-36.

蔡玉林，孙国清，过志峰，等.2009. 气候变化对鄱阳湖流域径流的影响模拟. 资源科学，31（5）：743-749.

陈宜瑜，吕宪国.2003. 湿地功能与湿地科学的研究方向. 湿地科学，1（1）：7-11.

戴仕宝，杨世伦.2006. 近 50 年来长江水资源特征变化分析. 自然资源学报，21（4）：501-506.

丁晶，邓育仁.1998. 随机水文学. 成都：成都科技大学出版社.

冯利华，陈雄.2004.1954 年长江巨洪中物理因子的叠加作用. 地理科学，24（6）：753-756.

郭华，Hu Q，张奇.2011. 近 50 年来长江与鄱阳湖水文相互作用的变化. 地理学报，66（5）：609-618.

郭华，姜彤，王国杰，等.2006.1961—2003 年间鄱阳湖流域气候变化趋势及突变分析. 湖泊科学，18（5）：443-451.

郭华，苏布达，王艳君.2007. 鄱阳湖流域 1955—2002 年径流系数变化趋势及其与气候因子的关系. 湖泊科学，19（2）：163-169.

郭华，殷国强，姜彤.2008. 未来 50 年鄱阳湖流域气候变化预估. 长江流域资源与环境，17（1）：73-78.

韩松俊，胡和平，田富强.2009. 三种通过常规气象变化估算实际蒸散发量模型的适用性比较. 水利学报，40（1）：75-81.

黄虹，邹长伟，何宗键，等.2003. 鄱阳湖湖水文承载力现状和趋势分析. 中山大学学报（自然科学版），42（suppl）：161-163.

黄群，姜加虎，赖锡军，等.2013. 洞庭湖湿地景观格局变化以及三峡工程蓄水对其影响. 长江流域资源与环境，22（7）：922-927.

姜加虎，黄群.1997. 三峡工程对其下游长江水位影响研究. 水利学报，（8）：39-43，38.

李长安.2004. 中国湿地环境现状与保护对策. 中国水利，3：24-26.

李荣昉，吴敦银，刘影，等.2003. 鄱阳湖对长江洪水调蓄功能的分析. 水文，2003，23（6）：12-17.

李荣峰，冀雅珍.2005. 水文时间序列分析计算方法的研究进展与展望. 山西水利科技，4：4-6.

李士进，朱跃龙，张晓花.2009. 基于 BORDA 计数法的多元水文时间序列相似性分析. 水利学报，40（3）：378-384.

李世勤，闵骞，谭国良，等.2009. 鄱阳湖 2006 年枯水特征及其成因研究. 水文，28（6）：73-76.

林承坤，吴小根.1999. 长江径流量特性及其重要意义的研究. 自然杂志，21（4）：200-205.

刘健，张奇，许崇育.2009. 近 50 年鄱阳湖流域径流变化特征研究. 热带地理，29（3）：213-218.

刘健，张奇，许崇育，等.2010. 近 50 年鄱阳湖流域实际蒸发量的变化及影响因素. 长江流域资源与环境，19（2）：139-145.

刘钰，彭致功.2009. 区域蒸散发监测与估算方法研究综述. 中国水利水电科学研究院学报，7（2）：96-104.

闵骞.1995. 鄱阳湖水位变化规律的研究. 湖泊科学，7（3）：281-288.

闵骞.2006. 鄱阳湖水面蒸发量的计算与变化趋势分析. 水资源研究，27（2）：18-21.

闵骞，方腊生. 2012. 1952—2011 年鄱阳湖枯水变化分析. 湖泊科学，24（5）：675-678.

闵骞，闵聘. 2010. 鄱阳湖区干旱演变特征与水文防旱对策. 水文，1：84-88.

闵骞，王泽培. 1992. 近 50 年鄱阳湖水位变化趋势. 江西水利科技，18（4）：360-364.

鄱阳湖编委会. 1998. 鄱阳湖研究. 上海：上海科学技术出版社.

秦伯强. 1993. 气候变化对内陆湖泊影响分析. 地理科学，13（3）：212-219.

桑燕芳，王栋. 2008. 水文序列小波分析中小波函数选择方法. 水利学报，39（3）：295-300.

苏守德. 1992. 鄱阳湖成因与演变的历史论证. 湖泊科学，4（1）：41-48.

万荣荣，杨桂山，王晓龙，等. 2014. 长江中游通江湖泊江湖关系研究进展. 湖泊科学，26（1）：1-8.

万中英，钟茂生，王明文，等. 2003. 鄱阳湖水位动态预测模型. 江西师范大学学报（自然科学版），27（3）：234-238.

王海洋，陈家宽，周进. 1999. 水位梯度对湿地植物生长、繁殖和生物量分配的影响. 植物生态学报，23（3）：269-274.

王红瑞，叶乐天，刘昌明，等. 2006. 水文序列小波周期分析中存在的问题及改进方式. 自然科学进展，16（8）：
1002-1008.

王苏民，窦洪身. 1998. 中国湖泊志. 北京：科学出版社.

王卫光，张仁铎. 2008. 小波分析在地下水位序列多时间尺度分析中的应用. 武汉大学学报（工学版），41（2）：1-5.

王文圣，丁晶，李跃清. 2005. 水文小波分析. 北京：化学工业出版社.

王文圣，丁晶，向红莲. 2002. 小波分析在水文学中的应用研究及展望. 水科学进展，13（4）：515-520.

王艳君，姜彤，许崇育，等. 2005. 长江流域 1961—2000 年蒸发量变化趋势研究. 气候变化进展，1（3）：99-105.

吴东杰，王金生，滕彦国. 2004. 小波分解与变换法预测地下水位动态. 水利学报，5：39-45.

吴龙华. 2007. 长江三峡工程对鄱阳湖生态环境的影响研究. 水利学报，（S1）：586-591.

徐德龙，熊明. 2001. 鄱阳湖水文特性分析. 人民长江，2001，32（2）：21-22.

徐火生，喻致亮. 1998. 鄱阳湖水位特性分析. 江西水利科技，4：48-56.

叶春，刘元波，赵晓松，等. 2013. 基于 MODIS 的鄱阳湖湿地植被变化及其对水位的响应研究. 长江流域资源与
环境，22（6）：705-712.

叶许春，李相虎，张奇. 2012. 长江倒灌鄱阳湖的时序变化特征及其影响因素. 西南大学学报（自然科学版），34（11）：
69-75.

叶许春，张奇，刘健，等. 2009. 气候变化和人类活动对鄱阳湖流域径流变化的影响研究. 冰川冻土，31（5）：835-842.

余莉，何隆华，张奇，等. 2011. 三峡工程蓄水运行对鄱阳湖典型湿地植被的影响. 地理研究，30（1）：134-144.

云惟群，付凌晖，王惠文. 2003. 鄱阳湖地区洪水灾害模式分析. 灾害，18（1）：30-35.

郑显，张闻胜. 1999. 基于小波变换的水文序列的近似周期检测法. 水文，19（6）：22-25.

周文斌，万金保，姜加虎，等. 2011. 鄱阳湖江湖水位变化对其生态系统影响. 北京：科学出版社.

朱海虹，张本. 1997. 鄱阳湖. 合肥：中国科学技术大学出版社.

Beniston M. 2002. Climatic Change：Implications for the Hydrological Cycle and for Water Management. Dordrecht：
Kluwer Academic Publishers.

Chaves P，Kojiri T. 2002. Deriving reservoir operational strategies considering water quantity and quality objectives by
stochastic fuzzy neural networks. Advances in Water Resources，30：1329-1341.

Coops H，Beklioglu M，Crisman T L. 2003. The role of water level fluctuations in shallow lake ecosystems workshop
conclusions. Hydrobiologia，506：23-27.

Geraldes A M，Boavida M J. 2005. Seasonal water level fluctuations：Implications for reservoir limnology and
management. Lakes & Reservoirs：Research & Management，10（1）：59-69.

Gibson J J，Prowse T D，Peters D L. 2006. Hydroclimatic controls on water balance and water level variability in Great
Slave Lake. Hydrological processes，20：4155-4172.

Gibson J J, Prowse T D, Peters D L. 2006. Partitioning impacts of climate and regulation on water level variability in Great Slave Lake. Journal of Hydrology, 329: 196-206.

Guo H, Hu Q, Zhang Q, et al. 2012. Effects of the Three Gorges Dam on Yangtze River flow and river interaction with Poyang Lake, China: 2003—2008. Journal of Hydrology, 416-417: 19-27.

Harris S W, Marshall W H. 1963. Ecology of water-level manipulations on a northern marsh. Ecology, 44 (2): 331-343.

Hu Q, Song F, Guo H, et al. 2007. Interaction of the Yangtze River flow and hydrologic process of the Poyang Lake, China. Journal of Hydrology, 347: 90-100.

Kang S, Lin H. 2007. Wavelet analysis of hydrological and water quality signals in an agricultural watershed. Journal of Hydrology, 338 (1): 1-14.

Kebede S, Travi Y, Alemayehu T, et al. 2006. Water Balance of Tana and its sensitivity to fluctuations in rainfall, Blue Nile Basin, Ethiopia. Journal of Hydrology, 316: 233-247.

Li Y L, Zhang Q, Yao J, et al. 2014. Hydrodynamic and hydrological modeling of Poyang Lake-catchment system in China. Journal of Hydrologic Engineering, 19 (3): 607-616.

Molyneux D E, Davies W J. 1983. Rooting pattern and water relations of three pasture grasses growing in drying soil. Berlin: Oecologia, 58: 220-224.

Poff N L, Allan J D, Bain M B. 1997. The natural flow regime: a new paradigm for riverine conservation and restoration. Biosicence, 47: 769-784.

Qi H, Song F, Guo H, et al. 2007. Interactions of the Yangtze river flow and hydrologic processes of the Poyang Lake, China. Journal of Hydrology, 347: 90-100.

Scheffer M. 1998. Ecology of shallow lakes. London: Chapman and Hall.

Stocker T F, Raible C C. 2005. Climate change: water cycle shifts gear. Nature, 434 (7035): 830-833.

Thenkabail P S, Lyon J G, Huete A. 2011. Hyperspectral Remote Sensing of Vegetation. Boca Raton: CRC Press.

UNESCO. 2004. Office of International Standards and legal affairs. Convention on wetlands of International Importance Especially as Waterfowl Habitat. In: http: //www. ramsar. org/key_conv_e. htm.

van der Valk A G. 2005. Water-level fluctuations in North American prairie wetlands. Hydrobiologia, 59: 171-188.

Wu G F, de Leeuw J, Skidmore A K, et al. 2007. Concurrent monitoring of vessels and water turbidity enhances the strength of evidence in remotely sensed dredging impact assessment. Water Research, 41: 3271-3280.

Ye X C, Zhang Q, Guo H, et al. 2011. Long-term trend analysis of effect of the Yangtze River on water level variation of Poyang Lake (1960 to 2007). Water Resource and Environmental Protection (ISWREP), International Symposium on. Vol. 1. IEEE, 2011.

第3章 鄱阳湖水质现状与演变

作为我国第一大淡水湖，鄱阳湖资源丰富，在当地的经济发展中起着至关重要的作用。目前，随着鄱阳湖周边地区经济的发展，大量的污染物质进入鄱阳湖，其生态系统受到威胁，富营养化问题愈发严重。鄱阳湖湖体面积较大，且呈现"高水一片，枯水一线"的特征，空间异质性较高，对其进行长时间序列和系统的水环境监测，能更好地反映流域现状以及其时空变化特征。因而，本章总结鄱阳湖近 10 年来水体监测与分析结果，探明湖区及主要入湖河流水质的变化趋势，以期为流域水环境管理和资源的合理利用提供相应的科学依据。此外，鄱阳湖流域的水质状况解析有利于公众了解该区域水环境概况，从而大大增加公众对环境保护政策和行动的支持，积极发挥其在水环境保护中的作用。

3.1 鄱阳湖湖区水质时空变化特征

水质主要受自然过程和人类活动的共同影响，自然活动主要包括风化过程、沉降速率以及水土流失等，而人类活动主要指工业、农业以及城市活动等（Carpenter et al.，1998；Singh et al.，2005）。这些活动对水环境均产生一系列的影响，如水质下降、水生态系统受损等，威胁水资源利用，特别是饮用水供应，因而水体水质状况在全世界范围内备受关注（Cheng et al.，2009；Kleinman et al.，2011；Schwarzenbach et al.，2010）。许多国家相继开展了水质保护行动，其中包括对水环境的监测（Astel et al.，2006；Behmel et al.，2016；Romero et al.，2016）。水质变化体现在物理、化学以及生物等指标上，包括空间和时间尺度。众多研究着眼于不同水体水质参数的时空变化，分析其演变趋势，这些研究对掌握水质变化规律和解析其变化原因等都具有重要的意义（Akyuz et al.，2014；VanLandeghem et al.，2012）。鄱阳湖是我国第一大淡水湖，且是仅存的两个大型通江湖泊之一，其湖泊特征变化较大，特别是在季节水平上。因而，建立鄱阳湖长时间序列尺度和大范围的监测对掌握该流域的水质特征和变化规律显得尤为必要。鄱阳湖湖泊湿地观测研究站（以下简称鄱阳湖站）于 2008 年建立，并对鄱阳湖开展长期定位的水环境监测。本章主要基于该站的监测结果，确立其水质现状，并分析其水质时空分布特征，研究结果有利于掌握鄱阳湖流域水质状况和变化规律，为其科学管理和相关政策的制定提供数据支撑，同时有效补充了长江中下游乃至世界范围内的通江湖泊水质变化规律等相关知识。

3.1.1 水质空间变化特征

根据鄱阳湖地形和水文条件特征，鄱阳湖站在全湖选取了 15 个常规监测点（图 3-1），南至瓢山附近水域，北至鄱阳湖与长江交汇处——湖口，各监测点具体

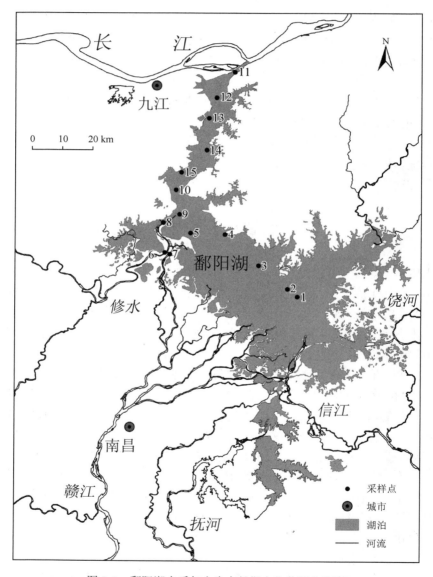

图 3-1　鄱阳湖水质与水生态长期定位监测分布图

位置说明见附表 3。在 2009 年 1 月至 2015 年 10 月，鄱阳湖站开展了 28 次季节采样（1 月、4 月、7 月和 10 月分别代表冬季、春季、夏季和秋季）。现场使用 Hydrolab Datasond 5 型多参数水质监测仪（美国），测定水体表层水温（T）、pH、电导率（cond）、溶解氧（DO）、盐度和浊度等指标。采用塞式盘测定水体透明度（SD）。同时，采用有机玻璃采水器（UWITEC-WSC）采集表层（水面以下 0.5 m）、中层和底层（离湖底 0.5 m）水样，并将 3 层水样混合均匀，用 10 L 经酸泡处理的塑料桶储藏水样，并冷藏避光保存，带回实验室。水样中的总氮（TN）、总磷（TP）、溶解性总氮（DTN）、溶解性总磷（DTP）、氨氮（$NH_4^+ - N$）、硝态氮（$NO_3^- - N$）、亚硝态氮（$NO_2^- - N$）、正磷酸盐（$PO_4^{3-} - P$）、高锰酸盐指数（COD_{Mn}）和总悬浮物（SS）含量的测定参考《水和废水监测分析方法》。浮游藻类 chl a 含量的测定参照 Lorenzen（1967），经 90%热乙醇提取后用分光光度法测定。

表 3-1 为所有观测的理化因子的平均值和范围。鄱阳湖的透明度很低，平均值仅为 0.37 m，最高不超过 1.20 m，且 80%以上的透明度值都低于 0.5 m。浊度和总悬浮物含量相对较高，平均值分别为 77.10 NTU 和 53.63 mg/L。鄱阳湖水体整体呈现弱碱性，pH 平均值为 8.10，其电导率平均值为 144.98 μS/cm，COD_{Mn} 平均值为 2.87 mg/L。鄱阳湖 7 年平均的营养盐浓度相对较高，TN 和 TP 的平均值分别为 1.85 mg/L 和 0.011 mg/L；$NO_3^- - N$、$NO_2^- - N$ 和 $NH_4^+ - N$ 平均浓度分别为 0.86 mg/L、0.03 mg/L、0.32 mg/L；$PO_4^{3-} - P$ 平均浓度为 0.02 mg/L。与 20 世纪 80 年代相比，TN、TP 以及 COD_{Mn} 均存在不同程度的上升，增幅分别为 170.47%，44.74%和 86.36%，透明度则下降了 46.25%（窦鸿身等，2003）。可以看出，鄱阳湖湖体水质在近 30 年内有了较大程度的恶化，特别是在透明度和 TN 水平上，理应引起各相关部门的警惕。

表 3-1　鄱阳湖水体理化特征（2009～2015 年）

理化参数	单位	平均值	范围
透明度	m	0.37	0.04～1.20
浊度	NTU	77.10	1.50～475.00
总悬浮物	mg/L	53.63	0.40～478.00
温度	℃	19.09	3.37～33.56
pH		8.10	6.00～11.65
电导率	μS/cm	144.98	16.99～780.00
COD_{Mn}	mg/L	2.87	0.35～13.01
TN	mg/L	1.85	0.40～8.75
TP	mg/L	0.11	0.02～1.29

理化参数	单位	平均值	范围
$NO_3^- - N$	mg/L	0.86	0.06~2.08
$NO_2^- - N$	mg/L	0.03	0.00~0.21
$NH_4^+ - N$	mg/L	0.32	0.02~2.47
$PO_4^{3-} - P$	mg/L	0.02	0.00~0.27

空间上，2009~2015 年鄱阳湖水体理化因子空间分布特征如图 3-2 所示。15 个监测点位的透明度值均较低（图 3-2（a）），仅 4#点（都昌）的透明度值高于 0.5 m，最低值为 0.25 m，出现在星子附近水域（15#），整体呈现出由南向北逐渐降低的趋势；在北部通江区域，特别是鞋山到星子水域（12#、13#、14#和 15#），透明度基本一致。与透明度相对应，浊度和总悬浮物在空间上呈现"南低北高"的分布特征（图 3-2（b）和（c）），反映了鄱阳湖南部水下光照条件高于北部的特征。浊度和总悬浮物最高值分别为 124.25 NTU 和 81.86 mg/L，均出现在星子水域，与透明度相一致，最低值分别为 33.29 NTU 和 29.80 mg/L，均出现在小矶山附近水域（5#）。pH 在所有点位的平均值均高于 7（图 3-2（d）），其在空间分布差异较小，变化范围为 7.87~8.37，最大值出现在蚌湖口（8#）。图 3-2（e）给出了鄱阳湖电导率的空间分布情况，整体上，北部的电导率要略高于南部，其中最高值出现在 8#点，为 209.44 μS/cm，而最低值为 120.27 μS/cm，出现在南部的堂荫附近水域（2#）。图 3-2（f）~（k）展示了鄱阳湖各营养盐指标（TN、TP、$NO_3^- - N$、$NO_2^- - N$、$NH_4^+ - N$ 和 $PO_4^{3-} - P$）在湖区的空间分布。TN 在全湖的变化范围为 1.42~2.38 mg/L，略高于王圣瑞等（2014）调查结果，且仅有 1 个点位的浓度值低于 1.5 mg/L，即都昌，最高值出现在瓢山附近水域（1#）。TP 的变化幅度为 0.07~0.16 mg/L，53.33%的监测点位浓度值超过 0.1 mg/L，最高值和最低值分别出现在湖口（11#）和小矶山附近水域。$NO_3^- - N$ 的最高值和最低值分别为 0.66 mg/L 和 1.03 mg/L，出现在蛤蟆石（13#）和蚌湖口附近水域，整体而言，北部的 $NO_3^- - N$ 浓度要高于南部。与 $NO_3^- - N$ 类似，$NO_2^- - N$ 也呈现出南低北高的趋势，其在 9#点出现最高值（0.04 mg/L），在 2#点出现最小值（0.022 mg/L）。至于 $NO_4^+ - N$，其在瓢山附近水域的数值（0.58 mg/L）明显高于其他点位，其次是赣江主支口，即 7#，为 0.42 mg/L，都昌附近水域的浓度值最低（0.23 mg/L）。$PO_4^{3-} - P$ 在空间上表现出"南高北低"的分布特征，最低值出现在蚌湖口（0.012 mg/L），而最高值为 0.039 mg/L，在瓢山附近出现。COD_{Mn} 在空间上的变化范围为 2.62~3.70 mg/L（图 3-2（1）），最高值和最低值分别出现在蚌湖口和都昌附近水域。

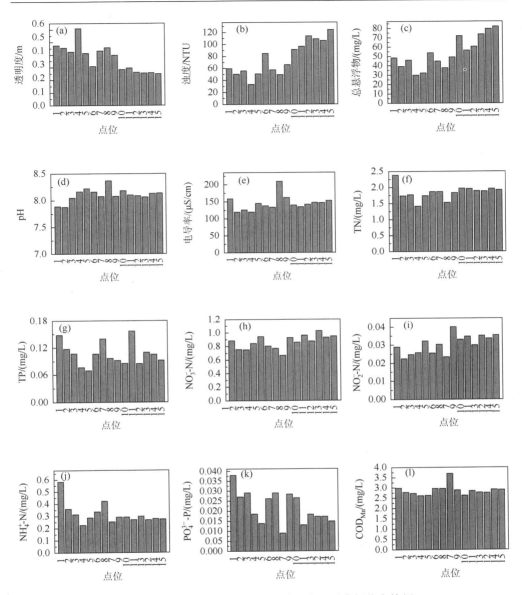

图 3-2　2009～2015 年鄱阳湖水体理化因子空间分布特征

　　表 3-2 列出了夏季丰水期各环境因子的平均值和范围。2011 年 8 月和 2012 年 7 月鄱阳湖水体的平均透明度为 0.65 m，最大值（1.60 m）和最小值（0.22 m）分别位于湖区中部的松门山和小矶山附近（图 3-3（a））。透明度在湖区的分布整体呈现"南高北低"的现象，湖区中部、东部湖湾处（如平池湖、石牌湖、撮箕湖）和南矶山较高，可达 0.8 m；南部其他区域透明度也在 0.6 m 以上；北部湖区透明度

小于 0.6 m，通江区水体透明度最低，仅为 0.3 m 左右。丰水期总悬浮物平均浓度为 25.90 mg/L，最小值为 1.88 mg/L，出现在南矶山附近，最大值为 174.58 mg/L，出现在中部湖区（图 3-3（b））。除了中部湖区少数区域外，湖区总悬浮颗粒物浓度绝大部分都低于 50 mg/L。与透明度相似，湖区南部的平均总悬浮物浓度也明显低于北部。

表 3-2　2011 年 8 月和 2012 年 7 月鄱阳湖水体平均理化参数

参数	平均值	范围
透明度/m	0.65	0.22～1.60
总悬浮物/(mg/L)	25.90	1.88～174.58
浊度/NTU	41.80	4.50～234.00
水温/℃	30.96	27.78～33.90
pH	8.22	7.42～9.30
电导率/(μS/cm)	109.82	67.90～227.85
溶解氧/(mg/L)	5.62	2.29～7.10
盐度	0.04	0.01～0.10
TN/(mg/L)	1.38	0.50～5.37
TP/(mg/L)	0.07	0.02～0.47
DTN/(mg/L)	1.43	0.19～2.60
DTP/(mg/L)	0.05	0.00～0.16
$NO_2^- - N$/(mg/L)	0.03	0.00～0.33
$NO_3^- - N$/(mg/L)	0.60	0.01～1.76
$NH_4^+ - N$/(mg/L)	0.15	0.01～0.67
$PO_4^{3-} - P$/(mg/L)	0.01	0.00～0.09
COD_{Mn}/(mg/L)	3.21	1.74～5.79
chl a/(mg/L)	10.58	2.45～34.37

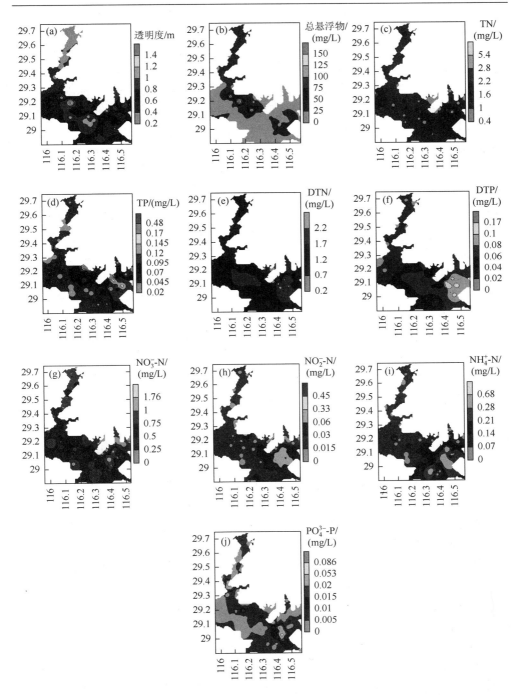

图 3-3　2011 年 8 月和 2012 年 7 月鄱阳湖水体平均水质参数等值线图

营养盐方面，鄱阳湖水体的 TN 平均浓度为 1.38 mg/L，最大值和最小值分别为 0.50 mg/L 和 5.37 mg/L，除少数区域外，水体中的 TN 浓度不超过 2.2 mg/L（图 3-3（c）），绝大多数区域为 1.0～1.6 mg/L，且南、北部湖区水体中的 TN 含量差异较小。全湖水域 TP 平均浓度为 0.07 mg/L，浓度大于 0.145 mg/L 的区域较少，主要集中在都昌县城、东南部的长溪湖和竹筒湖以及中部的老爷庙附近水域（图 3-3（d））；汉池湖水域的 TP 浓度较高，约为 0.1 mg/L；北部通江与西南湖区水域的 TP 含量较低。全湖水域 DTN 平均浓度为 1.43 mg/L，最小值为 0.19 mg/L，最大值为 2.60 mg/L，大部分水域的 DTN 浓度为 1.2～1.7 mg/L；湖区中心、东南湖区的汉池湖和南疆湖以及蚌湖口附近水域的 DTN 浓度偏高，可达 1.7 mg/L 以上（图 3-3（e））。DTP 在丰水期的平均浓度为 0.05 mg/L，变化范围为 0.00～0.16 mg/L；南部湖区水域的 DTP 浓度明显高于北部湖区（图 3-3（f）），尤其以撮箕湖和汉池湖附近水域的浓度最高。全湖水域 NO_3^--N 平均浓度为 0.60 mg/L，其在花庙湖水域的浓度最低，仅为 0.01 mg/L，而在北部通江、中部湖区和东南湖区水域的含量都较高，湖区大部分水域的浓度处在 0.5～0.75 mg/L（图 3-3（g））。至于 NO_2^--N，其在全湖水域的平均浓度为 0.03 mg/L，变化范围为 0.00～0.33 mg/L；空间分布上，其在东南湖区和都昌县城附近水域的含量较高，中部和北部水域的含量较低，低于 0.03 mg/L（图 3-3（h））。NH_4^+-N 平均浓度为 0.15 mg/L，最大值和最小值分别为 0.67 mg/L 和 0.01 mg/L；NH_4^+-N 在湖区水域的空间分布具有一定的层次性：从西向东，NH_4^+-N 含量逐渐增大，北部和中部最低（普遍低于 0.14 mg/L），中南部湖区次之，东南湖区含量最高（图 3-3（i））。丰水期 PO_4^{3-}-P 平均浓度为 0.007 mg/L，最大值为 0.09 mg/L，其含量在东南部湖区最高，老爷庙附近、北部湖口、中东部湖区和南部湖区水域的含量次之（图 3-3（j））。

整体上，鄱阳湖水下光照条件较差，特别是在北部通江水域，这很可能与该区域的采砂活动有关。由于砂资源丰富，且房产建筑业对砂石的需求日益增加，鄱阳湖的采砂活动极为普遍，特别是在 2000 年长江主河道禁止采砂后，大量采砂船转移到鄱阳湖采砂（江丰等，2015）。已有研究表明：采砂活动在不同程度上影响鄱阳湖的水下光照条件（Wu et al.，2007）。此外，由于与长江相通，鄱阳湖的水体流动性强，容易造成水体沉积物再悬浮，影响水下光照条件。窦鸿身和姜加虎（2003）曾指出，鄱阳湖北部水体的流速要大于南部，这在一定程度上造成了透明度"南高北低"的分布格局。

北部和南部湖区的营养盐浓度较高，且整体上，氮元素和磷元素分别在北部和南部含量较高，其分布特征受内源和外源的共同影响。来自北部工业园区和湖口棉花区的面源污染很可能是造成北部营养盐浓度较高的主要原因（陈晓玲等，2013）。Duan 等（2016）指出，农业活动和大气沉降等所带来的面源污染以及施肥等点源污染是影响鄱阳湖东部水域氮素分布的主要原因。"五河"上游有磷矿分布，如信江上游的朝阳磷矿，这些点源会增加"五河"水体中的磷含量，从而影响南部湖区营养盐分布。此外，挖砂所引起的内源释放也是影响湖区营养盐的重要因素之一（Søndergaard et al.，1992）。

3.1.2　水质季节变化特征

2009～2015 年鄱阳湖水体各理化因子均呈现较强的季节变化（图 3-4）。水下光照条件的季节变化较为明显，透明度从冬季的 0.30 m 一直上升到夏季的 0.49 m，在秋季出现最低值（0.28 m），仅为夏季平均值的 57.16%（图 3-4（a））。浊度与总悬浮物呈现类似的季节变化趋势，从冬季到夏季不断降低，在秋季出现上升，变化范围分别为 54.93～95.30 NTU（图 3-4（b））和 29.26～74.27 mg/L（图 3-4（c））。pH、电导率、各营养盐指标（除 TP）以及 COD_{Mn} 也均表现出与浊度和总悬浮物相同的季节变化趋势。与其他指标类似，TP 在夏季的浓度最低，在秋季有所上升，但其在春季的浓度比冬季有了一定幅度的增加，这可能与春季农作物施肥以及地表径流输入有关。

整体而言，鄱阳湖水环境指标具有较为一致的季节变化趋势，即各环境因子基本上均在夏季取得最小值，这很可能与鄱阳湖的水位变化规律有关（Wu et al.，2013）。夏季对应鄱阳湖的高水位，水量的增加在一定程度上稀释了湖体水环境指

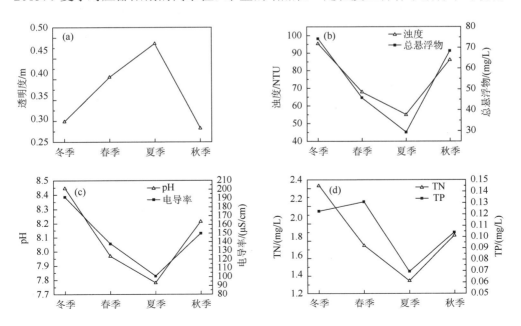

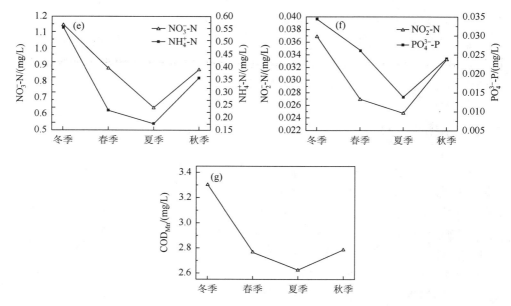

图 3-4　2009~2015 年鄱阳湖水体各理化因子季节变化特征

标浓度。此外，外源污染物的输入也是影响湖区水质变化的重要原因之一，主要入湖河流在各时期的变化也在一定程度上影响各环境指标的季节变化，如绝大部分因子均在冬季取得最大值，这将在下一节中有所阐述。

3.1.3　水质年际变化特征

从年际水平来看，2009~2015 年鄱阳湖透明度的变幅为 5 cm，其在 2009~2012 年呈现出了一定的下降趋势（图 3-5（a）），从 0.39 m 下降至 0.34 m，此后其不断上升，到 2014 年出现最高值 0.40 m，在 2015 年又下降至 0.38 m。浊度和总悬浮物在 2011 年取得最大值，分别为 112.29 NTU 和 73.39 mg/L，两者保持类似的变化趋势（图 3-5（b））。pH 在 2010 年出现一定程度的降低，此后不断上升，直至 2015 年，而电导率则在 135.15~164.60 μS/cm 不断变化（图 3-5（c））。2009~2011 年，鄱阳湖 TN 和 TP 浓度均呈现一定的上升趋势（图 3-5（d）），2012 年 TN 浓度下降至 1.68 mg/L，2012~2015 年，其又出现上升趋势，TP 在 2013 年下降至最低（0.063 mg/L），而在 2015 年达到最高值，为 0.144 mg/L。NO_3^--N 和 NH_4^+-N 的年际变化趋势类似（图 3-5（e）），两者的最大值均在 2010 年取得，分别为 1.20 mg/L 和 0.61 mg/L。NO_2^--N 和 $PO_4^{3-}-P$ 的年际变化如图 3-5（f）所示，两者的变化范围分别为 0.015~0.051 mg/L 和 0.007~0.044 mg/L。COD_{Mn} 总体呈现上升趋势（图 3-5（g）），最高值和最低值分别为 2.36 mg/L 和 3.51 mg/L。

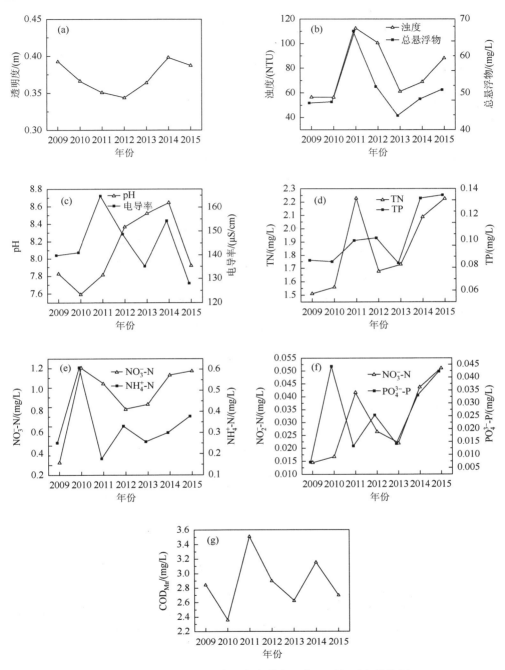

图 3-5　2009～2015 年鄱阳湖水体各理化因子年际变化特征

与 20 世纪 80 年代末相比，鄱阳湖水质发生了较大变化，透明度由 0.80 m 下

降至 0.37 m，降幅超过 50%（图 3-6）（窦鸿身等，2003）。TN 平均浓度增加了 1.70
倍，TP 则由 0.076 mg/L 上升为 0.11 mg/L。COD_{Mn} 和 chl a 也呈现出较为明显的增
长，增幅分别为 86.36%和 128.10%。

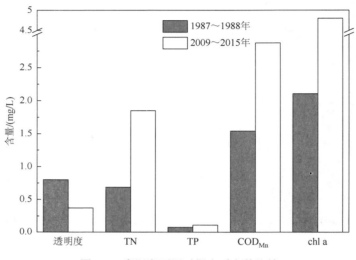

图 3-6　鄱阳湖不同时期水质参数比较

由于自然资源丰富，鄱阳湖在当地的经济发展中起着举足轻重的作用。在人
口众多和经济发展等多重压力下，流域自然资源的过度开采会引发众多环境问题，
如污染源输入增加，进而导致水质下降等，这些问题在太湖流域表现得尤为突出
（Qin et al.，2007）。虽然鄱阳湖的水质指标，特别是营养盐指标，在 20 世纪 80
年代处在一个相对较低的水平，但近年来已呈现出较高的增长速度，这种发展态
势不容忽视。

3.1.4　水质类别分析

以 TN、TP、NH_4^+-N 和 COD_{Mn} 为主要评价指标，依据《地表水环境质量标
准》（GB3838—2002）对鄱阳湖及其主要入湖河流进行水质评价，2009～2015 年
鄱阳湖 TN 和 TP 含量均处于Ⅳ类～Ⅴ类水质标准范围内，NH_4^+-N 和 COD_{Mn} 含量
均较低，达到国家Ⅱ类水质标准。15 个常规监测点中，除 6#外，TN 含量均超过
Ⅳ类标准上限，其中 1#水质最差，为劣Ⅴ类水平；TP 方面，15 个常规监测点中
有 7 个点位为Ⅳ类水平，其他各点位为Ⅴ类水平；NH_4^+-N 方面，除 1#点为Ⅲ类
外，其他各点均处于Ⅱ类水平；与 NH_4^+-N 相似，鄱阳湖 COD_{Mn} 含量也相对较低，
所有点位均为Ⅱ类水平。季节上，鄱阳湖冬季的水质状况最差，TN 含量达到劣Ⅴ

类水平，TP 含量也处于Ⅴ类水平，NH_4^+-N 含量为Ⅲ类水平，而 COD_{Mn} 含量为Ⅱ类水平；从 TN 和 TP 来看，鄱阳湖春季水质均为Ⅴ类，而 NH_4^+-N 和 COD_{Mn} 含量则均处于Ⅱ类水平；夏季鄱阳湖的水质状况最好，TN 和 TP 含量均处于Ⅳ类水平，而 NH_4^+-N 和 COD_{Mn} 含量则达到Ⅱ类水质标准；秋季，鄱阳湖的 TN 和 TP 含量均超过Ⅴ类水质的下限，为Ⅴ类，而 NH_4^+-N 和 COD_{Mn} 则与春季和夏季类似，仍处于Ⅳ类水平。年际上，在 2009～2015 年，鄱阳湖湖体水质的 TN 含量一直高于Ⅳ类水平，2011 年、2014 年和 2015 年甚至达到劣Ⅴ类水平；TP 方面，2009 年、2010 年和 2013 年，鄱阳湖为Ⅳ类水平，而 2011 年、2012 年、2014 年以及 2015 年间鄱阳湖水质为Ⅴ类水平；鄱阳湖的 NH_4^+-N 含量除 2010 年为Ⅲ类水平外，其他均达到Ⅱ类水质标准；至于 COD_{Mn}，7 年间鄱阳湖均处于Ⅱ类水平。综上所述，TN 和 TP 是目前鄱阳湖的主要污染物。王圣瑞（2014）指出，除营养盐指标外，《地表水环境质量标准》（GB3838—2002）中的其他指标在鄱阳湖均处于Ⅱ类水质标准。在不考虑 TN 的情况下，TP 是影响鄱阳湖水质的主要因素（刘发根等，2014）。通过比较分析，高俊峰和蒋志刚（2011）发现氮磷污染是中国五大淡水湖共同面临的首要水环境问题。此外，氮磷输入问题在世界其他地区的不同水体中也十分突出（Howarth et al.，2002；Nielsen et al.，2014；Waltham et al.，2014）。

3.2　鄱阳湖入湖河流水质动态与污染物输入通量

湖泊水质演变是一个长期而复杂的过程，而外源污染输入是影响湖体水质动态的重要因素之一。我国五大淡水湖中的污染物主要来自于流域地区的点源排放（王苏民和窦鸿身，1998），而入湖河道是点源的主要组成部分。据窦鸿身和姜加虎（2003）初步统计，鄱阳湖入湖河道废水量占总入湖废水量的 100%，为 $62.0×10^4$ t/d，入湖河道对湖区水质的影响可见一斑。了解和掌握鄱阳湖入湖河流的水质状况及其在季节与年际的变化特征，有助于我们进一步剖析湖区水质变化的原因，对流域管理具有极为重要的指导意义。鄱阳湖具有五大入湖河流，分别为修水、赣江、抚河、信江、饶河。这五大河流在提供水源和调节水位等方面起着主要作用，同时也是鄱阳湖入湖污染负荷的主要来源，约占其污染负荷的80%（王圣瑞等，2014）。因而本节以这五大主要入湖河流为代表，分析其水质动态变化。

3.2.1　入湖河流水质动态变化特征

本节主要从透明度、pH、溶解氧、电导率、COD_{Mn}、营养盐指标以及 chl a 等来分析五大入湖河流的水质变化特征。表 3-3 以平均值形式列出了各环境因子在五大河流中分布状况。透明度方面,"五河"中的最高值出现在修水,为 0.61 m,其次为信江和赣江,饶河的透明度最低,最高值与最低值相差 0.14 m,赣江与信江的透明度值较为接近。"五河"的 pH 平均值变化范围为 7.87~8.16,最高值仍出现在修水,其次为抚河和赣江,信江和饶河的 pH 较低。溶解氧平均值在"五河"之间变化较小,变幅仅为 0.84 mg/L,最高值和最低值分别为 8.92 mg/L 和 8.08 mg/L,依次出现在修水和抚河。电导率在"五河"中的变化较大,其在抚河取得最小值,平均值为 102.56 μS/cm,修水的电导率也较低,而赣江、抚河和信江的电导率较高,其中又以信江最高,为 181.40 μS/cm,比抚河的电导率平均值高出 76.87 μS/cm。从 COD_{Mn} 来看,"五河"的有机污染情况均较好,平均值均不超过 3 mg/L,其中赣江的 COD_{Mn} 平均值最高,为 2.91 mg/L,其次为抚河和信江,分别为 2.88 mg/L 和 2.81 mg/L,修水的平均值最低,仅为 2.64 mg/L。营养盐方面,赣江的浓度较高,其 TN、NO_3^--N 以及 NO_2^--N 平均值分别为 2.36 mg/L、1.20 mg/L 和 0.11 mg/L,均要高于其他四条河流;信江的 TP、NO_4^+-N 和 $PO_4^{3-}-P$ 指标在五大河流中最高,分别是相应指标的最低值的 2.5 倍、3.7 倍和 3.3 倍;修水的各营养盐指标均较低,其 TP、NH_4^+-N 和 $PO_4^{3-}-P$ 平均值均要低于其他四条河流。chl a 方面,"五河"的平均值均不超过 6 μg/L,且均在 4.12~5.49 μg/L 波动,最大值与最小值分别出现在信江和赣江。综上所述,五大入湖河流之间的 pH、溶解氧、COD_{Mn} 及 chl a 变化较小,而在透明度、电导率以及营养盐方面差异较大。

表 3-3 鄱阳湖五大入湖河流各环境因子平均值

理化参数	修水	赣江	抚河	信江	饶河
透明度/m	0.61	0.56	0.51	0.57	0.47
pH	8.16	8.07	8.11	7.87	7.99
溶解氧/(mg/L)	8.92	8.43	8.08	8.77	8.83
电导率/(μS/cm)	118.70	162.77	102.56	181.40	147.69
COD_{Mn}/(mg/L)	2.64	2.91	2.88	2.81	2.72
TN/(mg/L)	1.42	2.36	1.40	1.99	2.12
TP/(mg/L)	0.08	0.14	0.09	0.20	0.18
NO_3^--N/(mg/L)	0.83	1.20	0.73	0.85	0.83
NO_2^--N/(mg/L)	0.02	0.11	0.03	0.09	0.05
NH_4^+-N/(mg/L)	0.22	0.66	0.32	0.82	0.73
$PO_4^{3-}-P$/(mg/L)	0.02	0.04	0.02	0.07	0.04
chl a/(μg/L)	5.30	4.12	4.65	5.49	5.19

3.2.2　入湖河流年际变化特征

本节选取 TN、TP、NH_4^+-N、COD_{Mn} 和 chl a 五个指标来分析鄱阳湖五大入湖河流的年际变化。

TN 方面，五条入湖河流的平均 TN 浓度呈现上升趋势（图 3-7），其在 2009～2011 年呈现明显的直线上升趋势，2012 年出现一定程度的下降，而后又逐步上升至 2.08 mg/L。五条入湖河流中，赣江的 TN 变化幅度较大，其在 2011 年出现最大值（3.23 mg/L），2010 年的 TN 浓度最低，为 1.46 mg/L，2012 年后整体呈上升趋势。饶河的 TN 年际变化大致呈 "M" 形，其在 2010 年出现一个极大值（2.49 mg/L），而后不断下降至 2012 年，2012～2015 年浓度又不断增加。抚河、信江和修水这 3 条河流在前期（2009～2011 年）均呈现上升的变化趋势，不同的是，抚河的 TN 年际变化与 "五河" TN 平均值变化相似，修水的 TN 除在 2015 年有所下降外，其他也与 "五河" 平均 TN 的变化类似，而信江的 TN 一直上升至 2012 年，随后不断下降，2015 年略有上升。通过比较五大主要入湖河流 2009 年与 2015 年 TN 平均值，可以看出：五条入湖河流的 TN 均有不同程度的增加，其中以信江的增幅最大（1.09 mg/L），其次为赣江（1.00 mg/L），修水、抚河和饶河的增幅也均超过 0.50 mg/L；增长率方面，信江仍为最高（113.82%），其次为修水（62.37%），抚河和赣江的增长率分别为 54.41% 和 46.87%，饶河的增长率最低，为 25.60%。

"五河" 的 TP 平均浓度在 2010 年出现了一个较大的增长（图 3-7），达到 0.25 mg/L，这主要是由饶河的 TP 浓度较高引起的，此后逐步稳定在 0.12 mg/L 左右。"五河" 中以饶河的 TP 浓度变化最大，最大值为 0.47 mg/L，最小值仅为 0.064 mg/L，分别于 2010 年和 2009 年取得，其在 2011～2013 年不断下降，此后不断波动。2009～2013 年，信江的 TP 浓度逐步上升，由 0.14 mg/L 增加至 0.32 mg/L，而后不断下降，于 2015 年达到最低值（0.11 mg/L）。赣江的 TP 浓度大体上呈现逐步下降的趋势。2009～2012 年，抚河的 TP 浓度相对较稳定，而其在 2013 年出现明显下降，而后又逐渐上升。与抚河类似，修水的 TP 浓度在前 5 年均维持在一个相对稳定的水平（0.07 mg/L 左右），而在 2014 年突增至 0.14 mg/L，而后下降至 0.10 mg/L。与 2009 年相比，2015 年五条河流中仅修水、抚河以及饶河的 TP 浓度出现不同程度的增加，增长率分别为 65.69%、82.14% 和 117.42%，而赣江和信江则出现下降，下降量均超过 0.02 mg/L。

与 TP 类似，"五河" 平均的 NH_4^+-N 浓度在 2010 年出现了最大值（图 3-7），其比 2009 年增加了近 3 倍，而其在 2011 年又恢复至 0.46 mg/L，并不断上升至 2013 年，此后稳定在 0.40 mg/L 左右。饶河的 NH_4^+-N 变化较大，其最大值仍出现在 2010 年，是 2009 年的 4 倍之多，此后的 5 年中，其值逐步稳定在 0.60 mg/L

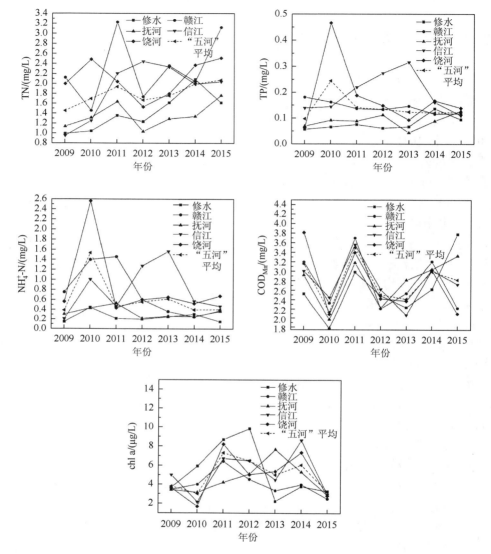

图3-7　2009～2015年鄱阳湖五条入湖河流水质变化趋势

左右。2009～2011 年，赣江的 NH_4^+-N 值由 0.75 mg/L 上升至 1.76 mg/L，而后不断下降并在 2014 年取得最小值（0.24 mg/L）。信江的 NH_4^+-N 变化大体呈现"M"形（图 3-7），在 2010 年和 2013 年分别取得 2 个极大值，为 1.00 mg/L 和 1.56 mg/L，最小值在 2009 年取得，为 0.20 mg/L。修水的 NH_4^+-N 也呈现"M"形，但其变幅较小，最大值和最小值分别为 0.44 mg/L 和 0.14 mg/L，出现在 2010 年和 2009 年。抚河的 NH_4^+-N 年际变化分为 2 个部分，2009～2011 年以及 2012～2015 年均呈现

上升趋势，而在 2011~2012 年出现了一定程度的下降，降幅为 0.31 mg/L。2015 年，五河中仅赣江的 NH_4^+-N 值较 2009 年有所下降，降幅约为 50%，其他 4 条河流较 2009 年均有所上升，其中又以信江的增幅最大，为 0.26 mg/L，增长率为 128.20%。

COD_{Mn} 方面，"五河"平均值以及各入湖河流大体均呈现"W"形（图 3-7），且 2009~2012 年变化趋势一致。修水的 COD_{Mn} 平均值从 2011 年一直下降至 2013 年，此后不断上升，并于 2015 年达到最大值（3.78 mg/L）。与修水变化相似，抚河的 COD_{Mn} 浓度在 2012~2015 年逐步增加，也在 2015 年达到最大值（3.33 mg/L）。2012~2014 年，赣江的 COD_{Mn} 不断上升，2015 年出现下降。信江的 COD_{Mn} 浓度在 2012~2015 年不断波动，变化范围为 2.62~3.02 mg/L。饶河的 COD_{Mn} 值从 2011 年一直下降至 2013 年，在 2014 年上升至 3.03 mg/L，2015 年又有所下降。与 2009 年相比，2015 年赣江、信江以及饶河的 COD_{Mn} 均有所下降，尤以饶河的降幅最大，为 1.71 mg/L，降低了 44.93%；修水的增幅较大，为 1.26 mg/L，增长率为 49.76%。

chl a 方面，2009~2010 年，五条入湖河流的平均值均维持在 3 μg/L 左右，而在 2011~2014 年，其均在 6 μg/L 上下浮动（图 3-7），是前 2 年的 2 倍之多，在 2015 年又下降至 3.24 μg/L。修水和赣江的 chl a 值在前期均逐步上升，其最大值在 2012 年和 2011 年达到，分别为 9.83 μg/L 和 6.41 μg/L，而后修水的 chl a 值在 2.24~3.77 μg/L 变化，而赣江则大体呈现下降趋势，并于 2015 年取得最低值（2.51 μg/L）。2009~2013 年，抚河的 chl a 整体呈现上升的趋势，最大值为 7.67 μg/L，而后不断下降并于 2015 年取得最小值 2.86 μg/L。7 年间，信江的 chl a 浓度一直处于波动状态，最大值和最小值分别为 2.16 μg/L 和 8.62 μg/L。饶河的 chl a 在 2009~2014 年整体呈现上升趋势，但在 2015 年大幅下降。与 2009 年相比，"五河"2015 年的 chl a 浓度均有所下降，降幅最大的为信江（2.42 μg/L），最小的为修水（0.42 μg/L）。

3.2.3　入湖河流水质类别分析

整体上，五条主要入湖河流中，赣江和饶河的 TN 含量均已达到劣 V 类标准，信江也已达到 V 类水质标准，抚河和修水则为 IV 类；TP 方面，信江已超出 III 类水质上限，为 IV 类水平，饶河和赣江则处于 III 类水质水平，修水和抚河水质状况较好，为 II 类水质；信江、饶河以及赣江的 NH_4^+-N 含量均已达到 III 类水质标准，修水和抚河则为 II 类；至于 COD_{Mn}，五条河流均为 II 类。年际上，饶河的 TN 含量只在 2012~2013 年处于 V 类水平，其他年份均为劣 V 类水平；而赣江的 TN 含量在 2010 年为 IV 类水平，2012 年为 V 类水平，其他各年份均为劣 V 类水平；2011

年、2012 年、2013 年和 2015 年，信江的 TN 含量均超过 V 标准的上限，为劣 V 类，而其在 2009 年达到 TN 的Ⅲ类水质标准，2010 年为Ⅳ类，而 2014 年则为 V 类；修水的 TN 含量仅在 2014 年达到劣 V 类标准，2013 年和 2015 年为 V 类，其他各年均为Ⅳ类；抚河的 TN 含量也仅在 2011 年和 2015 年达到 V 类标准，其他各年间均为Ⅳ类。TP 方面，饶河在 2010 年为劣 V 类，2011 年、2012 年、2014 年和 2015 年为Ⅲ类，2009 年和 2013 年为Ⅱ类；7 年间，赣江的 TP 含量一直处于Ⅲ类水平；而在信江，2009 年、2010 年、2014 年和 2015 年，为Ⅲ类，2011 年和 2012 年为Ⅳ类，而在 2013 年为 V 类；修水除 2014 年为Ⅲ类水平外，其他年份均为Ⅱ类水平；与修水类似，抚河的 TP 含量在 2012 年和 2015 年达到Ⅲ类水平，其他各年份均为Ⅱ类水平。NH_4^+-N 方面，饶河在 2015 年水质最差，为劣 V 类，2011 年为Ⅱ类，其他各年间均为Ⅲ类；赣江的 NH_4^+-N 含量在 2010 年和 2011 年为Ⅳ类标准，2009 年和 2012 年处于Ⅲ类标准，2013 年、2014 年和 2015 年则处于Ⅱ类标准，水质状况有所改善；在 2010 年、2012 年和 2013 年，信江的 NH_4^+-N 含量均为Ⅳ类标准，2014 年为Ⅲ类标准，而在 2009 年、2011 年和 2015 年为Ⅱ类标准；修水的 NH_4^+-N 含量在 2009~2015 年均为超过Ⅱ类标准的上限，且在 2009 年和 2015 年达到Ⅰ类水质标准；而抚河仅在 2011 年超过Ⅱ类水质标准上限，为Ⅲ类水平，其他年份均为Ⅱ类水平。COD_{Mn} 方面，五大入湖河流各年间基本都保持在Ⅱ类水平，2010 年修水和抚河甚至处于Ⅰ类水平。

可以看出，五条主要入湖河流中，主要污染物为 TN，其次为 TP 和 NH_4^+-N，且 TN 的污染有逐年加剧的趋势。信江、赣江以及饶河 3 条河流的水质较差，而修水和抚河的水质状况相对较好。

3.2.4　入湖河流与主湖区水质特征对比分析

浅水湖泊水质动态受环湖入湖河流污染物输入影响极为显著。一般而言，在扩散与稀释作用影响下，湖区水体污染物浓度要低于周边入湖河道。表 3-4 给出了 2009~2013 年鄱阳湖湖区及主要入湖河流中相关理化因子的平均值和变化范围。从总悬浮物以及浊度这 2 个指标来看，鄱阳湖湖区的水下光照条件要优于其主要入湖河流。湖区的 pH 变化范围为 6.85~9.30，平均值为 7.99，略高于入湖河流。电导率方面，入湖河流的电导率平均值为 150.91 μS/cm，比湖区高出 21.79 μS/cm。营养盐方面，入湖河流的营养盐指标几乎均要高于湖区，如入湖河流的 TN、DTN 和 NH_4^+-N 平均浓度分别比湖区相应高出 0.33 mg/L、0.33 mg/L 和 0.34 mg/L，TP 和 DTP 平均浓度分别是湖区相应的 1.67 倍和 1.83 倍之多。湖区的 COD_{Mn} 浓度稍高，其最大值和最小值分别为 13.01 mg/L 和 1.28 mg/L，均要高于其在入湖河流的最大值和最小值。chl a 方面，湖区的 chl a 平均浓度为

7.86 μg/L,是入湖河流的 1.65 倍,最大值和最小值分别为 34.37 μg/L 和 0.60 μg/L,也均相应高于入湖河流。

表 3-4　2009～2013 年鄱阳湖湖区及主要入湖河流中相关理化因子的平均值和变化范围

理化参数	单位	区域	
		鄱阳湖	入湖河流
总悬浮物	mg/L	44.52（0.80～517.00）	31.65（2.67～199.20）
浊度	NTU	61.43（3.10～970.00）	42.53（1.40～340.20）
温度	℃	24.86（3.37～33.90）	21.65（4.52～33.28）
pH		7.99（6.85～9.30）	7.81（6.56～9.14）
电导率	μS/cm	129.12（56.10～780.00）	150.91（51.80～497.50）
盐度		0.05（0.01～0.23）	0.06（0.00～0.20）
TN	mg/L	1.49（0.37～6.80）	1.82（0.36～7.06）
TP	mg/L	0.09（0.02～0.90）	0.15（0.01～1.42）
DTN	mg/L	1.30（0.19～2.61）	1.63（0.24～6.45）
DTP	mg/L	0.06（0.00～0.50）	0.11（0.00～1.30）
NO_2^--N	mg/L	0.03（0.00～0.33）	0.06（0.00～0.74）
NO_3^--N	mg/L	0.69（0.01～1.91）	0.81（0.11～3.97）
NH_4^+-N	mg/L	0.21（0.01～1.56）	0.55（0.02～5.78）
PO_4^{3-}-P	mg/L	0.01（0.00～0.18）	0.04（0.00～0.38）
COD_{Mn}	mg/L	3.02（1.28～13.01）	2.81（1.21～6.54）
chl a	μg/L	7.86（0.60～34.37）	4.76（0.20～20.31）

在湖区,枯水期和半枯水期的透明度较为接近,分别为 0.26 m 和 0.24 m,总悬浮物浓度差异也不明显。在枯水期和半枯水期,湖区及入湖河流之间的透明度以及总悬浮物浓度均存在显著差异,表明在这两个时期,入湖河流的水下光照条件均要优于湖区(图 3-8)。除了 NO_3^--N 和 NO_2^--N,其他营养盐浓度指标均随着水位的上升而下降(图 3-9)。无论是在枯水期还是在半枯水期,入湖河流的营养盐浓度均要高于湖区(枯水期的 TN、NO_2^--N 和 NO_3^--N 除外)。水温方面,同一时期,水温在两种生态系统中较为接近,湖区在枯水期和半枯水期的平均值分别为 5.55℃ 和 22.07℃,对应入湖河流的平均水温则分别为 6.62℃ 和 22.69℃。湖区丰水期的透明度平均值为 0.61 m,显著优于其他两个时期($P<0.001$);总悬浮物浓度在丰水期显著下降($P<0.01$)。从枯水期、半枯水期到丰水期,透明度和总悬浮物在湖区和入湖河流中的变化趋势相同(图 3-8)。比较透明度、总

悬浮物以及水温时，我们发现这 3 个指标在湖区和入湖河流这两种生态系统间均不存在显著差异。在湖区，营养盐指标（除了 NO_2^--N）均在丰水期，即水位最高时，取得了最低值（图 3-9），在入湖河流中，我们观测到了同样的现象。与湖区相比，丰水期入湖河流中的营养盐浓度也均要高于湖区。

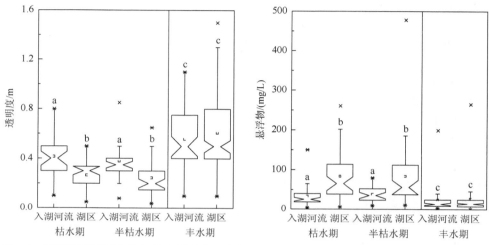

图 3-8　鄱阳湖湖区及入湖河流在枯水期、半枯水期及丰水期的水体透明度和总悬浮物浓度变化（2009~2013 年）

用不同字母（a，b，c）标示的平均值表示存在显著差异（$P<0.05$）

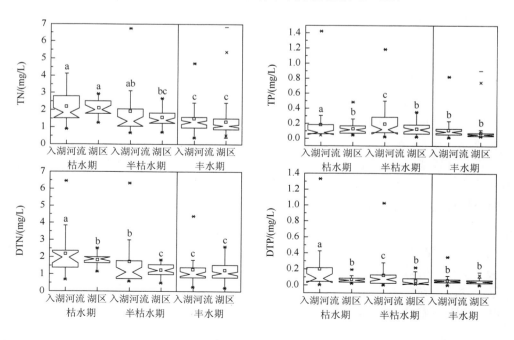

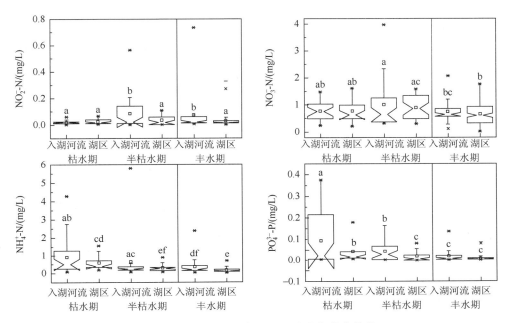

图 3-9 鄱阳湖湖区及入湖河流在枯水期、半枯水期及丰水期的营养盐（TN、TP、DTN、DTP、
NO_2^--N、NO_3^--N、NH_4^+-N 和 PO_4^{3-}-P）变化（2009~2013 年）

用不同字母（a，b，c，d，e，f）标示的平均值表示存在显著差异（$P<0.05$）

总体而言，入湖河流和湖区在水下光照条件和营养盐方面存在一定的差异，水下光照条件的差异性因水文时期不同而有所变化，枯水期和半枯水期，入湖河流的水下光照条件要明显优于湖区，而在丰水期差异不大。营养盐方面，入湖河流的营养盐含量在 3 个时期基本上都要高于湖区；入湖河流中，各营养盐指标基本都在枯水期取得最大值，而在丰水期取得最小值，与湖区营养盐浓度的年内变化基本一致，这也在一定程度上揭示了外源污染物输入对湖区的影响。

3.3 鄱阳湖水体富营养评价

随着工农业的发展，大量营养盐通过多种途径进入湖泊中。营养盐水平不断上升，导致水体中藻类和水生植被生产力增加、水质下降等一系列的变化，从而使水体的用途受到影响，这种现象称为"湖泊富营养化"（OECD，1982；孔繁翔等，2005）。湖泊富营养化已成为当今世界性水污染治理的难题，引起人们极大的关注。湖泊富营养化不仅能造成水体水质恶化、生态功能紊乱等后果，还能产生多种蓝藻毒素而对人类健康具有一定的危害性。我国的太湖、巢湖以及滇池等为富营养化重灾区，水华频繁发生，水质日趋恶化（范成新等，1997；郭怀成等，

2002；殷福才等，2003）。目前，国内外针对富营养化严重湖泊进行了一系列的水质和生态系统健康研究，并对许多重要湖泊制定了针对性的生态优化方案，开展了大量的生态修复工作，取得了一定的效果。而开展富营养化评价有利于了解湖泊水环境现状，对湖泊水污染防治和蓝藻水华风险控制具有重要的指导意义。作为我国第一大淡水湖，鄱阳湖资源丰富，在当地的经济发展中起着至关重要的作用。目前，随着鄱阳湖周边地区经济的发展，大量的污染物进入鄱阳湖，湖泊生态系统受到威胁，富营养化问题愈发严重。因而，针对鄱阳湖开展富营养化评价工作对弄清湖区目前的健康状况、影响机制和保障该地区水安全均具有十分重要的现实意义。

3.3.1　湖泊分类及湖泊富营养化

1. 湖泊分类

根据生物生产量与营养物浓度之间的关系，湖泊一般可以分为可调和型与不可调和型两大类。在可调和型湖泊中，生物生产量随着营养物浓度的增加而上升，因而又可以分为贫、中、富三种营养类型。而在不可调和型湖泊中，虽然有的营养物质浓度很高，但限制了生物增长，使得生物生产量处于较低的水平，因而又被称为广义贫营养型和异常营养型（金相灿，1990）。此外，针对中国湖泊氮磷浓度高、多数湖泊生产力异常高以及人为活动强烈等特点，金相灿等（1990）将中国湖泊分为响应型湖泊（包括浮游植物响应型、大型水生植物响应型和草藻混合型）和非响应型（即异常营养型）。

2. 湖泊富营养化定义、危害及评价方法

湖泊富营养化是指湖泊水体在自然因素和（或）人类活动的影响下，大量营养盐输入湖泊水体，使湖泊逐步由生产力水平较低的贫营养状态向生产力水平较高的富营养状态变化的一种现象。在湖泊富营养化过程中，浮游植物和大型水生植物不断建立优势，水体的物理和化学等指标也发生着一系列的变化。响应型湖泊均会从贫营养向富营养过渡，进而发展到沼泽，直至死亡，因而湖泊富营养化是一种自然现象，然而由于人类干扰的不断加剧，其演化进程会大幅加快。

富营养化湖泊会带来一系列的危害，藻类水华是其最为直观的表现（Lin，1972）。浮游植物遇到合适的水温、水下光照条件、营养盐以及流速等条件时，便会大量生长，发生水华现象。当浮游植物降解时，水体中的溶解氧会不断降低，鱼类会因缺氧而大量死亡，同时浮游植物水华也会改变鱼类群落结构，从而影响水产养殖的经济效益等。此外，浮游植物的某些种类在降解过程中会向水体中分

泌和释放有毒物质，如藻毒素（多肽肝毒素、生物碱类神经毒素、脂多糖内毒素等毒素），其中又以微囊藻毒素最为常见，这些毒素严重危害着人类健康（Harada，1999；Huisman et al.，2005）。因此，湖泊富营养化不仅限制该区域的经济发展，同时也影响水域生态系统健康，进而威胁人类安全。

由于湖泊富营养化具有一定的危害性，因而对湖泊进行富营养化评价显得尤为重要。富营养化评价主要是基于代表性指标的调查，明确湖泊的营养状态，了解其富营养化进程以及预测其发展趋势，为湖泊管理提供科学依据。目前对于湖泊富营养状态的划分主要包括卡尔森指数法、生物指标评价法、评分法等。

卡尔森指数（TSI）是以湖水透明度为基准的营养状态评价指数，它综合多项参数，克服了单一因子评价的片面性。日本的相崎守弘等在卡尔森指数的基础上，提出了修正的营养状态指数（TSIM），该指数以 chl a 浓度为基准。卡尔森指数或修正的卡尔森指数均以某一参数为基准的单参数营养状态指数，其他参数的营养状态则是基于它们与基准参数之间的相关关系得到的。然而，用同一湖泊不同参数的营养状态指数通常是有差别的，不易对该湖泊的营养状态作出判断。综合营养状态指数（TLI）解决了以上问题，它通过赋予不同参数的营养状态指数相关权重，用加权后的综合营养状态指数来判断湖泊的营养状态。这些指数均分为 0~100 的连续数值，不同数值区间代表不同营养类型，如 TLI<30 为贫营养，30≤TLI≤50 为中营养，TLI>50 为富营养，其中 50<TLI≤60 为轻度富营养，60<TLI≤70 时为中度富营养，TLI>70 为重度富营养。在同一营养状态下，指数值越高，其营养程度越重。

生物指标评价法以湖泊中水生生物的群落结构来评价富营养化状态，主要分为生物多样性指数评价法和优势种评价法。一般情况下，金藻门种类在贫营养水体的浮游植物中占据优势地位，隐藻则在贫中营养水体中占优，中营养和中富营养则分别以甲藻和硅藻为主，富营养水体以硅藻、绿藻为主，重富营养则以绿藻、蓝藻占优。

评分法是利用浮游植物生长高峰期前后三个月 chl a 的平均值与相应期间的 TP、TN、COD$_{Mn}$ 和透明度的相关关系，来确定评分值，进而判断湖泊富营养状态。

3.3.2 鄱阳湖富营养评价研究进展

金相灿等（1990）参照国内一般常见水体富营养化程度划分标准，并与鄱阳湖水质参数进行对比，发现鄱阳湖氮磷处于富营养型，而 chl a 处于贫营养型。吕兰军（1996）依据《中国水资源初步评价》所列出的湖泊水质营养类型划分标准，选取 TN 和 TP 为评价标准，评价鄱阳湖水体在 1987 年 7 月至 1988 年 12 月，整体的营养状态为中-富营养及富营养之间。针对同时期的水质数据，窦鸿身和姜加虎（2003）分别对 chl a、透明度、TP、TN、COD_{Mn}、藻类优势种分别进行单项评分，最后根据平均评分指数，认为鄱阳湖处于中营养状态。此外，为了分析鄱阳湖在不同水文时期的富营养化程度差异，吕兰军（1992）分别于平水期（1992年 5～6 月）和枯水期（1993 年 1～2 月）对鄱阳湖进行调查，并选取 TP、TN 和 COD_{Mn} 为评价参数，采用蔡庆华（1993）和舒金华（1993）给出的评价标准和评分模式，对鄱阳湖进行营养状态评价，结果表明：平水期湖区的富营养化状态介于中-富营养，且绝大部分湖区处于富营养状态，而在枯水期，湖区的富营养化程度加剧，为富营养状态。

　　可以看出，针对鄱阳湖的富营养化状态评价主要是参照国内一般常用的水体富营养化状态划分标准，极少研究运用 TLI 法，而各个评价标准之间又存在一定的差异。在运用单个指标评价鄱阳湖水体富营养化状态时，往往存在较大差异，如鄱阳湖的营养盐浓度通常处于较高水平，而 chl a 浓度却相对较低，这主要是由于鄱阳湖是过水型湖泊这一特殊的水文特征造成的。此外，也与缺乏长时间序列尺度的定位观测数据，特别是近年来鄱阳湖水体富营养状况有关。

3.3.3　鄱阳湖富营养评价

　　在总结前人对鄱阳湖富营养化状态评价工作的基础上，本节采用生态环境部推荐的湖泊营养状态评价标准及方法对鄱阳湖目前的水质进行评价。结果表明：2009～2015 年，鄱阳湖 TLI 平均均值为 51.82，处于轻度富营养化状态，其中 chl a、TP、TN、透明度和 COD_{Mn} 的营养状态指数平均值分别为 41.43、57.45、64.83、71.16 和 29.08，可见营养盐浓度较高以及透明度较低对鄱阳湖综合营养状态指数偏高的贡献较大。

　　空间上，15 个点位的 TLI 均大于 30（图 3-10），表明调查区域均处于中营养水平以上。其中，86.67%的点位处于富营养化状态，仅 6#和 7#这 2 个点位的 TLI 低于 50，为中营养状态。TLI 的最大值出现在 8#（53.66），即蚌湖口，为轻度富营养化，最小值出现在 6#，为 47.89。鄱阳湖 TLI 变化范围较小，最大值与最小值仅相差 5.33，表明其空间差异性较小。季节上，鄱阳湖夏季的 TLI 最低，为 49.00，为中营养化，表明湖体在夏季的富营养化程度最轻，而其他三个季节的 TLI 均要高于 50，均为富营养化（图 3-11），最大值出现在冬季，为 53.48，其次为秋季（52.87）。季节上，TLI 与水位的变化相反，其随着水位的上升而下降。从年际上来看，鄱阳湖水质在中营养到富营养之间变化（图 3-11），TLI 最大值和最小值分别为 54.57 和 49.18，依次出现在 2011 年和 2013 年。7 年间，仅 2009 年和 2013年的 TLI 低于 50，为中营养状态，其他各年均为轻度富营养。2009～2011 年，其富营养化状况不断加剧，从中营养逐步发展为富营养，此后富营养化程度有所缓解，2013 年的水体富营养化程度相对较轻，而 2014 年和 2015 年，其又达到了富营养化标准。

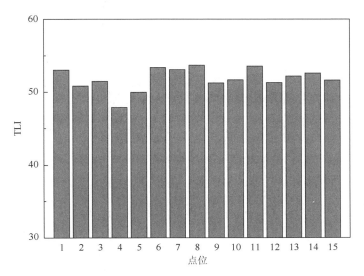

图 3-10　鄱阳湖 15 个监测点位 TLI 空间分布特征

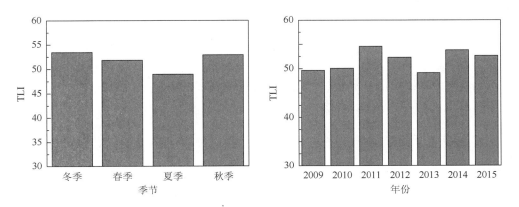

图 3-11　鄱阳湖 TLI 时间（季节和年际）分布特征

从评价结果上来看，TLI 法显示鄱阳湖目前的水质状态为轻度富营养化状态。季节上，富营养程度与水位变化相关，丰水期富营养化程度最低，为中营养，而枯水期最高，为轻度富营养，这与前人的评价结果相吻合；年际上，虽然 TLI 存在一定的波动，但变化范围不大，且基本高于 50，表明目前鄱阳湖已经进入富营养化湖泊的行列。

3.4　小　结

（1）鄱阳湖的水质差异较大，体现了较高的空间异质性，水下光照条件基本呈现"南高北低"的分布特征，而营养盐则在东南湖湾有较高的分布，各环境指标在北部通江区域具有较强的一致性。此外，水环境指标在季节上表现出较为一致的变化特征，基本上都在夏季和冬季取得最大值或最小值，这很可能是由于水位变化以及外源污染输入所致。年际上，鄱阳湖水质各指标存在一定的波动，但水质整体表现出逐年恶化的趋势；氮磷仍为主要污染物，且与 20 世纪 80 年代相比，氮磷浓度增长速度较快，特别是 TN，应引起相关部门的警惕。

（2）主要入湖河流中，饶河、赣江和修水的水质状况相对较差，而修水和抚河相对较好。整体上，五大入湖河流的 TN 浓度呈现逐年上升的趋势，除饶河和信江外，TP 和 NH_4^+-H 在五大入湖河流之间的年际变化不大。鄱阳湖主要入湖河流中的 COD_{Mn} 含量均不高，且在年际上呈现波浪形变化，这与 chl a 含量变化相似。湖区与主要入湖河流间的环境因子有一定的差异性，水下光照条件的差异性因水文时期不同而有所变化，枯水期和半枯水期入湖河流的水下光照条件要明显优于湖区，而在丰水期差异不大。营养盐方面，入湖河流的营养盐含量在 3 个时期基本上都要高于湖区；入湖河流中，各营养盐指标基本都在枯水期取得最大值，而在丰水期取得最小值，与湖区营养盐浓度的年内变化基本一致，这也在一定程度上揭示了外源污染物输入对湖区的影响。

（3）TLI 法显示鄱阳湖目前的水质状态为轻度富营养化状态。季节上，富营养程度与水位变化相关，丰水期富营养化程度最低，为中营养，而枯水期最高，为轻度富营养，这与前人的评价结果相吻合；年际上，虽然 TLI 存在一定的波动，但变化范围不大，且基本高于 50，表明目前鄱阳湖已经进入富营养化湖泊的行列。

参 考 文 献

蔡庆华. 1993. 武汉东湖富营养化的综合评价. 海洋与湖沼, 24（4）: 335-339.

陈晓玲, 张媛, 张琍, 等. 2013. 丰水期鄱阳湖水体中氮磷含量分布特征. 湖泊科学, 25: 643-648.

窦鸿身, 姜加虎. 2003. 中国五大淡水湖. 合肥: 中国科学技术大学出版社.

范成新, 陈荷生. 1997. 太湖富营养化现状, 趋势及其综合整治对策. 上海环境科学, 16: 4-7.

高俊峰, 蒋志刚. 2011. 中国五大淡水湖保护与发展. 北京: 科学出版社.

郭怀成, 孙延枫. 2002. 滇池水体富营养化特征分析及控制对策探讨. 地理科学进展, 21: 500-506.

国家环境保护总局《水和废水监测分析方法》编委会. 2002. 水和废水监测分析方法. 4 版. 北京: 中国环境科学出版社.

江丰, 齐述华, 廖富强, 等. 2015. 2001—2010 年鄱阳湖采砂规模及其水文泥沙效应. 地理学报, 70（5）: 837-845.

金相灿，刘鸿亮，屠清瑛，等. 1990. 中国湖泊富营养化. 北京：中国环境科学出版社.

孔繁翔，高光. 2005. 大型浅水富营养化湖泊中蓝藻水华形成机理的思考. 生态学报，25：589-595.

刘发根，李梅，郭玉银. 2014. 鄱阳湖水质时空变化及受水位影响的定量分析. 水文，34（4）：37-43.

吕兰军. 1992. 鄱阳湖水质状况分析与评价.水资源保护，23（10）：17-24.

吕兰军. 1996. 鄱阳湖富营养化调查与评价.湖泊科学，8（3）：241-247.

舒金华. 1993. 我国主要湖泊富营养化程度的评价.海洋与湖沼，24（6）：616-620.

王圣瑞. 2014. 鄱阳湖水环境. 北京：科学出版社.

王苏民，窦鸿身. 1998. 中国湖泊志. 北京：科学出版社.

殷福才，张之源. 2003. 巢湖富营养化研究进展. 湖泊科学，15：377-384.

Akyuz D E，Luo L C，Hamilton D P. 2014. Temporal and spatial trends in water quality of lake Taihu，China：analysis from a north to mid-lake transect，1991—2011. Environ. Monit. Assess.，186（6），3891—3904.

Astel A，Biziuk M，Przyjazny A，et al. 2006. Chemometrics in monitoring spatial and temporal variations in drinking water quality. Water Res.，40（8）：1706-1716.

Behmel S，Damour M，Ludwig R，et al. 2016. Water quality monitoring strategies—A review and future perspectives. Sci. Total Environ.，571：1312-1329.

Carpenter S R，Caraco N F，Correll D L，et al. 1998. Nonpoint pollution of surface waters with phosphorus and nitrogen. Ecol. Appl.，8（3）：559-568.

Cheng H F，Hu Y A，Zhao J H. 2009. Meeting China's water shortage crisis：Current practices and challenges. Environ. Sci. Technol. 43（2）：240-244.

Duan W L，He B，Nover D，et al. 2016. Water quality assessment and pollution source identification of the Eastern Poyang Lake Basin using multivariate statistical methods. Sustainability，8（2）：133. doi：10.3390/su8020133

Harada K. 1999. Recent advances of toxic cyanobacteria researches. Journal of Health Science，1999，45：150-165.

Howarth R W，Sharpley A，Walker D. 2002. Sources of nutrient pollution to coastal waters in the United States：Implications for achieving coastal water quality goals. Estuaries，25（4B）：656-676.

Huisman J，Matthijs H C，Visser P M. 2005. Harmful cyanobacteria. Dordrecht：Springer.

Kleinman P J A，Sharpley A N，McDowell R W，et al. 2011. Managing agricultural phosphorus for water quality protection：principles for progress. Plant Soil，349，(1-2)：169-182.

Lin C K. 1972. Phytoplankton succession in a eutrophic lake with special reference to blue-green algal blooms. Hydrobiologia，39：321-334.

Lorenzen C J. 1967. Determination of chlorophyll and pheo-pigments：spectrophotometric equations. Limnology and Oceanography，12：343-346.

Nielsen A，Trolle D，Bjerring R，et al. 2014. Effects of climate and nutrient load on the water quality of shallow lakes assessed through ensemble runs by PCLake. Ecol. Appl.，24（8）：1926-1944.

OECD. 1982. Eutrophication of waters：monitoring，assessment and control. Final report，OECD Cooperative Programme on Monitoring of Inland Water（Eutrophication Control），Environment Directorate，OECD，Paris：154.

Qin B Q，Xu P Z，Wu Q L，et al. 2007. Environmental issues of lake Taihu，China. Hydrobiol.，581（1）：3-14.

Romero E，Le Gendre R，Garnier J，et al. 2016. Long-term water quality in the lower Seine：Lessons learned over 4 decades of monitoring. Environ. Sci. Policy，58：141-154.

Schwarzenbach R P，Egli T，Hofstetter T B，et al. 2010. Global water pollution and human health. Annu. Rev. Environ. Resour.，35：109-136.

Shankman D，Keim B D，Song J. 2006. Flood frequency in China's Poyang Lake region：Trends and teleconnections. International Journal of Climatology，26：1255-1266.

Singh K P，Malik A，Sinha S. 2005. Water quality assessment and apportionment of pollution sources of Gomti river （India）using multivariate statistical techniques-a case study. Anal. Chim. Acta，538：355-374.

Søndergaard M，Kristensen P，Jeppesen E. 1992. Phosphorus release from resuspended sediment in the shallow and wind-exposed lake Arresø，Denmark. Hydrobiol.，228（1）：91-99.

van Landeghem M M，Meyer M D，Cox S B，et al. 2012. Spatial and temporal patterns of surface water quality and ichthyotoxicity in urban and rural river basins in Texas. Water Res.，46（20）：6638-6651.

Waltham N J，Reichelt-Brushett A，McCann D，et al. 2014. Water and sediment quality，nutrient biochemistry and pollution loads in an urban freshwater lake：Balancing human and ecological services. Environ. Sci. Proc. Impacts，16（12）：2804-2813.

Wu G F，de Leeuw J，Skidmore A K，et al. 2007. Concurrent monitoring of vessels and water turbidity enhances the strength of evidence in remotely sensed dredging impact assessment. Water Res.，41（15）：3271-3280.

Wu Z S，Cai Y J，Liu X，et al. 2013. Temporal and spatial variability of phytoplankton in Lake Poyang：The largest freshwater lake in China. Journal of Great Lakes Research，39：476-483.

第 4 章　鄱阳湖浮游植物时空动态

　　浮游植物能利用光能进行光合作用，将无机碳转化成碳水化合物，并释放大量的氧气，是水体中其他生物赖以生存的基础。浮游植物的生命周期短，对环境变化较为敏感，因而水体中浮游植物的物种组成以及生物量等是评价水体营养类型和生产潜力的重要指标，能够在一定程度上反映水质变化，指示水体营养状态。由于以上特性，国内外学者对浮游植物开展了广泛和深入的研究。然而，截至 2009 年，针对鄱阳湖藻类方面的研究较少，我们通过 Web of Science 数据库检索仅发现 2 篇有关鄱阳湖浮游植物的论文。可以看出，鄱阳湖藻类的研究还处于初级阶段，且有关数据均来源于 20 世纪 90 年代，缺少对鄱阳湖近期藻类变化的关注。此外，受制于人员以及财力等影响，前人未能对全湖进行系统和长期的监测和分析，研究方法较为简单，以描述性介绍为主，包括种类组成、藻类总密度的季节变化等，对影响浮游植物生长的环境因子研究不足，特别是水文条件。本章主要通过对鄱阳湖浮游植物开展相对较为长期的监测研究，探明其群落结构及时空变化特征，并确立其与环境因子之间的相关关系，对揭示水环境演变特征、水生生态系统结构与功能以及蓝藻水华风险具有重要的指示作用。

4.1　鄱阳湖浮游植物群落组成

4.1.1　样品采集及分析方法

　　2009～2011 年，在鄱阳湖开展 12 次季节调查，调查点位及时间与第 3 章中水质常规监测相同。浮游植物定量样品取用 1 L 充分摇匀后的混合水样，倒入试剂瓶中之后加 1%体积的鲁戈试剂固定，静置 48 h 后，利用虹吸法将上清液吸除，定容至 30 mL。计数时，将计数样品充分摇匀后，迅速吸取 0.1 mL 样品到计数框（面积 20 mm×20 mm）中，盖上盖玻片，保证计数框内无气泡，也无样品溢出（章宗涉等，1991），置于 Olympus BX41 显微镜下进行镜检。浮游植物的种类鉴定参照《中国淡水藻类——系统、分类及生态》（胡鸿钧和魏印心，2006）。在计数过程中，我们发现鄱阳湖浮游植物丰度较低，为避免较大的计数结果误差，本章采用全片计数法。由于浮游植物的比重接近于 1，即 1 mm³ 的细胞体积等于 1 mg 湿重生物量，故生物量的测定可以采用体积转化法。细胞的平均体积根据物种的几何形状计算（Hillebrand et al.，1999）。

4.1.2　群落结构特征

在浮游植物的鉴定过程中，共观察到浮游植物 132 种，隶属于 7 门，67 属（附表 2）。与 20 世纪 80 年代的研究结果类似，绿藻、硅藻和蓝藻目前仍然是鄱阳湖浮游植物种类的主要组成部分，其中绿藻门种类最多，有 34 属 64 种，占总藻类数的 48.48%；其次为硅藻门，共有 17 属 30 种，占总藻类数的 22.72%；蓝藻门 6 属 22 种，占 16.67%；裸藻门 4 属 7 种，占 5.3%；甲藻门 3 属 4 种，隐藻门 2 属 4 种，各占 3.03%；金藻门种类数最少，仅见 1 属 1 种。

硅藻在鄱阳湖浮游植物中占据重要地位。图 4-1 分别给出了鄱阳湖浮游植物七大门类在不同监测时间及不同监测点位的相对生物量百分比。无论是从时间上还是从空间上来看，硅藻均为鄱阳湖浮游植物的优势门类。在 12 次监测及 15 个监测点位中，硅藻几乎都至少占总生物量的 50% 以上。其中，硅藻以颗粒直链硅藻（*Aulacoseiragranulate*）、尖针杆藻（*Synedra acus*）和变绿脆杆藻（*Fragilaria virescens*）为优势种，这些物种的平均相对生物量均占整体平均生物量的 10% 以

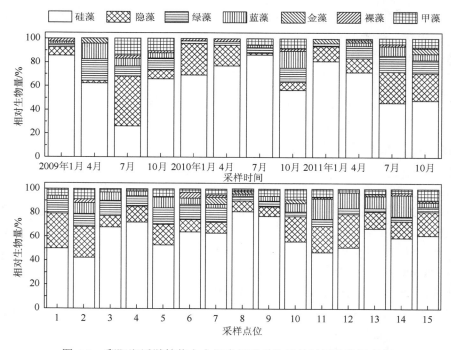

图 4-1　鄱阳湖浮游植物七大门类相对生物量的时间及空间变化

上，分别为 28.58%、16.61% 和 15.99%（表 4-1）。此外，啮蚀隐藻（*Cryptomons erosa Ehr*）所占比例也相对较高，为 7.31%。除了硅藻，隐藻和绿藻同样也是鄱阳湖浮游植物的重要组成部分，分别占整体平均生物量的 13.02% 和 8.05%。金藻门只发现了 1 种，为密集锥囊藻（*Dinobryon sertularia*），所占整体平均生物量的比例也较低，仅为 1.22%。

表 4-1　鄱阳湖浮游植物群落组成中大于 1% 的物种及其对年际和季节差异的贡献率

	物种	百分比/%	贡献率/%	
			季节	年际
硅藻	颗粒直链硅藻 *Aulacoseira granulata*	28.58*	29.12	31.17
	尖针杆藻 *Synedra acus*	16.61*	9.42	9.361
	变绿脆杆藻 *Fragilaria virescens*	15.99*	9.78	9.07
	星杆藻一种 *Asterionella* spp.	3.47	2.37	2.55
	双菱藻一种 *Surirella* spp.	1.30	2.21	2.05
	舟形藻一种 *Navicula* spp.	1.00	1.56	1.49
隐藻	啮蚀隐藻 *Cryptomonas erosa*	7.31	10.58	9.36
	卵形隐藻 *Cryptomonas ovata*	5.18	5.64	7.43
绿藻	栅藻一种 *Scenedesmus* spp.	1.23	1.45	1.34
	空球藻一种 *Eudorina* spp.	1.69	1.04	1.08
	集星藻一种 *Actinastrum* spp.	1.18	0.65	0.65
蓝藻	微囊藻一种 *Microcystis* spp.	2.62	4.80	4.53
	鱼腥藻一种 *Anabaena* spp.	1.42	2.12	1.98
金藻	密集锥囊藻 *Dinobryon sertularia*	1.22	1.28	1.36
甲藻	多甲藻一种 *Peridinium* spp.	2.80	4.81	4.36
总计		91.60	86.83	87.78

* 表示优势种

　　硅藻在鄱阳湖浮游植物群落结构中占据优势地位，前人在 20 世纪 80 年代和 90 年代的研究中对此有所提及（王天宇等，2004；谢钦铭等，2000）。徐彩平（2013）指出，鄱阳湖的优势种主要是硅藻门的种类，其中直链硅藻是全年的优势种。根据 OECD（1982）提出的营养状态划分标准，在本书研究中，鄱阳湖处于富营养化状态。然而，就浮游植物的群落组成而言，本书的研究结果表明鄱阳湖与其他富营养化湖泊存在较大差异。营养盐丰富的淡水水体易发生蓝藻，特别是微囊藻水华（Lin，1972；Liu et al.，2011；Scheffer，2004）。Padisak（1992）曾指出，随着营养水平的不断提升，蓝藻会扮演着越来越重要的角色。Hutchinson（1967）曾提出，蓝藻水华和微囊藻占据绝对优势是富营养化湖泊的典型特征。与鄱阳湖浑浊的水体环境相似，新锡德尔湖也曾经历过春季蓝藻水华（Dokulil et al., 1994）。对于硅藻而言，Reynolds（1996）曾指出，其更适宜在混合程度较好的水体中占据优势。在枯水季节时，坦噶尼喀湖湖体的垂直混合程度增加，硅藻成为优势物种（Cocquyt et al., 2005）。由于复杂的湖泊形态特征，鄱阳湖的水文条件急剧变化，这可能是造成硅藻成为优势物种的主要因素。与硅藻不同，蓝藻则很难在干扰程度较大的水体中较好生长（Reynolds et al., 1983）。此外，很多研究表明硅藻在典型的河流生态系统中占据主导地位（Ha et al., 2002; Wu et al., 2011）。Gosselain等（1994）曾以多个大型且营养水平较高的河流为例，来阐述硅藻的重要性。鄱阳湖与长江相通，表现出一定的河流特征，特别是在枯水季节，这一特性能在一定程度上解释硅藻在鄱阳湖占据优势地位的现象。

4.2　鄱阳湖浮游植物生物量

对浮游植物生物量的研究是水生生态系统学的重要研究内容之一。一般来说，浮游植物生物量是通过在光学显微镜下计数，并利用体积转化法进行计算的。此外，对浮游植物色素的分析也可用于其生物量的测定。由于 chl a 存在于所有的浮游植物中，因而大量研究其使表征浮游植物生物量。本节同时采用体积转化法和 chl a 替代这两种方法来确立鄱阳湖浮游植物生物量在时间（包括季节和年际）与空间上的分布状况，分析其群落结构差异性，并比较不同水文时期湖区及入湖河流两种生态系统中浮游植物生物量之间的差异。

4.2.1　季节变化

2009～2011 年，鄱阳湖浮游植物生物量的季节变化趋势如图 4-2 所示。浮游植物总生物量自冬季开始不断升高，在夏季达到最高值，为 0.256 mg/L，显著高于其他季节（$P<0.05$）；总生物量在秋季出现下降，仅为 0.158 mg/L。从 3 年平均数据来看，鄱阳湖浮游植物生物量相对较低，平均值仅为 0.20 mg/L，群落结构和总生物量均存在显著的季节变化，P 值分别为 0.0187 和<0.0001。造成季节性群落结构差异的物种主要为硅藻和隐藻（表 4-1），其中颗粒直链硅藻对季节群落结构差异性的贡献率最大，为 29.12%；其次是啮蚀隐藻（10.58%），变绿脆杆藻和尖针杆藻的贡献率也均在 9%以上。另外，除硅藻和金藻外，其他各门类的生物量均存在显著的季节差异（P 值均小于 0.05）。

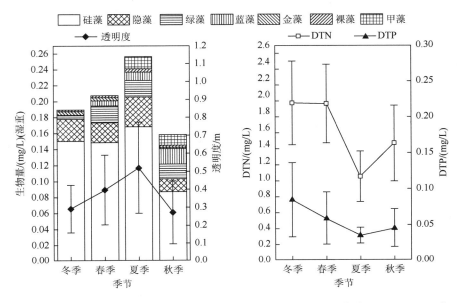

图 4-2　鄱阳湖浮游植物生物量、透明度、DTN 以及 DTP 的季节变化（2009～2011 年）

4.2.2　年际变化

在年际变化上，2010 年和 2011 年的浮游植物总生物量要明显高于 2009 年（图 4-3）；与 2009 年相比，2011 年浮游植物总生物量增加到 0.29 mg/L，相当于 2009 年的 7.6 倍。硅藻生物量的年际增加占总生物量增加的 73.8%，是导致总生物量逐年增加的主要原因；其次是隐藻和绿藻，它们的生物量也呈现出逐年上升的趋势。在本书研究的时间范围内，浮游植物的群落结构差异显著（$P = 0.0001$），主要是由颗粒直链硅藻、尖针杆藻、变绿脆杆藻以及啮蚀隐藻这些优势物种所引起的（表 4-1），这些物种的贡献率依次为 31.17%、9.36%、9.07% 和 9.36%。

4.2.3　空间变化

整体而言，浮游植物的平均总生物量在南部相对较高，在北部较低（图 4-4），最高值出现在蚌湖口（1.08 mg/L），超过其他各点位平均值的 7 倍之多；在 14# 点，平均总生物量仅为 0.027 mg/L，显著低于其他绝大多数点位。在北部，特别是在湖口至屏风山水域，即 11#、12#、13# 以及 14#，所有门类的生物量均出现了明显降低。与年际变化相似，硅藻、隐藻和绿藻共占所有 15 个点位总生物量的 75% 以上，同样也是造成浮游植物总生物量空间分布差异的主要原因。蓝藻和绿

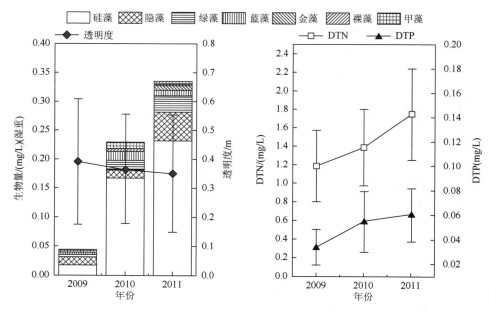

图 4-3　鄱阳湖浮游植物生物量、透明度、DTN 以及 DTP 的年际变化（2009～2011 年）

藻的相对生物量在北部区域的变化趋势截然相反，绿藻的相对生物量在北部明显下降，而蓝藻则明显上升（图 4-1）。其他各门类的相对生物量未发现明显的空间差异，8#与 1#、4#、5#、7#、10#、11#、12#、13#、14#以及 15#之间存在着显著的浮游植物群落结构差异，尖针杆藻、颗粒直链硅藻以及变绿脆杆藻对引起这些差异的贡献率较大（均＞10%）。其他各点位之间的浮游植物群落结构未发现显著差异（$P = 0.2371$）。

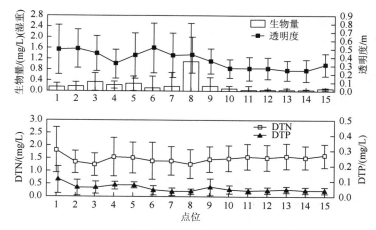

图 4-4　鄱阳湖浮游植物生物量、透明度、DTN 以及 DTP 的空间分布（2009～2011 年）

此外，由于鄱阳湖在丰水期湖泊面积达到最大，可达 4000 km²，为了更好地确定浮游植物在全湖的分布情况，我们在 2011 年 8 月和 2012 年 7 月对全湖开展了更大规模的监测，在原有 15 个监测点的基础上分别增加了 36 个和 48 个监测点，并根据各区域的特点将研究区域划分为 4 个部分：北部、中部、东部以及南部（附图 1）。这 4 个区域在一定程度上反映了鄱阳湖不同的水文条件等特征。北部位于通江区域，连接湖体及长江，湖体宽度较窄，各环境因素较为稳定，变化较小（Wu et al.，2013）。中部湖区占据了大部分研究区域，水深较深且营养盐浓度较高，其水体流速要低于北部和南部湖区（窦鸿身等，2003）。东部湖区处于相对静止的环境，与其他 3 个区域的水文条件差异较大。大量的上游来水从鄱阳湖的南部进入湖区。研究发现：在 2009～2012 年，鄱阳湖丰水期浮游植物 chl a 的平均浓度为 10.42 μg/L，其空间分布差异较为明显（图 4-5）。丰水期 chl a 最高浓度可达 34.37 μg/L，出现在东部，而观测到的最低值出现在北部，靠近鄱阳湖与长江的连接处，仅为 2.11 μg/L。区域上，东部 chl a 浓度的平均值最高（14.99 μg/L），且显著高于其他 3 个区域（图 4-6）；中部湖区次之，其同样显著高于北部（$P<0.001$）以及南部（$P=0.016$）；北部 chl a 浓度的平均值最低，仅为 5.61 μg/L，与南部之间不存在显著差异（$P=0.067$）。

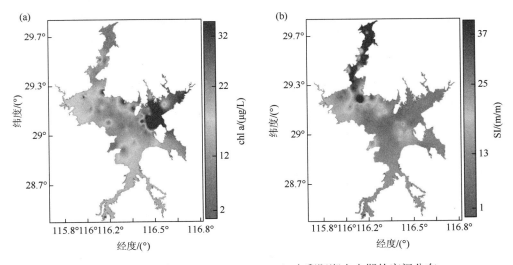

图 4-5   chl a 浓度以及 SI（shade index）在鄱阳湖丰水期的空间分布

数据基于 2009～2012 年所有监测的平均值

4.2.4   湖区及入湖河流的生物量比较分析

在枯水期，湖区的 chl a 浓度变化范围小（0.60～15.92 μg/L），且与入湖河流的 chl a 变化范围（0.20～11.72 μg/L）类似（图 4-7）。在半枯水期，chl a 在湖区

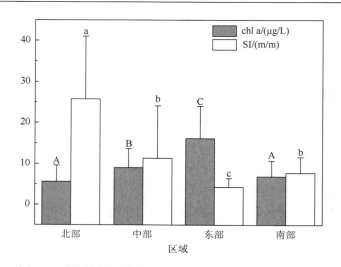

图 4-6　鄱阳湖四区域的 chl a 浓度以及 SI 的平均值及误差

大写字母（A、B、C）和小写字母（a、b、c）用来区分 chl a 和 SI，不同字母表示存在显著性差异

及入湖河流中的变化范围很类似，分别为 1.27～25.57 μg/L 和 0.69～20.31 μg/L。比较枯水期和半枯水期 chl a 浓度在湖区及入湖河流两种生态系统中的差异性时，发现其在两种生态系统中均不存在显著差异，P 值分别为 0.4674 和 0.6116（图 4-7）。湖区的 chl a 浓度最大值出现在丰水期，为 34.37 μg/L。同时，丰水期湖区的平均 chl a 浓度为 9.22 μg/L，显著高于枯水期和半枯水期。与入湖河流相比，湖区丰水期 chl a 浓度变化范围要大得多，为 1.29～34.37 μg/L，而入湖河流仅为 0.87～15.07 μg/L，两者之间的差异性极为显著。

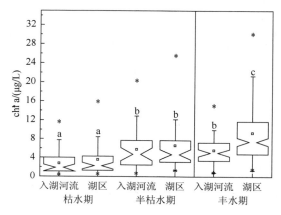

图 4-7　鄱阳湖湖区及入湖河流在枯水期、半枯水期及丰水期的 chl a 浓度变化

用不同字母标示的平均值表示存在显著差异（P＜0.05）

总体上，鄱阳湖浮游植物群落结构和生物量在时间和空间尺度上均存在较大差异，硅藻和隐藻是造成差异性的主要原因。鄱阳湖浮游植物生物量整体偏低，夏季丰水期相对较高，且空间分布差异较为明显，东部湖湾浮游植物生物量较高，显著高于其他 3 个区域，而北部通江区域较低。不同水文时期，在湖区与入湖河流之间的浮游植物生物量差异性不同，在丰水期湖区的浮游植物生物量要显著高于其入湖河流的浮游植物生物量，而在枯水期和半枯水期，浮游植物生物量在这两种生态系统中均不存在显著性差异。

4.3　鄱阳湖浮游植物动态的环境驱动要素

浮游植物的生长受到众多环境因子的影响，鄱阳湖的浮游植物群落结构及其时空变化特征则与其特殊的湖泊特性密切相关。本节主要从水下光照条件、营养盐以及水情条件等来阐述鄱阳湖浮游植物与环境因子之间的关系。

4.3.1　水下光照

鄱阳湖的营养盐浓度较高，但浮游植物生物量较低。本书认为，水下光照条件在调节浮游植物生长过程中起着重要的作用。从水体的透明度、浊度以及总悬浮物数据可以看出，鄱阳湖的真光层很浅。在选用透明度来表征水下光照条件时，发现其平均值仅为 0.37 m。季节上，鄱阳湖浮游植物生物量与透明度变化一致，均在夏季取得最高值，在秋季出现最低值（表 4-2）。在空间分布上，浮游植物生物量在南部较高，在北部较低，特别是在通江区域。这可能是由于南部具有较好的水下光照条件以及较高的营养盐浓度。同时，透明度的空间分布也能在一定程度上解释蓝藻和绿藻的相对生物量在北部区域截然相反的空间分布。在北部通江区域，蓝藻的相对生物量较南部有了明显增高，这可能是由于其能在较广的光照条件下生长（Oliver and Ganf, 2000；Reynolds, 1984），而较低的水下光照条件却不适宜绿藻的生长，导致绿藻相对生物量在南部较高，而在北部较低。

表 4-2　浮游植物七大门类生物量及总生物量与透明度、DTN 以及 DTP 之间的相关关系

生物量		环境因子		
		透明度	DTN	DTP
所有数据 (n = 180)	总生物量	0.419**	−0.171*	0.023
	硅藻	0.344**	−0.081	0.043

生物量		环境因子		
		透明度	DTN	DTP
所有数据 ($n=180$)	隐藻	0.348**	0.025	0.172
	绿藻	0.554**	−0.298**	−0.061
	蓝藻	0.447**	−0.379**	−0.127*
	金藻	0.119	0.019	0.008
	裸藻	0.161*	−0.132	−0.088
	甲藻	0.235**	−0.372**	−0.170*
按年平均 ($n=60$)	总生物量	0.635**	0.210	0.095
	硅藻	0.500**	0.055	0.223
	隐藻	0.606**	−0.231	0.031
	绿藻	0.623**	−0.350**	0.044
	蓝藻	0.345**	−0.574**	−0.020
	金藻	0.169	0.013	−0.167
	裸藻	0.260*	−0.252	−0.100
	甲藻	0.274*	−0.651**	−0.275**
按季节平均 ($n=45$)	总生物量	0.439**	0.234	0.500**
	硅藻	0.364*	0.344*	0.509**
	隐藻	0.386**	0.218	0.347*
	绿藻	0.647**	0.026	0.342*
	蓝藻	0.215	0.178	0.426**
	金藻	0.121	0.212	0.190
	裸藻	0.365*	−0.055	0.024
	甲藻	0.278	−0.145	0.130

* 为 $P<0.05$；** 为 $P<0.01$

浮游植物总生物量及绝大多数门类生物量均和透明度存在着较好的相关关系（表 4-2）。这些均在一定程度上反映了水下光照条件对藻类生长的影响。除了甲藻外，其他 6 个门类生物量以及总生物量均与透明度呈显著正相关（$P<0.05$）。为进一步探索浮游植物生物量与透明度在不同时间尺度上的关系，本书又将数据按照年际和季节进行平均，结果发现，在两种不同时间尺度上，透明度与总生物量以及三大主要门类（即硅藻、隐藻和绿藻）生物量仍存在显著的正相关关系。

此外，为了更好表征水体水下光照条件，本书还引入了 SI，用来表征水下光照条件，它的定义为某点位的水深（m）除以该点位的透明度（m）（Scheffer，2004；

Kosten et al.，2012）。丰水期的大规模监测发现：SI 在空间上的数值变化竟达 80 余倍，表征着鄱阳湖水下光照条件在空间上的明显差异（图 4-5）；整体上而言，SI 指标与浮游植物 chl a 浓度的空间分布相反，其在北部通江区域具有较高的分布，而在东南区域较低。区域上，东部湖区的 chl a 浓度整体偏高，SI 较低；但在北部湖区的 chl a 浓度最低，SI 指标相对较高（图 4-6）。从 4 个区域的平均的 SI 和 chl a 浓度来看，低的 SI 代表了较好的水下光照条件，与较高的 chl a 浓度具有较为一致的空间分布。选用营养盐指标（TN 和 TP）、pH、电导率、透明度以及 SI 作为自变量，chl a 浓度作为因变量进行多元逐步线性回归分析时发现，SI 是第一个进入模型的指标，且对 chl a 浓度的变化解释量最大（表 4-3，模型 1）。当考虑到区域差异时，我们发现 chl a 浓度与水下光照条件之间的相关关系不同。二者在北、东以及南部均呈显著相关，而在中部的相关性不显著（表 4-4）。在 4 个区域中，chl a 浓度与 SI 之间的 P 值均小于其与透明度之间的 P 值，表明 chl a 浓度与 SI 之间的关系均比其与透明度之间的关系更为紧密（表 4-4）。

表 4-3　基于全湖数据的 chl a 浓度（log（chl a + 1）µg/L）与各环境因子的线性模型

	线性模型	R^2	P
模型 1	$1.203^{***}-0.271^{***}\log(SI+1)$	0.155	<0.001
模型 2	$1.986^{***}-0.280^{***}\log(SI+1)-0.384^{**}\log(con+1)$	0.196	<0.001
模型 3	$0.408^{\#}-0.231^{***}\log(SI+1)-0.396^{**}\log(con+1)+1.630^{*}\log(pH+1)$	0.217	<0.001

注：$n=169$；回归系数的显著性表示***为 $P<0.001$；**为 $0.001<P<0.01$；*为 $0.01<P<0.05$；#为 $P>0.05$；con 为电导率

表 4-4　鄱阳湖丰水期 4 区域中水下光照条件（和 SI）与 chl a 浓度之间的 Spearman 秩相关系数和 P 值

区域	相关系数		P 值	
	透明度	SI	透明度	SI
北部	0.473	−0.716	0.003	0
中部	0.055	−0.153	0.657	0.218
东部	−0.392	0.451	0.024	0.008
南部	0.563	−0.577	0.003	0.002

同时，本书给出了 4 个区域各自的 SI-chl a 回归模型（图 4-8 和表 4-5）。模型的 R^2 值在北部湖区最高，为 0.588，在一定程度上表明北部湖区的 chl a 浓度变化在很大程度上取决于 SI，即水下光照条件；与此相类似，东部以及南部回归方程的 R^2 值也相对较高，分别为 0.304 和 0.321。所有回归方程的误差百分比，即 PE，

均在 50%左右，且北部、东部以及南部回归方程的 P 值都小于 0.05。在中部湖区，回归方程的 R^2 不足 0.02，在某种意义上表明 SI 不能很好地解释该区域的 chl a 浓度变化。

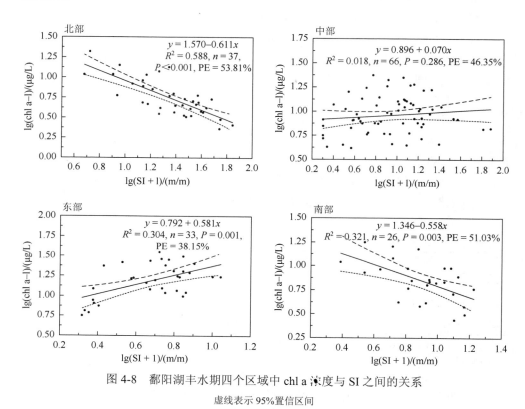

图 4-8　鄱阳湖丰水期四个区域中 chl a 浓度与 SI 之间的关系

虚线表示 95%置信区间

表 4-5　各区域的 chl a 浓度（lg（chl a + 1）μg/L）与各环境因子的线性模型

区域	线性模型	n	P	R^2	PE
北部	$1.570^{***}-0.611^{***}\lg(SI+1)$	37	<0.001	0.588	53.81%
中部	$1.903^{***}-0.466^{*}\lg(con+1)$	70	0.014	0.077	41.66%
东部	$0.792^{***}+0.581^{**}\lg(SI+1)$	33	0.001	0.304	38.15%
	$0.150^{\#}+0.795^{***}\lg(SI+1)+0.269^{**}\lg(TP+1)$	33	<0.001	0.481	31.91%
南部	$1.346^{***}-0.558^{**}\lg(SI+1)$	26	0.003	0.321	51.03%
	$2.420^{***}-0.597^{**}\lg(SI+1)-0.517^{*}\lg(con+1)$	26	0.001	0.443	36.80%

注：回归系数的显著性表示***为 $P<0.001$；**为 $0.001<P<0.01$；*为 $0.01<P<0.05$；# $P>0.05$

　　在北部和南部湖区，水下光照条件限制浮游植物生长的作用表现得尤为明显。这 2 个区域的浊度较高，SI 平均值分别为 25.66 m/m 和 7.76 m/m。根据未发表的数据显示，北部和南部湖区的平均无机悬浮物/总悬浮物分别为 85.05% 和 80.95%，表明水下光照条件不足主要是由非藻类物质所引起的，特别是砂子。同时，北部和南部这 2 个区域的流速要高于其他 2 个区域（窦鸿身和姜加虎，2003），表现出一定的河流特征。Reynolds 和 Descy（1996）也曾指出，在河流性生态系统中浮游植物的生长通常限制于光的有效性，这与我们的研究结果较为一致。

　　因此，本节初步认为以 SI 为代表的水下光照条件是决定鄱阳湖丰水期 chl a 浓度空间分布的关键因子。但从区域性来看，chl a 浓度与 SI 在各个区域之间的关系是不同的。在北部以及南部湖区，chl a 浓度与 SI 呈显著负相关（P 值分别为 P<0.001 和 P=0.003）；在东部湖区，chl a 浓度与 SI 之间的关系变成了显著正相关（P=0.001）；而在中部湖区，chl a 浓度与 SI 以及透明度之间均不存在显著相关性。

　　比较鄱阳湖和查帕拉湖的透明度和浮游植物生物量（以 chl a 数据代替）时，我们发现这 2 个湖泊的透明度相近，鄱阳湖的浮游植物生物量要略低一点，为 5.1 μg/L，查帕拉湖为 5.4 μg/L（Lind et al.，1992）。光能为藻类光合作用提供能量来源，是影响藻类生长的重要因素，且在光照条件较弱的环境下，能限制浮游植物的生长（Harris，1978；Herman and Luuc，1980；Reynolds，1984）。Dokulil（1984）曾报道，在浑浊的水体环境中，悬浮质影响光在水下的传递，从而改变了光谱组成。基于营养状态指数（trophic state index，TSI），Carlson（1992）提出了一种判定浮游植物生长限制因素的方法。根据该方法，本书计算了 TSI（chl a）–TSI（透明度）和 TSI（chl a）–TSI（TP）的值，分别为–18.74 和–4.4，表示在鄱阳湖浮游植物的生长受到水下光照条件不足的影响。事实上，鄱阳湖浑浊度较高可能是由多方面的原因造成的。首先，由于资源丰富，鄱阳湖的商业价值被大力开发，特别是挖沙和运输业；此外，鄱阳湖的水体流动性强，容易造成水体沉积物再悬浮，这也是形成高浊度的原因之一。窦鸿身和姜加虎（2003）曾指出，鄱阳湖北部水体的流速要大于南部，在一定程度上造成了透明度"南高北低"的分布格局。以上两点因素，即人类活动和水体流动，造成了鄱阳湖较为浑浊的水体环境，进而造成了水下光照条件不足。

4.3.2　营养盐

　　季节上，营养盐（DTN 和 DTP）与浮游植物的生物量变化相反（图 4-2），这可能与鄱阳湖全年较大的水位变幅有关。鄱阳湖与长江相通，水位的季节变化大，这也可能造成了营养盐在季节上对浮游植物生长的作用被水位变化所减弱或掩盖。根据鄱阳湖水文局星子站 2009～2010 年的水位数据，鄱阳湖的水位从冬季的 7.96 m 一直上升至夏季的 17.80 m，在秋季出现下降，平均值为 11.90 m。这与营养盐的季节变化截然相反。因此，本书推测水位是决定营养盐季节变化的主要原因；其他一些因素，包括春季的农耕施肥，也会将更多的营养盐带入湖体，造成 DTN 浓度在春季未出现明显的下降。仅从季节水平来看，营养盐对浮游植物的作用很可能被掩盖，甚至出现营养盐与生物量呈现负相关的现象。

　　为了考虑营养盐对浮游植物生物量的影响，本节同样分析了溶解性营养盐与生物量之间的相关关系（表 4-2），结果表明，DTN 与总生物量、绿藻、蓝藻以及金藻生物量呈现显著负相关（$P < 0.05$），而 DTP 与总生物量以及绝大多数门类生物量均不存在显著的相关关系。无论是从所有数据来看，还是将数据按年平均来分析，生物量与溶解性营养盐均不存在显著的相关关系。这似乎表明，在鄱阳湖，营养盐对浮游植物的影响没有其在其他生态系统研究中的那么重要。然而，在年际水平上，DTN 与浮游植物总生物量的主要贡献者——硅藻呈显著正相关（表 4-2）。此外，DTP 与总生物量及 3 大主要门类生物量呈显著正相关。

　　在研究过程中发现，浮游植物生物量和营养盐呈现一致的年际变化趋势。而透明度从 2009～2011 年基本保持不变，从而基本排除了水下光照条件对浮游植物生物量年际变化的影响。2009～2011 年，DTN 与 DTP 分别从 1.18 mg/L 和 0.034 mg/L 增加到 1.74 mg/L 和 0.060 mg/L。鄱阳湖营养盐浓度的年际增加可能是源于城市、农田以及人类活动导致的污染加剧。浮游植物生物量也有着较为明显的年际增长，从 0.044 mg/L 增加到 0.34 mg/L。另外，当将营养盐浓度和生物量按季节平均时，浮游植物总生物量以及部分门类生物量和 DTN 以及 DTP 浓度存在着显著正相关关系，特别是 DTP。该结果在很大程度上反映了营养盐对浮游植物生长的重要性。尽管在季节水平上未发现营养盐对浮游植物的影响，但从年际角度来看，营养盐浓度的增加的确刺激了浮游植物的增长。

　　在相对静水区，营养盐对浮游植物的生长作用影响表现得尤为明显。TP 在东部湖区对 chl a 浓度的变化起到了一定的解释作用，其解释量仅次于 SI（表 4-5）。东部湖区位于鄱阳湖的东部湖湾，水体相对静止，加上大型沉水植物，如苦草（*Vallisneria* spp.）以及轮叶黑藻（*Hydrilla verticillata*）也主要出现在东部湖区，降低了水体流速（Madsen et al., 2001），有利于提高水体的水下光照条件（Barko et al., 1991；Fonseca, 1996），造成其 SI 显著低于其他 3 个区域（所有 P 值均小于 0.001）。此外，在东部湖区，营养盐浓度相对较高，特别是磷浓度。东部的 pH 为 8.42，显著高于其他 3 个区域（所有的 P 值均小于 0.005），导致水体中可利用的 CO_2 降低，表明浮游植物和大型沉水植物的光合作用速率较强（Wetzel，1983）。尽管大型沉水植物能与浮游植物竞争光和营养盐，但是某些蓝藻能与大型沉水植物共存且成为优势种（Guseva and Goncharova，1965；Wetzel，1983）。与非藻类颗粒物一样，大量的藻类细胞也能增加光在水体中的衰减速率，造成浑浊的水体环境，特别是在富营养化湖泊中（Carlson，1977；Sterner et al.，1997；Tilzer，1988）。在夏季调查过程中，我们也常在东部湖区发现蓝藻水华。此前也有研究指出，在与河流相连的湖泊中，TP 在静水区对浮游植物的作用远大于流水区（Pan et al.，2009）。因此，东部湖区的光限制最小或者不存在且 TP 浓度较高，促使浮游植物大量生长其反过来影响水下光照条件。

4.3.3　水情条件

由于与长江相通，鄱阳湖的水情变化极为复杂，表现最为明显的就是水位的不断变化，其变幅为 5.25～12.18 m，水位的变化也导致了水体流速、交换时间等一系列水情因素的改变，直接和间接影响浮游植物群落结构。这里仅从水位和水体交换时间来探讨鄱阳湖水情条件对浮游植物的影响。

1. 水位

1）浮游植物群落结构

以水位 14 m 界定鄱阳湖高、低水位期。鄱阳湖水体水文及理化因子特征在不同水位期显著不同，具体表现为：高水位期，对应春末和夏季，水体温度较高，水流流速较缓，水体透明度较高，营养盐浓度较低；低水位期，对应秋末和冬季，水体温度较低，水流流速快，水体浑浊，营养盐浓度高。低水位期的低水温、高流速有利于浮游植物门类中硅藻类的生长，而高水位期的高水温、低流速、低营养盐有利于蓝藻类的竞争优势，限制了硅藻类的生长。因此，硅藻在低水位期占优，其生物量百分比均值为 44.9%，最大百分比值为 86.8%，出现在 2012 年 6 月初；蓝藻在高水位期占优，生物量百分比均值为 30.0%，最大值为 92.6%，出现在 2013 年 8 月（图 4-9）。鄱阳湖绿藻的生长萌发或与蓝藻相伴，或稍早于蓝藻，而隐藻在涨水期和退水期形成优势。

随着鄱阳湖高、低水位期的过渡转换，控制浮游植物生长的物理（如水温、光照）、水文（如流速）、化学（如营养盐）等因素的主导作用也在此消彼长。因此，鄱阳湖浮游植物各门类生物量水位响应的具体阈值范围也存在差异。当鄱阳湖水位处于 10 m 以下时，此时是鄱阳湖冬季和春季初，水温较低，冷水性

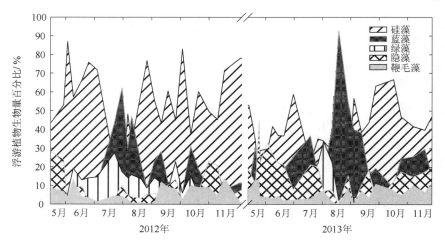

图4-9 2012～2013年鄱阳湖浮游植物生物量百分比-时间变化趋势

硅藻生物量随着水位的上涨而增加，其他藻类无响应；当水位继续上涨，超过10 m，但是低于14～15 m时，鄱阳湖水温增加，且随着流域营养盐的汇入，各门类生物量均表现出增长趋势，其中绿藻生物量增加较平缓，而蓝藻、硅藻生物量显著增加；当水位超过14～15 m后，除隐藻外，其他藻类生物量均显著减少（图4-10）。

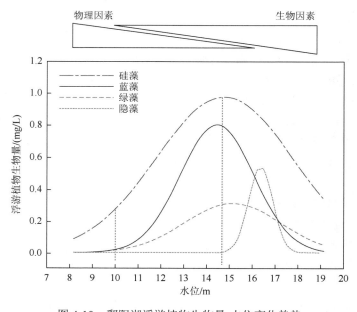

图4-10 鄱阳湖浮游植物生物量-水位变化趋势

比较鄱阳湖四个不同水位期（低水位期、涨水期、高水位期、退水期）硅藻生物量空间部分趋势发现，低、高水位期，硅藻生物量偏低。其中，低水位期鄱阳湖硅藻生物量变化范围为 0.31～4.47 mg/L，相较于同期其他监测点，南部湖区 PY1 号监测点硅藻生物量最高（图 4-11），而直链藻（*Aulacoseira* spp.）和双菱藻（*Surirella* spp.）在 PY1 号监测点占绝对优势，生物量分别为 1.45 mg/L 和 2.01 mg/L；随着鄱阳湖水位上涨，硅藻生物量增加，此时硅藻生物量范围值为 1.13～5.51 mg/L，最大生物量出现在 PY4 号监测点，直链硅藻（2.40 mg/L）和双菱藻（2.01 mg/L）是绝对优势种；高水位期，鄱阳湖硅藻生物量减小，变化范围为 0.12～2.82 mg/L，最高生物量出现在 PY4 号监测点，直链藻是绝对优势种；随着鄱阳湖水流逐渐消退，硅藻生物量增加，变化范围为 1.00～5.35 mg/L，最大生物量出现在 PY8 号监测点，其中直链藻和双菱藻在 PY8 号监测点占绝对优势，生物量值分别为 2.80 mg/L 和 2.89 mg/L。总之，涨、退水期，因鄱阳湖洪水脉冲作用，大量流域内营养盐和河流型硅藻被携带入湖，使湖泊主河道内浮游硅藻生物量增加，加之此阶段鄱阳湖底泥再悬浮，底栖类硅藻对鄱阳湖总的硅藻生物量也产生了重要贡献。另外，涨、退水时期也正是春秋季，适宜的水温有利于硅藻的繁殖。低水位期的低水温不利于硅藻繁殖，因此生物量偏低；而高水位期水体的稀释和冲刷作用，使鄱阳湖硅藻生物量减少。

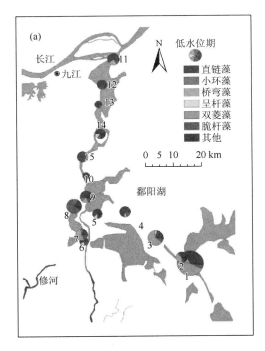
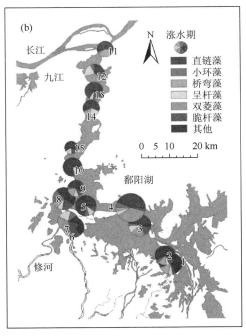

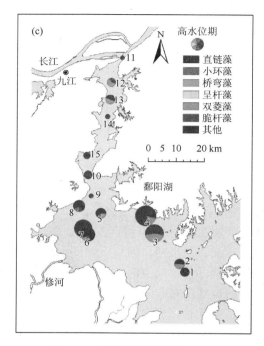
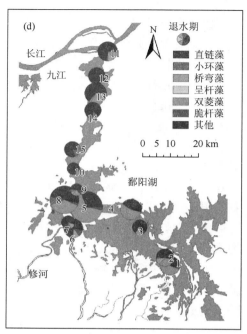

图 4-11 鄱阳湖低水位期、涨水期、高水位期及退水期硅藻生物量空间变化趋势

2）浮游植物功能类群

浮游植物功能类群分类法是以浮游植物的功能性特征，包括形态、生理、生态特性为基础，将统一生境下共存的浮游植物归为一类，同组内的浮游植物通常具有相似的环境适应性特征。目前由 Reynolds 等（2002）和 Padisák 等（2009）确定的 39 个组是应用最广的功能类群分类标准。

鄱阳湖星子至都昌水域，2012 年 5 月～2013 年 12 月不同水位期浮游植物群落结构特征明显，如表 4-6 所示。浮游植物功能类群 P 型、M 型、L_M 型是高、低水位期的共同优势类群。低水位期的典型功能类群为 P 型（直链硅藻（*Aulacoseira granulate*））、Y 型（隐藻（*Cryptomonas* spp.））、MP 型和 T_B 型（双菱藻（*Surirella* spp.））、M 型和 L_M 型（微囊藻（*Microcystis* spp.））以及 H1 型（鱼腥藻（*Anabeana* spp.））；高水位期，直链硅藻和微囊藻的生物量百分比分别增加至 39.8% 和 12.7%，典型功能类群为 P 型（直链硅藻）、M 型和 L_M 型（微囊藻）、Y 型（隐藻）、G 型（实球藻（*Pandorina* spp.）、空球藻（*Eudorina* spp.））和 H1 型（鱼腥藻）。根据 Reynolds 等（2002）和 Padisák 等（2009）对浮游植物不同功能类群的描述，MP 型和 T_B 型浮游植物适应流动水体环境，P 型、M 型、L_M 型、H1 型和 Y 型浮游植物适应营养充足的富营养、超富营养水体环境，G 型浮游植物适应营养充足的静止水体环境。结合浮游植物功能类群的生境特点和鄱阳湖水环境特征可见，MP

型和 T_B 型浮游植物低水位期的大量出现是对此时鄱阳湖高流速水环境的响应,而 G 型浮游植物高水位期的出现是对此水位期鄱阳湖低流速、相对静止水环境的响应。另外,P 型、M 型、L_M 型、H1 型和 Y 型浮游植物的大量存在证实了鄱阳湖已经是一个富营养化的湖泊。

表 4-6　鄱阳湖高、低水位期浮游植物代表类群生物量百分比及功能类群组成

代表类群	生物量百分比/%		功能类群代码
	低水位	高水位	
颗粒直链硅藻 Aulacoseira granulate**	28.7	39.8	P
双菱藻 Surirella spp.**	8.6	0.6	MP & T_B
脆杆藻 Fragilaria spp.**	2.4	0.5	P & T_B
梅尼小环藻 Cyclotella meneghiniana**	2.3	0.8	C
针杆藻 Synedra spp.	2.2	2.0	D
桥弯藻 Cymbella spp.	1.1	0.4	MP
四棘藻 Attheya**	0.2	1.8	
微囊藻 Microcystis spp.**	8.5	12.7	M & L_M
鱼腥藻 Anabaena spp.*	8.3	6.8	H1
席藻 Phormidium spp.**	4.8	0.5	T_C
浮丝藻 Planktothrix*	3.2	2.1	
隐藻 Cryptomonas spp.	12.4	10.2	Y
栅藻 Scendesmus	1.3	1.0	
实球藻 Pandorina spp.*	1.2	2.2	G
纤维藻 Ankistrodesmus spp.**	1.1	0.2	X1
鼓藻 Cosmarium spp.**	0.9	1.1	N
空球藻 Eudorina spp.**	0.7	5.6	G
裸藻 Euglena spp.**	3.2	0.5	W1
多甲藻 Peridinium spp.**	1.7	3.0	L_O
角甲藻 Ceratium spp.	1	1.7	L_M
总计	93.8	93.5	

* 表示 K-W 检验 $P<0.05$;** 表示 K-W 检验 $P<0.01$

3)浮游植物 chl a 浓度

鄱阳湖水位值与 chl a 浓度($R^2=0.41$,$P<0.0001$)、透明度($R^2=0.17$,$P=0.0039$)显著正相关,与氮形态营养盐浓度(NO_x-N:$R^2=0.15$,$P=0.0098$;NH_4^+-N:$R^2=0.37$,$P<0.0001$;TN:$R^2=0.59$,$P<0.0001$)显著负相关,与磷形态营养盐浓度(PO_4^{3-}-P、TP)不相关。chl a 浓度与水温值($R^2=0.30$,$P<0.0001$)

和透明度（$R^2 = 0.29$，$P < 0.0001$）显著正相关，与氮形态营养盐浓度（NO_x-N：$R^2 = 0.25$，$P = 0.003$；NH_4^+-N：$R^2 = 0.17$，$P = 0.0176$；TN：$R^2 = 0.22$，$P = 0.0007$）和 TN/TP 质量比（$R^2 = 0.18$，$P = 0.011$）显著负相关，与磷形态营养盐浓度（PO_4^{3-}-P、TP）不相关（表 4-7）。

表 4-7　鄱阳湖水位值、chl a、透明度、浊度及营养盐指标之间回归趋势方程 $y = ax + y_0$ 中各参数值

x	y	R^2	P	y_0	a
水位	透明度	0.17	0.0039	0.129	0.012 ± 0.003
水位	TN	0.59	<0.0001	2.956	-0.010 ± 0.012
水位	NO_x-N	0.15	0.0098	1.464	-0.033 ± 0.012
水位	NH_4^+-N	0.37	<0.0001	0.780	-0.037 ± 0.007
水位	chl a	0.41	<0.0001	-1.340	0.542 ± 0.095
水温	chl a	0.30	<0.0001	0.397	0.264 ± 0.058
透明度	chl a	0.29	<0.0001	1.745	14.212 ± 3.270
TN	chl a	0.22	0.0007	11.656	-3.390 ± 0.937
NO_x-N	chl a	0.25	0.003	13.455	-6.153 ± 1.909
NH_4^+-N	chl a	0.17	0.0176	8.908	-8.478 ± 3.382
TN/TP	chl a	0.18	0.011	8.570	-0.151 ± 0.056
Turb	TN	0.19	<0.0001	-19.549	79.744 ± 12.517

注：x 为自变量；y 为因变量；R^2 和 P 值均为统计变量；y_0 为截距；a 为斜率

鄱阳湖浮游植物 chl a 浓度受水温、透明度和氮营养盐等多种环境因素的协同影响。首先，鄱阳湖水位波动与水温变化具有一致性，高水位对应高水温，反之，低水位对应低水温，高水温湖泊环境促进了浮游植物的生长繁殖。其次，鄱阳湖水位波动加强了高水温促进浮游植物生长的这种效应。主要原因是，高水位期，鄱阳湖水流流速变缓，且水体透明度提高，平静的水环境加之充足的水下光照均有利于浮游植物，特别是蓝藻的繁殖聚集。另外，鄱阳湖 chl a 浓度与氮营养盐指标显著负相关，与磷营养盐指标不相关，说明鄱阳湖水位波动和高水位的稀释作用会掩盖营养盐浓度对浮游植物生长的影响。

2. 水体交换时间

由于鄱阳湖水文条件变化急剧，本书分别计算了丰水期、枯水期以及半枯水期湖区的水体交换时间。本书中，水体交换时间的计算是基于长时间序列数据，根据都昌站 1955~2011 年的水位数据，算得其月平均水位，再根据鄱阳湖容积-水深图而得到湖泊容积 W。选取都昌站作为代表是由于都昌站位于鄱阳湖北岸，

靠近大湖面，对主湖区水位变化具有一定的代表性，且长江水位涨落对其影响较小（闵骞，1995）。我们收集鄱阳湖与长江连通处——湖口的月平均流速 Q（图 4-12），进而算得鄱阳湖各月的水体交换时间。丰水期的水体交换时间是 7 月和 8 月水体交换时间的算术平均值；枯水期和半枯水期的水体交换时间则分别为 1 月和 10 月的水体交换时间。

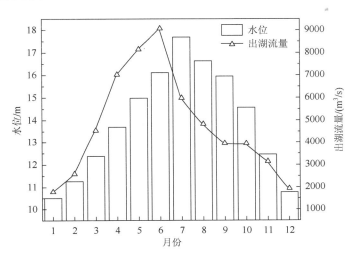

图 4-12　1955～2011 年鄱阳湖月平均水位变化（基于都昌站观测资料）以及出湖流量

　　计算结果表明，在枯水期和半枯水期，流速分别为 1799 m³/s 和 3942 m³/s。在不同的水位情况下，水体交换时间变化较大，枯水期和半枯水期分别为 2.7 d 和 12.5 d。丰水期，湖区流向长江的平均流速为 5406 m³/s，水体交换时间为 25.5 d，分别是半枯水期和枯水期的 2 倍和 9 倍之多。鄱阳湖的水体交换时间是随着水位变化而不断改变的，其在枯水期和半枯水期较低，分别为 2.7 d 和 12.5 d，而在丰水期却达到 25.5 d。根据本书的计算结果，鄱阳湖平均的水体交换时间为 13.6 d，与朱海虹和张本（1997）指出的鄱阳湖的水体交换时间为 10 d 左右较为一致，远不及非通江湖泊——太湖和巢湖（264 d 和 127 d）（金相灿等，1990）。如前文所述，在枯水期和半枯水期，水能自由地从鄱阳湖流入长江，导致其水体交换时间在低水位时较短。然而，在丰水期，鄱阳湖与长江的水位较为平衡，甚至会发生长江倒灌鄱阳湖的现象，因此其水体交换时间相对较长，有利于浮游植物的生长（Sullivan et al.，2001）。

　　较快的水体交换时间可能是造成鄱阳湖在营养盐浓度相对较高的状况下，浮游植物生物量相对较低的重要原因之一。在 2009～2011 年，鄱阳湖平均的 TN、TP 浓度分别为 1.712 mg/L 和 0.090 mg/L，但其生物量除 8# 以外，均不超过 0.4 mg/L。此外，水体交换时间在影响鄱阳湖湖区及其入湖河流之间的浮游植物 chl a 浓度是否存在显著差异中起着至关重要的作用。本书研究发现，在丰水期湖区的 chl a 浓度要显著高于其入湖河流；相反的，在枯水期和半枯水期，这两种生态系统中的 chl a 浓度均不存在显著性差异（图 4-13）。

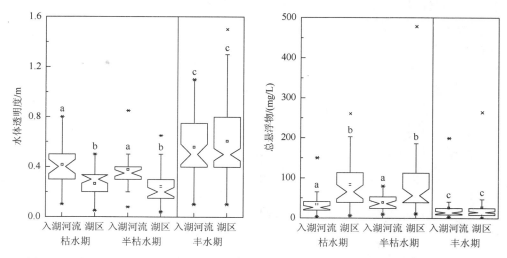

图 4-13　鄱阳湖湖区及入湖河流在枯水期、半枯水期及丰水期的水体透明度和总悬浮物变化

用不同字母（a，b，c）标示的平均值表示存在显著差异（P＜0.05）

在湖区，枯水期和半枯水期的透明度较接近，分别为 0.26 m 和 0.24 m，悬浮物浓度差异也不明显。在枯水期和半枯水期，湖区及入湖河流之间的透明度以及悬浮物浓度均存在显著差异（图 4-13），这表示在这两个时期，入湖河流的水下光照条件均要优于湖区。除了 NO_3^--N 和 NO_2^--N，其他所有观测的营养盐浓度指标均随着水位的上升而下降（图 4-14）。无论是在枯水期还是在半枯水期，入湖河流中的营养盐浓度均要高于湖区（枯水期的 TN、NO_2^--N 和 NO_3^--N 除外）。水温方面，湖区在枯水期和半枯水期的平均值分别为 5.55℃ 和 22.07℃，入湖河流的平均水温则分别为 6.62℃ 和 22.69℃，同一时期两种生态系统中水温较为接近。

丰水期，湖区的透明度平均值为 0.61 m，显著优于其他两个时期（P 值均小于 0.001）；悬浮物浓度在丰水期显著下降（P 值均小于 0.01）。在入湖河流中，透明度和悬浮物浓度的变化趋势与湖区相同（图 4-13）。比较湖区和入湖河流这两种生态系统的透明度和悬浮物浓度时，我们发现这两个指标均不存在显著差异。在湖区，营养盐指标（除了 NO_2^--N）均在丰水期，即水位最高时，取得了最低值（图 4-14）。在入湖河流中，我们观测到了同样的现象。丰水期，入湖河流中的营养盐浓度均要高于湖区。丰水期，湖区水温平均值为 30.61℃，而入湖河流水温平均值为 30.49℃。

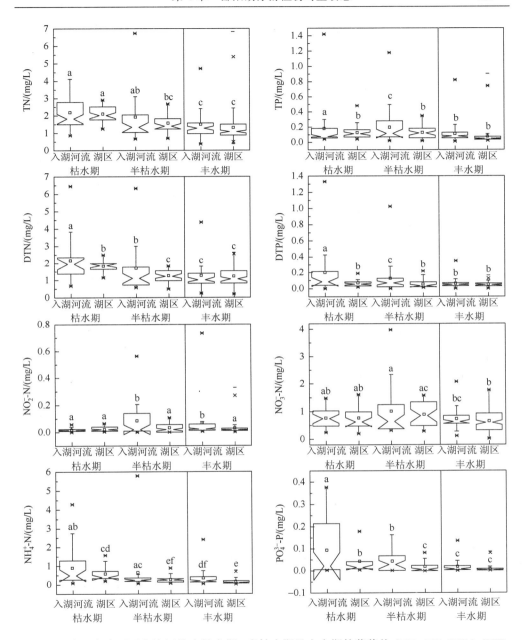

图 4-14　鄱阳湖湖区及入湖河流在枯水期、半枯水期及丰水期的营养盐（TN、TP、DTN、DTP、NO_2^--N、NO_3^--N、NH_4^+-N 和 PO_4^{3-}-P）变化

用不同字母（a，b，c，d，e，f）标示的平均值表示存在显著差异（$P < 0.05$）

相关分析结果显示，在不考虑水位的情况下，湖区 chl a 浓度与水体透明度呈

显著正相关，与悬浮物浓度以及绝大多数营养盐指标（如 TN、TP、DTN、DTP、NO_2^--N、NO_3^--N、NH_4^+-N 和 PO_4^{3-}-P）呈显著负相关（表 4-8）。在丰水期，湖区的 chl a 浓度与透明度、悬浮物浓度以及几个营养盐指标（TN、NO_2^--N、NO_3^--N 和 PO_4^{3-}-P）存在显著的相关性；在其他时期，chl a 浓度与以上列举的营养盐指标的相关关系均不显著（枯水期的 TN 和 DTP 除外）。在入湖河流中，枯水期、半枯水期和丰水期均未发现 chl a 浓度与透明度、悬浮物浓度存在显著的相关关系（除了在丰水期，悬浮物浓度与 chl a 浓度显著负相关）。在入湖河流中，3 个时期均很少发现有营养盐指标与 chl a 有显著的相关关系。

表 4-8　chl a 浓度与水体透明度、悬浮物浓度以及营养盐浓度（mg/L）之间的 Spearman 秩相关关系

项目	鄱阳湖湖区				入湖河流			
	综合	枯水期	半枯水期	丰水期	综合	枯水期	半枯水期	丰水期
透明度	0.432**	−0.193	0.204	0.301**	0.223*	0.128	0.296	0.221
悬浮物	−0.424**	0.163	−0.174	−0.260**	−0.272**	0.108	−0.329	−0.427**
TN	−0.334**	0.423**	−0.124	−0.184*	−0.207*	−0.205	0.1	−0.065
TP	−0.219**	0.198	−0.032	−0.066	−0.1	−0.164	0.212	−0.219
DTN	−0.202**	−0.256	−0.243	−0.044	−0.17	−0.409*	0.088	−0.042
DTP	−0.159*	−0.470*	−0.131	−0.024	−0.178	−0.677**	0.278	−0.22
NO_2^--N	−0.209**	0.047	−0.038	−0.281**	0.206*	−0.025	0.410*	−0.074
NO_3^--N	−0.317**	−0.094	−0.304	−0.344**	−0.136	0.195	−0.045	−0.077
NH_4^+-N	−0.337**	−0.141	0.297	−0.145	−0.278**	−0.046	0.251	−0.195
PO_4^{3-}-P	−0.348**	−0.285	−0.058	−0.195*	−0.177	−0.316	0.339	−0.167

*为 $P<0.05$；**为 $P<0.01$

　　因而，在试图解释不同水文时期浮游植物生物量在湖区和入湖河流间差异性不同这一现象时，我们发现同一时期，水温在两种生态系统较为接近，水下光照条件和营养盐也均不是导致该现象的因素。在枯水期和半枯水期，河流的水下光照条件均要强于湖区，二者的水下光照条件在丰水期非常接近。在 3 种水位时期，河流中的营养盐浓度几乎均要高于湖区。此外，在湖区，与 chl a 浓度存在显著相关性的理化因子在丰水期较多，而在枯水期和半枯水期较少；在入湖河流中，无论是在哪个时期，与 chl a 浓度存在显著相关性的理化因子均较少。这些结果均在一定程度上表明，在枯水期和半枯水期的湖区以及 3 个时期的入湖河流中，chl a 浓度受光照以及营养盐的影响较小。有研究曾指出，在快速冲刷的生态系统中，水文条件（如水体交换时间）是决定浮游植物生长的重要因素（Hein et al.，1999；Søballe and Kimmel，1987；Zeng et al.，2006）。因此，本书推测水文条件，特别是水体交换时间，是影响枯水期和半枯水期的湖区以及 3 个时期入湖河流中浮游植物生长的主要因素。有研究指出，水体交换时间能有效地指示水域生态系统之间的相似性和差异性（Søballe and Kimmel，1987）。如上所述，鄱阳湖的水体交换时间是随水位变化而不断改变的。计算入湖河流的水体交换时间存在一定的难度，但根据我们在该流域的工作经验以及其他地区的相关研究（Søballe and Kimmel，1987），其水体交换时间很快，很可能只有几天左右。由于在枯水期和半枯水期，入湖河流及湖区的水体交换时间均较短，不利于浮游植物的生长，导致浮游植物 chl a 浓度在这两种生态系统之间不存在显著差异。相比之下，丰水期湖区的水体交换时间相对较长，使得浮游植物在湖区有了较好的生长，chl a 浓度增长较为明显。该发现与前人在相似的生态系统中所做的研究结果较为一致（García de Emiliani，1990；García de Emiliani，1997）。

4.3.4　其他因素

河流冲刷也能在一定程度上降低浮游植物 chl a 浓度。当将南部湖区与北部湖区进行比较时，我们发现，在北部，SI 对 chl a 浓度变化的解释量大于南部。此外，北部湖区的 SI 显著高于南部湖区（$P < 0.001$），但二者之间的 chl a 浓度却没有显著差别（$P = 0.067$）。北部湖区位于通江区域，水体的水文条件和营养盐状态与南部湖区极为相似（Wu et al.，2013）。由于接受上游入湖河流来水，南部湖区的水环境状况，特别是水文条件（如水量和流速），都较为复杂。Burford 等（2012）曾发现，河流的冲刷作用能导致水体中浮游植物 chl a 浓度的下降。因此，根据该结论，河流冲刷能在一定程度上解释为什么南部的水下光照条件要明显优于北部，但两者之间的 chl a 浓度却不存在显著差异的现象。

至于中部湖区，本书在研究过程中尚未发现 chl a 浓度与环境因子之间存在显著的相关关系。虽然通过逐步线性回归发现电导率能进入模型，但其对 chl a 浓度的解释非常有限。造成未发现环境因子能较好解释该区域 chl a 浓度变化的原因可能是源于中部湖区本身的固有特征。中部湖区占据着大部分的研究区域，其绝大部分环境因子的变化幅度较大，反映了该区域较高的空间异质性。与南部湖区类似，部分上游支流来水经此区域流入湖区，在一定程度上降低了 chl a 浓度与 SI 之间的相关性。人类活动在调控该区域浮游植物生长过程中也起到了一定的作用。采砂作业在中部湖区较为普遍，特别是在丰水期。在如此复杂的区域中，chl a 浓度的变化可能取决于众多环境因子的共同作用，如支流径流、风力以及采砂等，这些均有待于进一步的研究。

4.4　鄱阳湖藻类水华新记录种特征分析

一般来说，水华是指在一定的情况下，水体中的各方面条件（包括物理、化学以及生物）均适宜某些藻类的生长，导致藻类的生物量显著增长，高于一般水体的平均值，并在水体表面大量聚集，形成肉眼可见的藻类聚积体（Oliver and Ganf，2000；孔繁翔和高光，2005）。藻类水华是与富营养化密切相关的一个普遍现象，其中蓝藻水华是国内外富营养化湖泊中最常见的水环境问题。鄱阳湖出现了一些藻类水华现象，除了在其他富营养化湖泊中比较常见的微囊藻水华外，还发现 2 种藻类水华新纪录种，分别是水网藻（*Hydrodictyon reticulatum*）、旋折平裂藻（*Merismopedia convoluta*）。就在水体中的生活方式而言，水网藻应属于着生藻类，此处为叙述方便，将其与旋折平裂藻一起介绍。

4.4.1　水网藻水华

1. 水网藻特征及分布

2013 年 5 月对鄱阳湖进行监测中发现藻类水华，经实验室鉴定为水网藻水华。现场水华照片如图 4-15 所示。经实验室显微镜镜检发现，造成鄱阳湖水华的藻类是水网藻（图 4-15）。水网藻隶属于绿藻门（Chlorophyta）绿藻纲（Chlorophyceae）水网藻科（Hydrodictyaceae）水网藻属（*Hydrodictyon*）。植物体细胞呈圆柱形到宽卵形，以其两端的细胞壁连接成网，网眼多为五边或六边（胡鸿钧和魏印心，2006），细胞长 130～590 μm，宽 30～60 μm。

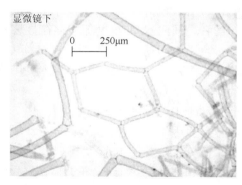

图 4-15　鄱阳湖水网藻水华现场及显微镜照片

本书利用卫星获得了水华发生当天的遥感影像（图 4-16）。水网藻水华主要分布在近岸区 A 和落星墩附近 B，面积分别约为 $1.77 \times 10^5\,m^2$ 和 $8.78 \times 10^4\,m^2$，合计约 $2.6 \times 10^5\,m^2$（图 4-17）。另外，由落星墩往老爷庙方向，途中也发现有大量绿色漂浮物，面积约为 $3 \times 10^4\,m^2$，经鉴定同为水网藻。由于卫星的最小分别率为 $30\,m \times 30\,m$，较小的水华斑块未在遥感影像中反映出来，因此实际水华分布面积可能更大。

图 4-16　鄱阳湖发生水网藻水华时的卫星影像

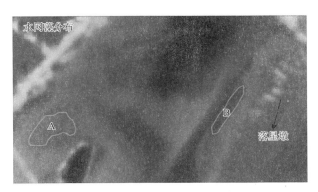

图 4-17　鄱阳湖水网藻水华空间分布（A 和 B 为水网藻水华主要分布区域）

2. 水网藻的生境

鄱阳湖发生水网藻水华时的水体理化参数经过测定分别为：风速 2.40 m/s、风向 SSE、水深 8.10 m、透明度 0.60 m、水温 23.29℃、DO 9.04 mg/L、电导率 116.90 μS/cm、pH 8.76、浊度 19.80 NTU、DTN 0.74 mg/L、NO_3^--N 0.23 mg/L、

NO_2^--N 0.026 mg/L、NH_4^+-N 0.29 mg/L、DTP 23.00 μg/L、PO_4^{3-}-P 5.00 μg/L。水网藻分布范围较广，Dineen（1953）在池塘中发现过水网藻。此外，水网藻在湿地、湖泊以及稻田等生态系统中也均出现过（Pocock，1960；Kimmel，1981；Thomas，1963）。在亚洲，水网藻常见于稻田中（Pocock，1960）。胡鸿钧和魏印心（2006）指出，水网藻常见于静止水体中。鄱阳湖与长江相通，水体具有一定的流速，且藻类以硅藻为主，水网藻所占比例极少（Wu et al.，2013；朱海虹和张本，1997）。

水网藻水华发生在 5 月中旬，此时鄱阳湖流域降水增多。降水过程极有可能将水网藻从稻田等静止水体带入河流并流入鄱阳湖中。另外，枯水期鄱阳湖由于退水形成众多的小水洼同样适合水网藻的生长，在涨水过程中，也有可能迁移至湖区。老爷庙附近由于其特殊的水文条件，形成一个相对静水区，且落星墩附近的水网藻水华斑块也靠近近岸区，水体流速极小，有利于水网藻的聚集生长。另外，鄱阳湖水体自南向北流动，有利于水网藻从老爷庙向落星墩方向迁移。

水网藻在春、夏季节生长快速，冬季却生长缓慢，这可能是由于其对温度和光照的需求较高（Hall and Payne，1997）。王朝晖等（1999a）研究发现，当水温处于 10～31℃时，水网藻均能生长，最适温度为 25℃，这与 Hawes 和 Smith（1993）的研究结果一致。本书在鄱阳湖发现水网藻水华时，水温为 23.39℃，接近前人研究发现的水网藻的最适生长温度，为水网藻的快速增长提供了良好的物理条件。

在实验室内，水网藻可以在水中溶解性无机氮浓度（DIN）低至 0.1 mg/L 的条件下生长，且生长速率与氮浓度呈显著相关（Hawes 和 Smith，1993）。Hall 等指出，在野外条件下，当 DIN 浓度大于 0.03 mg/L 时，水网藻即可生长（Hall et al.，1995）。有研究表明，水网藻生长所需的 DIN 饱和浓度为 0.2 mg/L（Hall and Payne，1997）。本书研究中水网藻水华发生时，水体中 DIN 浓度为 0.55 mg/L，远高于前人研究所得出的水网藻生长的最低饱和浓度，满足了水网藻生长过程中对氮的需求。王朝晖等（1999a）曾指出，水网藻能在一定的磷浓度（0.05～3.72 mg/L）下生长，但未明确指出磷浓度的具体形态，因而本书无法与其进行比较。从现场和实验室分析的理化指标来看，合适的温度、充足的营养盐以及流速较小的环境可能是造成水网藻水华的主要原因，但其具体的发生机制仍有待于进一步研究。

3. 水网藻水华对鄱阳湖的影响

目前，国内外对于水华的研究主要集中于蓝藻水华，特别是微囊藻以及鱼腥藻水华（Chen et al.，2003；Tsujimura and Okubo，2003）。然而，藻类中的绿藻门、硅藻门、甲藻门和蓝藻门等在满足其自身生长条件下都能发生水华（汤宏波等，2007；王岚等，2009；邱光胜等，2011）。水网藻水华在国外报道较多，在国内鲜有报道（Flory and Hawley，1994；Thomas，1963），因而国内有关水网藻水华对水域生态系统影响的研究极少。国外学者曾研究发现，水网藻对水体中营养盐的吸收能力较强（Starý et al.，1987a；Starý et al.，1987b），且水网藻繁殖能力强，能在一定程度上降低水体营养盐浓度。王朝晖等（1999a）研究表明，水网藻在较高和较低的营养盐浓度下均能生长。由于我国湖泊富营养化情况越来越严重，国内学者对水网藻的研究也主要集中于将其应用于控制水体富营养化上（王朝晖等，1999b；林秋奇等，2001）。鄱阳湖营养盐浓度较高，2009～2011 年年际平均 TN 浓度为 1.719 mg/L，TP 为 0.090 mg/L，且有逐年增加的趋势（Wu et al.，2013）。根据 OECD（1982）提出的营养状态划分标准，鄱阳湖目前处于富营养化状态。因此，水网藻水华的发生在一定程度上有利于降低鄱阳湖营养盐水平。

水网藻水华对鱼类和某些无脊椎动物也是有益的。水网藻能为腹足类（如螺类）提供栖息地和主要的食物来源，而作为鳟鱼的主要食物来源，腹足类的数量又在一定程度上影响鱼类的生长（Wells and Clayton，2001）。Thomas（1996）曾指出，当发生水网藻水华时，虹鳟和棕鳟的大小和数量均有所增加。然而水网藻水华对水生态系统也会造成一定的负面影响。水网藻水华会造成水下光照和氧气不足，进而造成湖区大型植物的消亡，且当水网藻腐烂时会造成局部缺氧环境，从而对底栖生物群落等产生不利的影响（Hawes et al.，1991）。此外，大面积的水网藻分布也在一定程度上妨碍鄱阳湖的捕鱼等人类活动。

4.4.2　旋折平裂藻

1. 旋折平裂藻的特征

2011 年 8 月对鄱阳湖进行全湖大调查时发现湖心出现了平裂藻水华，鉴定其种类为旋折平裂藻。旋折平裂藻（*Merismopedia convoluta*）隶属于蓝藻门（Cyanophyta）色球藻目（Chroococcales）平裂藻科（Merismopediaceae）平裂藻亚科（Merismopedioideae）平裂藻属（*Merismopedia*）。藻体自由漂浮，含无色、较薄的胶被，群体中细胞排列整齐，细胞长圆形，长大于宽，宽约 3 μm，长约 4 μm，原生质体均匀，呈浅蓝绿色，群体较大，边长能达 300 μm 以上，有些甚至能达到上千个细胞，其最明显的特点是边缘部卷折（图 4-18）。

Kützing 于 1849 年发现旋折平裂藻并给其命名，Tiffany 等在 1931 年对北美伊利湖中新藻种的记录中对它的形态特征进行了详细描述（Tiffany and Ahlstrom，1931），Komárek 的色球藻专著中也介绍了旋折平裂藻的形态和生境，即由许多细胞（560 细胞以上）形成平直、卷曲或弓形状的大群体，有透明胶被和明显边缘，其生境为静止或流动的淡水水体，通常生长有水生植被，零星分布，主要分布在

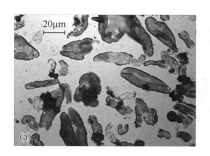

图 4-18　旋折平裂藻显微照片

（a）群体；（b）细胞排列

热带地区（Komárek and Anagonstidis，1999）。《中国淡水藻类志》（朱浩然等，1991）和《中国淡水藻类——系统、分类及生态》（胡鸿均和魏印心，2006）对旋折平裂藻形态特征也做了详细描述，二者的描述基本一致，且描述的藻细胞大小大于 Tiffany 的描述，但本书中的细胞大小与 Tiffany 的描述相似。《中国淡水藻类——系统、分类及生态》还介绍了旋折平裂藻的生境，即一般生长于各种静水水体，如湖泊、池塘、水洼和稻田中，繁殖旺盛时，可在水面形成橄榄绿色的膜层，漂浮于水面，但常混杂于其他藻类之间，数量也少（胡鸿均和魏印心，2006）。

2. 鄱阳湖旋折平裂藻的分布

经 2011 年 8 月全湖大监测的调查以及鄱阳湖站秋季 10 月常规监测，共发现有旋折平裂藻分布的点为中心湖区的 PY44、PY45，周溪内湾的 PY36，三条入湖河流——赣江南支（PY21）、抚河（PY22）、信江（PY23）的入湖口（图 4-19）。在 PY45 用 25 号浮游生物网表层拖取后发现有大量肉眼可见的大群体，群体直径可达 2 mm（图 4-19），但定量样品由于在水下 0.5 m 采集，可能没有将水表面漂浮的水华采集到，因此定量计数的值偏低（表 4-9）。

3. 旋折平裂藻的生境

将由旋折平裂藻分布点位的环境因子与其他点位的相比较，筛选出以上几个与其他点有明显差异的因子（表 4-10），即水深比较浅、水质较清、透明度比较高、浊度低、溶解氧含量较高，特别是发生旋折平裂藻的 PY45 点位，水深 0.9 m，透明度能见底。此外，这几个点位的 pH 相对都比较高，为弱碱性；PY45、PY44、PY21 的 TN 和 NO_3^--N 含量较高，TP 含量相对较低，因此有比较高的氮磷比；PY45、PY44、PY36 点位周围都生长或漂浮大量水草，10 月调查的河道内的 PY21、PY22、PY23 缺乏相应的水草情况现场记录。

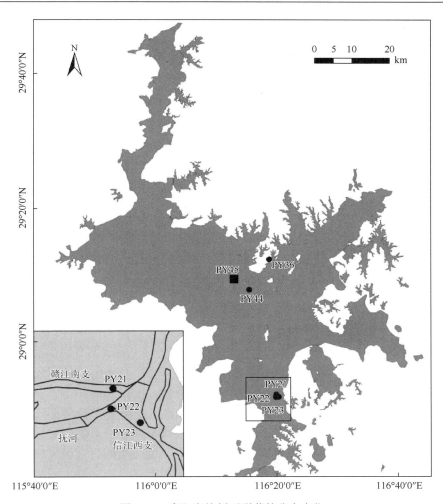

图 4-19　鄱阳湖旋折平裂藻的分布点位

■ 表明发生旋折平裂藻水华的点位；● 表明有旋折平裂藻出现的点，但不形成优势

表 4-9　鄱阳湖旋折平裂藻的分布

监测时间	点位	监测地点	细胞丰度/(cells/L)	生物量/(mg/L)	定性记录
2011-08-13	PY45	大湖面靠西	320000	0.0096	定性样品表面形成很明显的绿膜层，旋折平裂藻占绝对优势
2011-08-11	PY36	周溪内湾	360000	0.0108	定量样品中发现有旋折平裂藻大群体
2011-08-13	PY44	大湖面靠东	—	—	空球藻、盘星藻较多，旋折平裂藻有出现
2011-08-09	PY21	赣江南支	—	—	空球藻、盘星藻占优，旋折平裂藻有出现
2011-10-18	PY21	赣江南支	—	—	空球藻、直链藻为主，旋折平裂藻有出现
2011-10-18	PY22	抚河	—	—	主要是硅藻和绿藻，旋折平裂藻有出现
2011-10-18	PY23	信江西支	—	—	主要是硅藻和绿藻，旋折平裂藻有出现

表 4-10　鄱阳湖旋折平裂藻分布区域的主要环境因子

点位	水深/m	透明度/m	水温/℃	pH	浊度/NTU	TN/(mg/L)	NO_3^--N/(mg/L)	TN/TP	水草情况
PY45	0.9	0.9	31.18	8.61	10.5	2.50	1.18	27.82	可见轮叶黑藻、小茨藻等零星水草以及马来眼子菜生长
PY36	1.1	0.8	31.27	8.73	12.8	0.55	0.17	8.53	水草全覆盖
PY44	0.8	0.8	31.36	9.21	9.7	1.74	1.11	28.48	水草覆盖>90%,主要为大茨藻,零星香蒲
PY21	2.2	0.4	32.1	7.49	51.2	4.72	2.13	33.45	无水草
PY21	3.6	0.2	21.87	7.63	81	6.26	6.96	25.86	—
PY22	4.6	0.4	20.31	7.86	26	0.91	1.21	12.12	—
PY23	1.9	0.6	22.33	8.03	12.9	0.66	1.14	5.76	—

注:—表示缺少记录

综合以上环境因子的分析可初步推测旋折平裂藻适宜生长甚至发生水华的条件为水温高、水深较浅、水质清、透明度高、氮磷比较高、偏碱性的水体,且周围生长水草,这一点与 Komárek 描述的旋折平裂藻的生境通常有沉水植被一致。较高的水温为旋折平裂藻的水华提供了基本前提;水浅和水清的环境光照比较充足,因此能够提供旋折平裂藻形成水华的光照条件;根据 Shapiro 的观察,高 pH 条件有利于蓝藻占优势(Shapiro,1990),这或许也是解释平裂藻在该水体中发生水华的原因之一,不过也有可能是水华发生吸收了大量的 CO_2,导致 pH 升高(王海云等,2007)。但由于有关旋折平裂藻乃至平裂藻属的研究极为缺乏,无法得到相关生理生态的基础信息资料来加以验证,因此以上推测缺乏理论依据,只是按照鄱阳湖的特定环境因子特征来总结的,关于旋折平裂藻的生理生态特征需要进一步深入研究。

4.5　小　　结

(1)鄱阳湖浮游植物生物量普遍偏低,平均值仅为 0.20 mg/L。硅藻在浮游植物群落结构中占据着绝对优势,同时也是造成群落结构在年际和季节水平上差异显著的主要物种,其次是隐藻,金藻在鄱阳湖的分布较少。此外,在鄱阳湖新纪录了 2 种水华藻种,分别为旋折平裂藻和水网藻。

(2)鄱阳湖特殊的水情变化特征影响其浮游植物群落的结构特征,同时也改变了湖体的水下光照条件、营养盐等环境因子,从而对浮游植物生长产生一定的影响。水下光照条件是限制湖区浮游植物生长的主要因素,并且其与浮游植物之间的关系具有一定的区域性。在北部和南部湖区，浮游植物受到较强的光限制，尤其是北部区域；在东部湖区，较高的浮游植物生物量反过来影响水下光照条件；在中部湖区，二者之间的关系不明显。营养盐的年际增加刺激了浮游植物生长，其作用在相对封闭区域较为明显。此外，河流冲刷和空间异质性等也在一定程度上影响了鄱阳湖浮游植物的生长。

（3）鄱阳湖的水体交换时间整体较快，远不及非通江湖泊，且在不同水文时期不断变化，表征其"河湖两相"的特征。丰水期，湖区水体交换时间相对较长，有利于浮游植物生长，在一定程度上导致了湖区浮游植物生物量显著高于其入湖河流；而在枯水期和半枯水期，湖区水体交换时间较短，很可能是引起浮游植物生物量在两种生态系统中无显著差异的主要原因。

参 考 文 献

窦鸿身，姜加虎. 2003. 中国五大淡水湖. 合肥：中国科学技术大学出版社.

胡鸿钧，魏印心. 2006. 中国淡水藻类——系统、分类及生态. 北京：科学出版社.

金相灿，刘鸿亮，屠清瑛，等. 1990. 中国湖泊富营养化. 北京：中国环境科学出版社.

孔繁翔，高光. 2005. 大型浅水富营养化湖泊中蓝藻水华形成机理的思考. 生态学报，25：589-595.

林秋奇，王朝晖，杞桑，等. 2001. 水网藻（Hydrodictyon reticulatum）治理水体富营养化的可行性研究. 生态学报，21：814-819.

闵骞. 1995. 鄱阳湖水位变化规律的研究. 湖泊科学，7：281-288.

邱光胜，胡圣，叶丹，等. 2011. 三峡库区支流富营养化及水华现状研究. 长江流域资源与环境，20：311-316.

汤宏波，胡圣，胡征宇，等. 2007. 武汉东湖甲藻水华与环境因子的关系. 湖泊科学，19：632-636.

王朝晖，江天久，杞桑. 1999b. 水网藻（Hydrodictyon reticulatum）对富营养化水样中氮磷去除能力的研究. 环境科学学报，19：448-452.

王朝晖，骆育敏，江天久，等. 1999a. 环境条件对水网藻（Hydrodictyon reticulatum）生长的影响. 应用生态学报，10：345-349.

王海云，程胜高，黄磊. 2007. 三峡水库"藻类水华"成因条件研究. 人民长江，38（2）：16-18.

王岚，蔡庆华，张敏，等. 2009. 三峡水库香溪河库湾夏季藻类水华的时空动态及其影响因素. 应用生态学报，20：1940-1946.

王天宇，王金秋，吴健平. 2004. 春秋两季鄱阳湖浮游植物物种多样性的比较研究. 复旦学报，自然科学版，43：1073-1078.

谢钦铭，李长春. 2000. 鄱阳湖浮游藻类群落生态的初步研究. 江西科学，18：162-166.

徐彩平. 2013. 鄱阳湖浮游植物群落结构特征研究. 北京：中国科学院大学.

章宗涉，黄翔飞. 1991. 淡水浮游生物研究方法. 北京：科学出版社.

朱海虹，张本. 1997. 鄱阳湖——水文，生物，沉积，湿地，开发治理. 合肥：中国科学技术大学出版社.

朱浩然，朱婉嘉，李尧英. 1991. 中国淡水藻类志（第二卷）. 色球藻纲. 北京：科学出版社.

Barko J W，Gunnison D，Carpenter S R. 1991. Sediment interactions with submersed macrophyte growth and community dynamics. Aquatic Botany，41：41-65.

Burford M A，Webster I T，Revill A T，et al. 2012. Controls on phytoplankton productivity in a wet-dry tropical estuary.

Estuarine，Coastal and Shelf Science，113：141-151.

Carlson R E. 1977. A trophic state index for lakes. Limnology and Oceanography，22：361-369.

Carlson R E. 1992. Expanding the trophic state concept to identify non-nutrient limited lakes and reservoirs，Proceedings of a National Conference on Enhancing the States' Lake Management Programs. Monitoring and Lake Impact Assessment. Chicago，59-71.

Chen Y W，Qin B Q，Teubner K，et al. 2003. Long-term dynamics of phytoplankton assemblages：Microcystis-domination in Lake Taihu，a large shallow lake in China. Journal of Plankton Research，25：445-453.

Cocquyt C，Vyverman W. 2005. Phytoplankton in Lake Tanganyika：A comparison of community composition and biomass off Kigoma with previous studies 27 years ago. Journal of Great Lakes Research，31：535-546.

Dineen C F. 1953. An ecological study of a Minnesota pond. American Midland Naturalist，50：349-376.

Dokulil M T，Padisak J. 1994. Long-term compositional response of phytoplankton in a shallow，turbid environment，Neusiedlersee（Austria/Hungary）. Hydrobiologia，275：125-137.

Dokulil M T. 1984. Assessment of components controlling phytoplankton photosynthesis and bacterioplankton production in a shallow，alkaline，turbid lake（Neusiedlersee，Austria）. Internationale Revue der gesamten Hydrobiologie und Hydrographie，69：679-727.

Flory J E，Hawley G R. 1994. A Hydrodictyon reticulatum bloom at Loe Pool，Cornwall. European Journal of Phycology，29：17-20.

Fonseca M S. 1996. The role of seagrasses in nearshore sedimentary processes：A review. In Nordstrom K C T，Roman. Estuarine Shores：Evolution，Environments and Human Alterations John Wiley & Sons，London：261-286.

García de Emiliani M O. 1990. Phytoplankton ecology of the middle Paraná River. Acta Limnologica Brasiliensia，3：391-417.

García de Emiliani M O. 1997. Effects of water level fluctuations on algae in a river-floodplain lakesystem（Paraná River，Argentina）. Hydrobiologia，357：1-15.

Gosselain V，Descy J P，Everbecq E. 1994. The phytoplankton community of the River Meuse，Belgium：seasonal dynamics（year 1992）and the possible incidence of zooplankton grazing. Hydrobiologia，289：179-191.

Guseva K A，Goncharova S P. 1965. O vliianii vysshei vodnoi rastitel 'nosti na razvitie planktonnykh sinezelenykh vodoroslei. Ekologiia i Fiziologiia Sinezelenykh Vodoroslei：230-234.

Ha K，Jang M H，Joo G J. 2002. Spatial and temporal dynamics of phytoplankton communities along a regulated river system，the Nakdong River，Korea. Hydrobiologia，470：235-245.

Hall J A，Cox N. 1995. Nutrient concentrations as predictors of nuisance Hydrodictyon reticulatum populations in New Zealand. Journal of Aquatic Plant Management，33：68-74.

Hall J，Payne G. 1997. Factors controlling the growth of field populations of Hydrodictyon reticulatum in New Zealand. Journal of applied phycology，9：229-236.

Harris G P. 1978. Photosynthesis，productivity and growth：The physiological ecology of phytoplankton. Archiv fuer Hydrobiologie Ergebnisse der Limnologie，10：1-163.

Hawes I，Smith R. 1993. Influence of environmental factors on the growth in culture of a New Zealand strain of the fast-spreading alga Hydrodictyon reticulatum（water-net）. Journal of applied phycology，5：437-445.

Hawes I，Wells R，Clayton J，et al. 1991. Report of the status of water net（Hydrodictyon reticulatum）in New Zealand and options for its control. National Institute of Water and Atmospheric Research，Hamilton，New Zealand.

Hein T，Baranyi C，Heiler G，et al. 1999. Hydrology as a major factor determining plankton development in two floodplain segments and the River Danube，Archiv für Hydrobiologie. Supplementband. Large rivers，115：439-452.

Herman J G，Luuc R M. 1980. Energy requirements for growth and maintenance of Scenedesmus protuberans Fritsch in light-limited continuous cultures. Archives of Microbiology，125：9-17.

Hillebrand H，Dürselen C D，Kirschtel D，1999. Biovolume calculation for pelagic and benthic microalgae. Journal of Phycology，35：403-424.

Hutchinson G E. 1967. A Treatise on Limnology：Introduction to Lake Biology and the Limnoplankton，Vol. 2. Wiley，New York.

Kimmel B L. 1981. Juvenile sunfish entanglement in the colonial alga Hydrodictyon reticulatum（Chlorophyta）resulting from predator avoidance behavior. The Southwestern Naturalist，26：432-433.

Komárek J，Anagnostidis K. 1999. Cyanoprokaryota. 1. Teil：Chroococcales，19/1. Süβwasserflora von Mitteleuropa. Gustav Fischer，Stuttgart：1-548.

Kosten S，Huszar V L，Becares E. 2012. Warmer climates boost cyanobacterial dominance in shallow lakes. Global Change Biology，18：118-126.

Lin C K. 1972. Phytoplankton succession in a eutrophic lake with special reference to blue-green algal blooms. Hydrobiologia，39：321-334.

Lind O T，Doyle R，Vodopich D S. 1992. Clay turbidity：Regulation of phytoplankton production in a large，nutrient-rich tropical lake. Limnology and Oceanography，37：549-565.

Liu X，Lu X H，Chen Y W. 2011. The effects of temperature and nutrient ratios on Microcystis blooms in Lake Taihu，China：An 11-year investigation. Harmful Algae，10：337-343.

Madsen J D，Chambers P A，James W F，et al. 2001. The interaction between water movement，sediment dynamics and submersed macrophytes. Hydrobiologia，444：71-84.

OECD（Organization for Economic Cooperation and Development）Eutrophication of waters：monitoring，assessment and control. OECD Cooperative Programme on Monitoring of Inland Water（Eutrophication Control），Environment Directorate，OECD，Paris，154p，1982.

Oliver R，Ganf G. 2000. Freshwater blooms//Whitton B A，Potts M. The Ecology of Cyanobacteria. Dordrecht，The Netherlands：Kluwer Academic Publishers：149-194.

Padisák J，Crossetti L O，Naselli-Flores L. 2009. Use and misuse in the application of the phytoplankton functional classi fication：A critical review with updates. Hydrobiologia，621：1-19.

Padisak J. 1992. Seasonal succession of phytoplankton in a large shallow lake（Balaton，Hungary）-a dynamic approach to ecological memory，its possible role and mechanisms. Journal of Ecology，80：217-230.

Pan B Z，Wang H J，Liang X M，et al. 2009. Factors influencing chlorophyll a concentration in the Yangtze-contected lakes. Fresenius Environmental Bulletin，18：1894-1990.

Pocock M A. 1960. Hydrodictyon：A comparative biological study. National Botanic Gardens of South Africa，26：167-319.

Reynolds C S，Descy J P. 1996. The production，biomass and structure of phytoplankton in large rivers. Archiv für Hydrobiologie. Supplementband. Large rivers，10：161-187.

Reynolds C S，Huszar V，Kruk C，et al.，2002. Towards a functional classi fication of the freshwater phytoplankton. J. Plankton Res.，24（5）：417-428.

Reynolds C S，Wiseman S，Godfrey B，et al. 1983. Some effects of artificial mixing on the dynamics of phytoplankton populations in large limnetic enclosures. Journal of Plankton Research，5：203-234.

Reynolds C S. 1984. The Ecology of Freshwater Phytoplankton. London: Cambridge University Press.

Reynolds C S. 1996. The plant life of the pelagic. Verhandlungen-Internationale Vereinigung für theoretische und angewandte Limnologie, 26: 97-113.

Scheffer M. 2004. Ecology of Shallow Lakes. London: Chapman and Hall.

Shapiro J. 1990. Current beliefs regarding dominance by blue-greens: The case for the importance of CO_2 and pH. Internationale Vereinigung fuer Theoretische und Angewandte Limnologie. Verhandlungen IVTLAP, 24 (1): 38-54.

Søballe D M, Kimmel B L. 1987. A large-scale comparison of factors influencing algae abundance in rivers, lakes, and impoundments. Ecology, 68: 1943-1954.

Starý J, Kratzer K, Zeman A. 1987a. The uptake of phosphate ions by the alga Hydrodictyon reticulatum. Acta hydrochimica et hydrobiologica, 15: 275-280.

Starý J, Zeman A, Kratzer K. 1987b. The uptake of ammonium, nitrite and nitrate ions by Hydrodictyon reticulatum. Acta hydrochimica et hydrobiologica, 15: 193-198.

Sterner R W, Elser J J, Fee E J, et al. 1997. The light: Nutrient ratio in lakes: The balance of energy and materials affects ecosystem structure and process. The American Naturalist, 150: 663-684.

Sullivan B, Prahl F, Small L, et al. 2001. Seasonality of phytoplankton production in the Columbia River: A natural or anthropogenic pattern? Geochimica et Cosmochimica Acta, 65: 1125-1139.

Thomas E A. 1963. Die Veralgung von Seen und Flüssen, deren Ursache und Abwehr. Schweizerische Vereinigung von Gas und Wasserfachmännern: 6-7.

Thomas G. 1996. The changing face of Aniwhenua. Fish and Game New Zealand, 14: 53-58.

Tiffany L H, Ahlstrom E H. 1931. New and interesting plankton algae from Lake Erie. The Ohio Journal of Science, 31 (6): 455-467.

Tilzer M M. 1988. Secchi disk-chlorophyll relationships in a lake with highly variable phytoplankton biomass. Hydrobiologia, 162: 163-171.

Tsujimura S, Okubo T. 2003. Development of Anabaena blooms in a small reservoir with dense sediment akinete population, with special reference to temperature and irradiance. Journal of Plankton Research, 25: 1059-1067.

Wells R D, Clayton J S. 2001. Ecological impacts of water net (Hydrodictyon reticulatum) in Lake Aniwhenua, New Zealand. New Zealand Journal of Ecology, 25: 55-63.

Wetzel R G. 1983. Limnology, Philadelphia: Saunders.

Wu N C, Schmalz B, Fohrer N. 2011. Distribution of phytoplankton in a German lowland river in relation to environmental factors. Journal of Plankton Research, 33: 807-820.

Wu Z S, Cai Y J, Liu X, et al. 2013. Temporal and spatial variability of phytoplankton in Lake Poyang: The largest freshwater lake in China. Journal of Great Lakes Research, 39: 476-483.

Zeng H, Song L R, Yu Z G et al. 2006. Distribution of phytoplankton in the Three-Gorge Reservoir during rainy and dry seasons. Science of the Total Environment, 367: 999-1009.

第 5 章　鄱阳湖底栖动物群落结构及演变

底栖动物是一个庞杂的生物类群，是一个生态学概念，指生活史的全部或大部分时间生活于沉积物表层、水体底部的水生动物群。在无脊椎动物方面几乎包括了最低等的原生动物门到节肢动物门的所有门类。根据底栖动物个体大小的差异，实际研究中可根据筛网孔径的大小将它们划分为三类。一般而言，将不能通过 500 μm 孔径筛网的动物称为大型底栖动物（macrozoobenthos），能通过 500 μm 孔径筛网但不能通过 42 μm 孔径筛网的为小型底栖动物（meiozoobenthos），能通过 42 μm 孔径筛网的称为微型底栖动物（microzoobenthos）（刘建康，1999）。底栖动物作为湖泊重要的生物资源，关注的对象一般多为大型底栖动物，主要包括环节动物（annelida）、软体动物（mollusca）和节肢动物（arthropoda）。底栖动物作为湖泊生态系统的重要类群，发挥着重要的功能，可以加速水底碎屑的分解，促进泥水界面的物质交换和水体的自净，是生态系统物质循环和能量流动的重要环节。因此，研究大型底栖动物的种类组成、群落结构、时空变化以及生物多样性等特征，对合理利用湖泊资源，改善湖泊水质具有重要意义。

鄱阳湖是一个过水型、吞吐型、季节性的通江湖泊，拥有丰富的底栖动物资源，特别是在季节性淹水的洲滩湿地和碟形洼地，其多样的生境繁衍了丰富多样的底栖动物（周文斌等，2011）。底栖动物是食物链的重要环节，在湖泊生态系统中具有重要功能，对于鄱阳湖而言，洲滩湿地和碟形湖泊中的底栖动物是多种珍稀候鸟的重要食物，因此其群落组成和现存量直接关系到某些鸟类的种群数量。多年来，一些学者从不同的角度对鄱阳湖底栖动物做过调查。林振涛（1962）于 20 世纪 60 年代最早报道了鄱阳湖的蚌类，张玺和李世成(1965)、吴小平等(1994)、吴和利等（2008）、张铭华等（2013）、严加跃等（2014）及多名学者先后对鄱阳湖双壳类和螺类开展了系统研究，发现鄱阳湖有软体动物 108 种，包含中国特有种 67 种。对整个底栖动物群落而言，谢钦铭等（1995）于 20 世纪 80 年代初对鄱阳湖底栖动物有过定性定量调查，记录了底栖动物 95 种；Wang 等（1999，2007）于 20 世纪 90 年代对鄱阳湖底栖动物进行了定量调查，记录底栖动物 58 种。近年来，随着鄱阳湖周边地区及流域社会经济的发展，人类活动对鄱阳湖的干扰不断加重，湖泊开发利用的程度也在不断增加，鄱阳湖生态环境条件较以往发生了较大变化，如水体呈现富营养化趋势、盲目采砂对底质破坏严重、极端水文条件频繁出现等，对底栖动物的种类和资源状况有必要做进一步调查和评价。

　　本章在对鄱阳湖底质理化特征和底栖动物调查的基础上，分析底质氮磷含量的空间分布特征以及底栖动物的群落结构和时空格局，探讨底质类型差异对底栖动物现存量及多样性的影响，结合历史资料分析底栖动物种类组成、密度、优势种的长期变化特征及影响因素，并从底栖动物角度评价鄱阳湖水环境状况。

5.1　鄱阳湖底质理化特征

　　鄱阳湖湖区水域广阔，水动力空间差异大，季节变化显著，由此造成鄱阳湖湖底沉积物类型复杂多样，性质差异明显。在丰水期"五河"来水量增加，湖面扩大，形成洪水一片；而在冬春季节，湖水落槽，洲滩湿地出露，受鄱阳湖水位与长江水位落差的控制，枯水期水流湍急，对河道冲刷显著，因此，航道底部沉积物大都为砂质沉积，既有粗颗粒沉积物，也有细颗粒砂质沉积物（朱海虹，等 1997）。由于湖底高程的差异，在湖中心区的西南部形成一个相对封闭的水区，该区的水体交换速度相对较缓慢，导致细颗粒的沉降，形成湖相沉积。在季节性出露的洲滩区域，大都为洲滩土壤类型的沉积物（周文斌等，2011）。

　　因此，从沉积类型上可将鄱阳湖沉积类型分为三种类型：洲滩土壤、湖相沉积物及河相砂质沉积物。沉积特征的差异导致沉积类型的不同，并导致鄱阳湖沉积物有机质、氮磷含量以及重金属含量的空间差异。由于细粒径、富含有机质的湖相沉积物能积累更多的有机物和氮磷，并由于细颗粒对重金属较强的吸附能力，湖相沉积物的重金属含量往往偏高；而砂质沉积物，主要由无机矿物组成，有机质及氮磷含量往往最低。洲滩土壤季节性的植被生长，能够固定水体中的无机碳氮磷，一般其含量居于湖相沉积物和砂质沉积物之间（朱海虹等 1997）。本节主要基于中国科学院南京地理与湖泊研究所鄱阳湖湖泊湿地观测研究站（鄱阳湖站）2013 年与 2014 年监测数据分析底质营养盐和有机质的空间格局。

5.1.1　底质氮磷与有机质含量

　　2013 年底质 TN 含量平均值为 1359.8 mg/kg，标准偏差为 136.8 mg/kg，最大值为 2257.1 mg/kg，最小值为 709.3 mg/kg（表 5-1）。TP 含量平均值为 460.8 mg/kg，标准偏差为 54.2 mg/kg，最大值为 891.0 mg/kg，最小值为 231.5 mg/kg。有机质（以烧失量 LOI 计）含量平均值为 5.2%，标准偏差为 0.5%，最大值为 7.8%，最小值为 1.9%。2014 年 TN 含量平均值为 1331.3 mg/kg，标准偏差为 385.1 mg/kg，最大值为 2089.0 mg/kg，最小值为 893.7 mg/kg（表 5-1）。TP 含量平均值为 412.2 mg/kg，标准偏差为 102.3 mg/kg，最大值为 647.8 mg/kg，最小值为 212.4 mg/kg。有机质含量平均值为 5.7%，标准偏差为 1.6%，最大值为 8.1%，最

小值为 2.2%。与历史监测结果相比，2013～2014 年底质 TN 和 TP 含量处于以往调查结果范围内（表 5-2），表明现阶段鄱阳湖底质营养盐含量未发生明显变化。

表 5-1　2013～2014 年鄱阳湖底质氮磷及有机质含量

点位	2013 年			2014 年		
	TN/(mg/kg)	TP/(mg/kg)	LOI/%	TN/(mg/kg)	TP/(mg/kg)	LOI/%
PY1	1047.5	231.5	6.7	1021.4	265.2	5.9
PY2	709.3	314.2	3.4	897.5	356.8	5.4
PY3	2041.3	891.0	7.1	1541.0	465.2	7.4
PY4	2257.1	692.0	7.8	2089.0	442.1	8.1
PY5	1041.8	457.2	2.5	1215.9	439.8	2.4
PY6	973.4	399.4	4.8	893.7	389.1	5.5
PY7	1603.5	503.7	5.9	987.5	212.4	5.7
PY8	992.4	235.5	6.8	1149.1	483.5	6.6
PY9	789.2	444.8	1.9	993.6	364.3	2.2
PY10	1651.7	703.1	4.8	1592.7	647.8	5.4
PY11	1463.5	420.4	5.1	1541.6	409.3	6.1
PY12	1858.8	309.5	6.3	1994.4	471.4	6.5
PY13	1248.1	387.8	4.7	1389.8	411.5	6.9
均值	1359.8	460.8	5.2	1331.3	412.2	5.7
标准偏差	136.8	54.2	0.5	385.1	102.3	1.6
最小值	709.3	231.5	1.9	893.7	212.4	2.2
最大值	2257.1	891.0	7.8	2089.0	647.8	8.1

表 5-2　1992～2014 年鄱阳湖底质 TN 和 TP 含量变化

时段	样品数	TN/(mg/kg)		TP/(mg/kg)	
		范围	均值	范围	均值
1992	11	300～1600	700	60～440	220
1993	11	300～2200	1200	120～240	190
1998	8	456～2005	1486	203～728	326
2003～2004	3	1590～1950	1770	489.6	489.6
2006	10	—	—	456～991	544
2007	24	259～2170	1300	104～544	353
2008	33	304～2228	1216	129～949	506
2013	13	709～2257	1360	231～891	461
2014	13	894～2089	1331	212～648	412

注：1992～2008 年数据引自王圣瑞等（2012）

相对于 2013 年的监测结果，2014 年鄱阳湖底质 TN 全湖平均值降低 2.09%
（28.5 mg/kg），TP 平均值降低 10.5%（48.6 mg/kg）。总体来说，鄱阳湖沉积物营
养盐内源负荷并未发生明显的变化（图 5-1）。2014 年鄱阳湖底质有机质含量较
2013 年略有升高，增加比例为 9.3%（0.48%）。将 2014 年和 2013 年典型区域样
点沉积物 TN 含量进行比较，发现 TP 含量变化在各样点间差异较大，其中 PY3
（狮茅岭）、PY7（赣江主支口）点位下降幅度最大，分别降低 24.5%和 38.4%。PY2
（堂荫）、PY5（小矶山）和 PY9（渚溪口）三个点位总氮含量则呈现增加趋势，
增幅比例分别为 26.5%、16.7%和 25.9%。其他样点位底质 TN 含量的变化幅度相

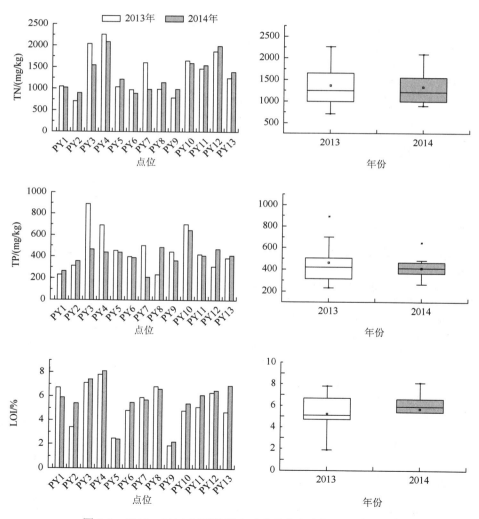

图 5-1　2013～2014 年鄱阳湖底质营养盐和有机质含量对比

对较小。与 TN 变化相似的是，TP 含量变化在各样点间差异也较大。PY3（狮茅岭）、PY4（都昌）和 PY7（赣江主支口）三个样点 TP 含量降幅较大，分别为 47.8%、36.1%、57.8%。PY8（蚌湖口）和 PY12（鞋山）两处的底质 TP 含量则增加显著，增幅分别为 105.3% 和 52.3%。2014 年底质有机质含量较 2013 年有所增加，其中增幅最大的样点为 PY2（堂荫）和 PY13（蛤蟆石），增幅分别为 58.8% 和 46.8%，其次是 PY11（湖口）、PY9（渚溪口）、PY6（修水）、PY10（老爷庙），增幅分别为 19.6%、15.8%、14.6% 和 12.5%。

5.1.2　底质氮磷与有机质空间差异

鄱阳湖底质 TN 含量高值主要出现在都昌邻近区域,超过了 2000 mg/kg(图 5-2)。人类活动造成的外源性输入可能是该区域 TN 负荷较高的重要因素。此外，与长江水沙交换最为强烈的蛤蟆石至湖口段底质 TN 含量也较高，为 1248.1～1651.7 mg/kg。该段区域人类活动也较为密集。同时，长江水体的 TN 往往高于鄱阳湖中心区的水体含量，江湖交汇区水动力改变，也有利于含氮细颗粒的沉降。赣江和修水入湖口底质氮含量相对较低，分别为 987.5 mg/kg、893.7 mg/kg。鄱阳湖底质 TP 的最高值出现在老爷庙水域（647.8 mg/kg），而在赣江主支口（PY7）、修水（PY6）、瓢山（PY1）的 TP 含量均较低，含量分别为 212.4 mg/kg、

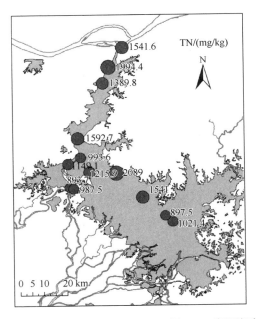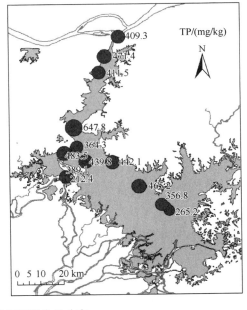

图 5-2　鄱阳湖底质氮磷含量分布

389.1 mg/kg、265.2 mg/kg，这可能与这几个样点流速较快有关，不利于细有机颗粒物的沉降，监测过程中也发现这些区域沉积物粗颗粒组分较高，可能导致底质中磷含量较低。鄱阳湖底质有机质含量的高值同样出现在都昌附近水域（图5-3），为8.1%以上。另外，在蛤蟆石到湖口段底质有机质含量也都超过了6%。有机质含量低值出现在PY5（小矶山）和PY9（渚溪口），分别为2.4%、2.2%。

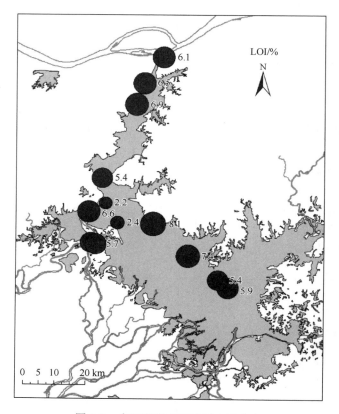

图 5-3　鄱阳湖底质有机质含量分布

5.2　鄱阳湖底栖动物群落结构现状

近年来随着鄱阳湖周边地区及流域社会经济的发展，人类活动对鄱阳湖的干扰不断加重，湖泊开发利用的程度也在不断增加。鄱阳湖生态环境条件较以往发生了较大变化，如水体呈现富营养化趋势、盲目采砂对底质破坏严重、极端水文条件频繁出现等，这都可能对鄱阳湖底栖动物产生影响。最近关于鄱阳湖底栖动物的全面研究开展于2007～2008年，我们有必要对底栖动物的种类和资源状况进行进一步调查和评价。本节主要介绍 2012 年 1 月至 10 月鄱阳湖底栖动物的群落结构和时空格局。

5.2.1　种类组成

季度监测共调查 15 个样点（图 3-1），底栖动物定量采集用 1/16 m^2 改良彼得森采泥器，每个采样点采集 2 次。获得的泥样经 60 目尼龙筛洗净后，剩余物置于白瓷盘中将底栖动物活体逐一挑出，样本用 10%福尔马林溶液保存。样品带回实验室鉴定至尽可能低的分类单元，统计各个分类单元的数量，然后用滤纸吸去表面固定液，置于电子天平上称重，最终结果折算成单位面积的密度和生物量。四个季度监测定量样品中共鉴定出底栖动物 43 种（附表 4），其中软体动物种类最多，共计 21 种，包括双壳类 14 种和螺类 7 种；水生昆虫次之，共计 13 种，主要为摇蚊科幼虫（10 种）；水栖寡毛类较少，共 3 种；钩虾等其他种类 6 种。总体而言，鄱阳湖底栖动物种类较为丰富，其中耳河螺和双龙骨河螺在长江中下游地区分布范围较小，主要在鄱阳湖流域和洞庭湖流域。四次调查采集的种类分别为 25 种、24 种、23 种、24 种，总种类数变化不大。本节调查样点主要布设于常年有水的主河道，在一定程度上可能低估了鄱阳湖底栖动物的物种数量。谢钦铭等（1995）研究发现，洲滩消落区是软体动物贫乏的区域，这主要是因为软体动物个体大、世代周期长、运动速率慢，短时间的淹没难以满足软体动物的定居（colonization），大个体无法在洲滩栖息，小个体的幼体有可能在涨水期随水流漂流至洲滩，但由于淹没时长的限制难以完成整个世代周期。相反，世代周期短的寡毛类和摇蚊幼虫可以成功在洲滩定居，主要是因为寡毛类卵茧和摇蚊幼虫的卵可随水流漂流至洲滩，此外摇蚊成虫的飞行能力可扩散至更加广阔的区域。结合历史资料，鄱阳湖已记录的底栖动物物种数超过 150 种。与我国其他四大淡水湖相比较，鄱阳湖已记录的物种数高于其他湖泊（表 5-3）。根据张铭华等（2013）的研究结果，鄱阳湖共记录有双壳纲 62 种、腹足纲 46 种，其中中国特有种的物种数分别为 46 种和 21 种。现阶段富营养化严重的巢湖物种数较低，此外张超文等（2012）调查结果显示洪泽湖物种数也较低，但不同研究间由于样点数和采样量存在差异，在一定程度上也会对结果的对比产生影响。

表 5-3　洞庭湖、太湖、洪泽湖及巢湖底栖动物物种组成

湖泊和面积	年份	环节动物	软体动物	节肢动物	总物种	文献
洞庭湖	1981~1982	14	26	39	80	陆强国（1985）
2625 km^2	1995	10	20	28	59	戴友芝等（2000）
	2001	18	15	14	51	谢志才等（2007）
	2010	6	18	16	40	汪星等（2012）

湖泊和面积	年份	环节动物	软体动物	节肢动物	总物种	文献
太湖	1988	8	23	27	59	黄漪平（2001）
2425 km²	2008~2009	13	12	17	42	Cai 等（2012a）
洪泽湖	1987~1990	7	43	25	76	朱松泉等（1993）
1597 km²	2010~2011	5	3	6	14	张超文等（2012）
巢湖	1980~1981	8	33	14	55	胡菊英等（1981）
769 km²	2002~2003	7	4	8	19	Cai 等（2012b）

　　鄱阳湖底栖动物密度和生物量被少数种类所主导（表 5-4）。密度方面，双壳类的河蚬和淡水壳菜、钩虾和寡鳃齿吻沙蚕以及摇蚊科幼虫的梯形多足摇蚊相对密度较高，分别占总密度的 37.84%、14.60%、13.18%、7.72%及 4.32%。生物量方面，由于软体动物个体较大，河蚬、猪耳丽蚌、洞穴丽蚌、扭蚌在总生物量中占据优势，分别占总生物量的 41.48%、14.01%、11.07%和 12.18%。从 43 个物种在 15 个样点的出现频率来看，河蚬、淡水壳菜、钩虾、寡鳃齿吻沙蚕及苏氏尾鳃蚓共 5 个种类在是鄱阳湖最常见的种类，其在大部分采样点均能采集到。综合底栖动物的密度、生物量以及各物种的出现频率，利用优势度指数确定优势种类，结果表明鄱阳湖现阶段的底栖动物第一优势种为河蚬，优势度指数远高于其他种类。淡水壳菜、钩虾、寡鳃齿吻沙蚕、苏氏尾鳃蚓、铜锈环棱螺、梯形多足摇蚊等种类也是底栖动物的优势种。鄱阳湖优势种组成与另一通江湖泊——洞庭湖类似，戴友芝等（2000）调查发现，河蚬和苏氏尾鳃蚓在洞庭湖全湖广泛分布，出现率分别为 75.0%和 68.8%。汪星等（2010）研究也发现洞庭湖典型断面底栖动物组成以软体动物占优势。

表 5-4　2012 年 1 月至 2012 年 10 月鄱阳湖底栖动物密度和生物量

种类	平均密度 /(个/m²)	相对密度/%	平均生物量 /(g/m²)	相对生物量/%	出现率	优势度
寡毛类						
霍甫水丝蚓	6.33	2.69	0.012	0.01	7	18.89
苏氏尾鳃蚓	7.83	3.33	0.182	0.07	12	40.87
中华河蚓	4.50	1.91	0.004	<0.01	3	5.74
摇蚊幼虫						
褐斑菱跗摇蚊	0.02	0.01	0.000	<0.01	1	0.01
花翅前突摇蚊	0.67	0.28	<0.001	<0.01	3	0.85
半折摇蚊	2.17	0.92	0.008	<0.01	3	2.77

续表

种类	平均密度/(个/m²)	相对密度/%	平均生物量/(g/m²)	相对生物量/%	出现率	优势度
梯形多足摇蚊	10.17	4.32	0.004	<0.01	5	21.62
凹铗隐摇蚊	1.67	0.71	0.003	<0.01	1	0.71
叶二叉摇蚊	1.83	0.78	0.001	<0.01	2	1.56
淡绿二叉摇蚊	0.33	0.14	0.001	<0.01	1	0.14
暗肩哈摇蚊	0.17	0.07	0.000	<0.01	1	0.07
李氏摇蚊	2.00	0.85	0.013	0.01	2	1.71
阿克西摇蚊属	1.33	0.57	0.001	<0.01	2	1.13
腹足类						
铜锈环棱螺	4.17	1.77	4.751	1.96	8	29.83
耳河螺	1.17	0.50	3.135	1.29	5	8.94
双龙骨河螺	0.33	0.14	0.688	0.28	3	1.28
长角涵螺	1.33	0.57	0.320	0.13	2	1.40
纹沼螺	0.17	0.07	0.021	0.01	1	0.08
大沼螺	4.17	1.77	1.936	0.80	6	15.42
方格短沟蜷	2.83	1.20	0.536	0.22	8	11.41
双壳类						
河蚬	89.00	37.84	100.68	41.48	15	1189.8
淡水壳菜	34.33	14.60	2.859	1.18	11	173.54
中国尖脊蚌	0.33	0.14	3.014	1.24	1	1.38
椭圆背角无齿蚌	0.17	0.07	0.250	0.10	2	0.35
圆背角无齿蚌	0.50	0.21	1.414	0.58	2	1.59
背角无齿蚌	0.33	0.14	0.907	0.37	3	1.55
扭蚌	1.50	0.64	29.558	12.18	2	25.63
鱼尾楔蚌	0.17	0.07	0.015	0.01	1	0.08
三角帆蚌	0.17	0.07	10.314	4.25	2	8.64
洞穴丽蚌	1.00	0.43	26.860	11.07	4	45.97
背瘤丽蚌	0.17	0.07	17.983	7.41	1	7.48
猪耳丽蚌	0.50	0.21	33.998	14.01	1	14.22
橄榄蛏蚌	0.33	0.14	0.457	0.19	2	0.66
圆顶珠蚌	0.17	0.07	2.505	1.03	1	1.10
其他						
钩虾	31.00	13.18	0.047	0.02	10	132.01
寡鳃齿吻沙蚕	18.17	7.72	0.090	0.04	13	100.90

种类	平均密度 /(个/m²)	相对密度/%	平均生物量 /(g/m²)	相对生物量/%	出现率	优势度
低头石蚕	0.33	0.14	0.002	<0.01	2	0.28
毛翅目	0.17	0.07	0.002	<0.01	1	0.07
蜉蝣属	0.67	0.28	0.046	0.02	3	0.91
扁舌蛭	1.17	0.50	0.024	0.01	4	2.02
宽身舌蛭	1.33	0.57	0.018	0.01	1	0.57
舌蛭科	0.33	0.14	0.025	0.01	1	0.15
石蛭科	0.17	0.07	0.037	0.02	1	0.09

注：相对密度和相对生物量分别为某一物种占总密度和总生物量的百分比，出现频率为某物种在 15 个样点中出现的次数，优势度指数 =（相对密度 + 相对生物量）×出现频率

5.2.2　密度和生物量时空格局

　　从鄱阳湖底栖动物年均密度和生物量空间分布格局可以看出（图 5-4），密度和生物量空间分布具有一定的差异。密度方面，各采样点年均密度介于 47.5～920 个/m²，低值出现在赣江主支口（PY7）和修水入湖口（PY6），这可能是因为这两个监测点水流较急，底质主要为砂质，故底栖动物较少。生物量方面，年平均值介于 28～428 g/m²。总体而言，生物量空间变化相对较小，高值出现在棠荫监测

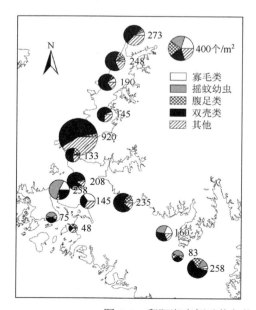
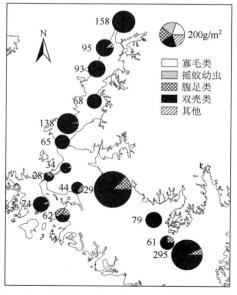

图 5-4　鄱阳湖底栖动物年均密度和生物量空间分布格局

点（PY1，294 g/m²）和都昌监测点（PY4，428 g/m²），低值出现在蚌湖口和深水区，分别为 44 g/m²、28 g/m²、34 g/m²，生物量空间差异的主要原因可能是底质的差异，棠荫监测点和都昌监测点底质类型主要为淤泥＋沙底，更适宜软体动物的生长（Karatayev et al.，2003），而低值点位主要为淤泥底质，更适合环节动物和摇蚊幼虫的生长，而不利于双壳类的滤食活动（von Bertrab et al.，2013）。

从不同类群底栖动物所占比重可以看出，密度方面，大部分点位密度为双壳类（主要是河蚬）所主导，介于 24.27%～86.75%；摇蚊幼虫在蚌湖口优势度较高，主要是因为该点位于蚌湖出湖河道，底质为淤泥，富含有机质，有利于摇蚊幼虫的生长繁殖；寡鳃齿吻沙蚕在各点位也占据一定比重，该种属于河口海洋性种类（Glasby et al.，2007），在鄱阳湖的广泛分布是因为鄱阳湖与长江连通，该物种逐渐扩散至鄱阳湖，这也在一定程度上证实了江湖连通在维持物种多样性方面的重要作用（Pan et al.，2011）。生物量方面，由于软体动物个体较大，双壳类在大部分点位占据绝对优势，所占比值介于 46.41%～99.53%，螺类仅在少数点位占据一定比重，螺类较低的优势度是因为其摄食方式主要为刮食，通过刮食硬基质和水生植物上附着生物或沉积物表层的有机碎屑，而鄱阳湖的底质条件不稳定、含沙量高，不利于其摄食。

空间格局分析结果表明，鄱阳湖底栖动物资源空间具有异质性。从不同类群底栖动物在总现存量中所占的比重可以看出，由于软体动物个体较大，其双壳类在各采样点均占据较大比重。总体而言，现阶段鄱阳湖底栖动物资源主要为软体动物。鄱阳湖底栖动物密度和生物量年平均值分别为 225 个/m²、74.65g/m²（表 5-5）。各个季节中，密度较生物量空间变化更大，表现为各季节密度的变异系数高于生物量的变异系数。在各个季节中密度最高值与最低值的比值介于 23～44，生物量最高值与最低值的比值介于 190～2725。对不同季节底栖动物密度和生物量的对比分析结果表明，其在不同季节间变化较小（图 5-5）。

表 5-5　鄱阳湖不同季节底栖动物密度和生物量

月份	密度/(个/m²)				生物量/(g/m²)			
	最小值	最大值	平均值	变异系数/%	最小值	最大值	平均值	变异系数/%
2012 年 1 月	20	460	153	119.13	2.12	404.38	68.03	65.69
2012 年 4 月	20	880	221	98.73	0.29	496.01	84.17	65.97
2012 年 7 月	30	690	225	99.80	0.08	221.01	50.98	76.89
2012 年 10 月	40	1730	300	71.28	1.01	1463.67	197.88	54.60
年均值	47.5	920	225	109.67	28.00	428.72	74.65	68.44

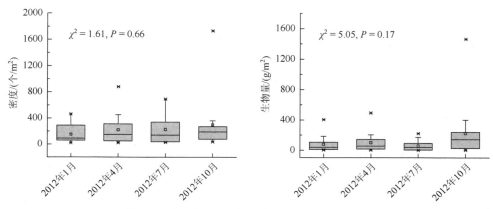

图 5-5　鄱阳湖不同季节底栖动物密度和生物量

2012 年鄱阳湖底栖动物主要类群密度和生物量的季节变化显示（图 5-6），各类群的密度和生物量的季节变化较小。可以看出，寡毛类密度在 2012 年 10 月较其他月份略高，这主要是因为寡毛类多在秋冬季达到性成熟并进行繁殖（Verdonschot，1996）。螺类和双壳类密度季节变化趋势不明显，这可能是因为软体动物生活史时间较长，一般能存活 2~3 年，一年的采样难以反映其季节变化趋势（刘建康，1999；Morgan et al.，2003）。水生昆虫未呈明显的季节变动，这主要是因为水生昆虫在鄱阳湖密度较低，因此其较低丰度难以反映真实的变化情况。

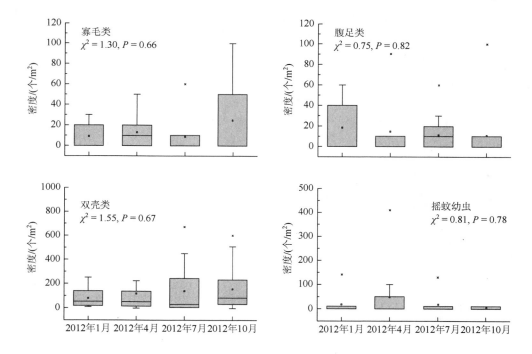

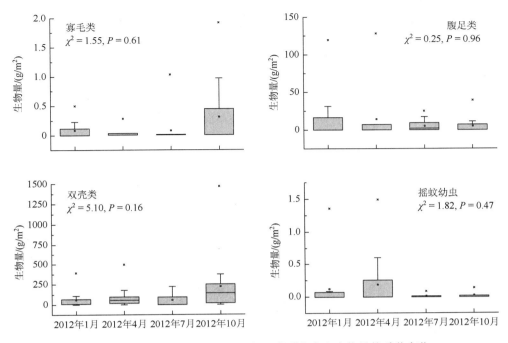

图 5-6　2012 年鄱阳湖底栖动物主要类群密度和生物量的季节变化

多样性方面,各监测点物种数介于 6～16 种,平均值为 11 种;Shannon-Wiener 多样性指数介于 0.61～2.28,平均值为 1.61;Margalef 多样性指数介于 0.93～2.91,平均值为 1.76;Simpson 优势度指数介于 0.26～0.87,平均值为 0.69。空间差异方面,物种数空间差异较大,高值主要出现在南部水域和通江水域,与这些点位底质异质性较高有关。Shannon-Wiener 多样性指数和 Simpson 优势度指数的空间差异较小,四种多样性指数最低值均出现在 PY9(图 5-7),可能是因为该点水深较深,沉积物为淤泥底质。

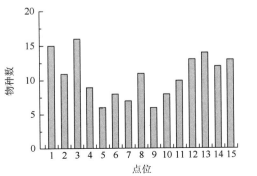

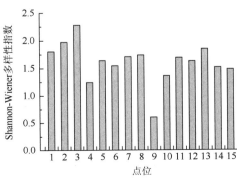

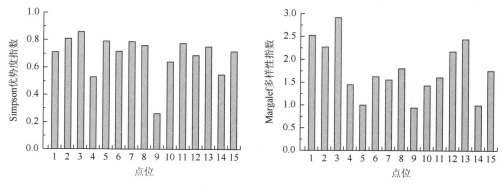

图 5-7　2012 年鄱阳湖各监测点底栖动物多样性

5.3　鄱阳湖底栖动物演变特征

底栖动物由于运动能力较差,很难主动逃避恶劣的环境,因而易受到环境变化的影响。因此,通过长期监测及与历史资料的对比分析,能够反映湖泊生态系统健康状况和环境条件的变化。如王小毛等(2016)基于洞庭湖 1991~2012 年监测数据,发现全时段水生昆虫种数、密度整体呈缓慢下降趋势,软体动物密度基本平稳,三峡工程运行后入湖水沙减少,水位变化对底栖动物群落存在一定负面影响。Cai 等(2012)通过与以往研究对比,分析了长期富营养化对巢湖和太湖梅梁湾底栖动物群落结构的影响,结果表明底栖动物群落结构均变得简单化,多样性降低。巢湖的优势类群从 1980~1981 年的双壳类(主要是河蚬)转变为 2009 年颤蚓类和摇蚊幼虫。在太湖梅梁湾,现阶段颤蚓类和摇蚊幼虫占据了绝对优势(2007 年),这与 1994 年多个种类共占优势形成了鲜明的对比。本节基于 2012 年季度监测数据,结合林振涛(1962)、吴小平等(1994)、吴和利等(2008)、Wang 等(1999,2007)等历史研究资料,分析底栖动物群落结构的演变特征,探讨主要环境驱动要素。

5.3.1　密度和生物量变化

根据历史调查资料和 2012 年的四次监测结果,对比分析发现底栖动物的总密度和生物量呈现降低的趋势,但这种趋势在不同生物类群间差异显著。其中软体动物降低趋势最为明显,从 1992 年 578 个/m² 降低至 2012 年的 149 个/m²,水生昆虫的密度也有降低的趋势,相比之下,环节动物的密度基本无显著变化,介于29~94 个/m²(表 5-6,图 5-8)。水生昆虫密度降低与同期洞庭湖的研究结果类似,1991~2012 年洞庭湖水生昆虫物种数和密度呈现降低趋势,2009~2012 年水生昆虫密度比例较低,其中 2009 年、2011 年、2012 年比例不足 13%,而此期间寡毛类密度为 22%~37%,上升幅度较大。东洞庭湖水生昆虫密度 2003~2012 年下降幅度大，较之前时段降幅达 39%（王小毛等 2016）。进一步分析不同年份底栖动物的类群组成，发现软体动物一直是鄱阳湖底栖动物的优势类群（图 5-9），占据总密度的 61.6%～79.3%，表明底栖动物门类组成方面未发生显著变化。这也与洞庭湖类似，1991～2012 年软体动物均是优势类群，软体动物和水生昆虫在各年份占总密度的百分比保持在 80%左右（王小毛等，2016）。底栖动物中寡毛类是水质有机物污染的指示生物。相关研究认为，颤蚓类的密度低于 100 个/m² 时水体污染程度轻(沈敏等 2006)，2012 年调查结果以及历史资料中寡毛类密度均低于 100 个/m²，还未达到水体受污染的标准，表明鄱阳湖当前的水质较好。

表 5-6 鄱阳湖底栖动物密度和生物量变化趋势

年份	软体动物		环节动物		水生昆虫		总量	
	密度/(个/m²)	生物量/(g/m²)	密度/(个/m²)	生物量/(g/m²)	密度/(个/m²)	生物量/(g/m²)	密度/(个/m²)	生物量/(g/m²)
1992	578	249	56	0.58	90	0.96	724	250
1998	342	149	94	0.4	106	1.15	555	151
2004	213	—	29	—	46	—	313	—
2008	172	244	38	0.3	12	1.26	223	246
2012	149	169	36	0.39	21	0.19	228	131

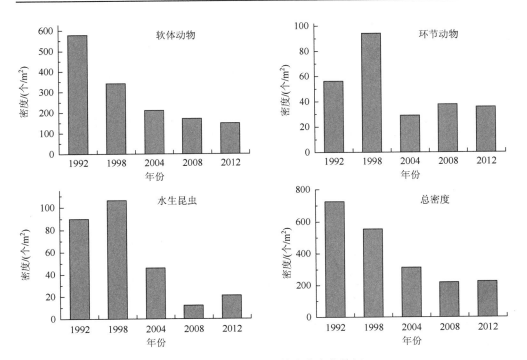

图 5-8 鄱阳湖底栖动物密度变化特征

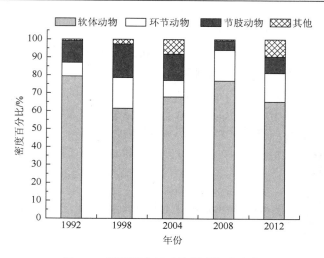

图 5-9　鄱阳湖底栖动物类群组成变化

5.3.2　优势种组成变化

　　分析不同年代底栖动物的优势种发现，与 1992 年相比，底栖动物优势种发生了较大变化，1992 年底栖动物优势种种类较多，且包括较多的大型软体动物蚌类（表 5-7）。1998 年与 2007 年和 2012 年底栖动物优势种未发生明显变化。相关研究表明，近 20 年来由于环境变化及人类活动对鄱阳湖的干扰愈加频繁，底栖动物的资源状况发生了变化，尤其是淡水蚌类受威胁最为严重，许多种类已很难采到活体标本，如龙骨蛏蚌、巴氏丽蚌等。鄱阳湖大型底栖动物的密度在逐渐减少，特别是软体动物的密度大幅度下降。不同类群底栖动物对底质的喜好差异较大。一般而言，颤蚓类和摇蚊幼虫喜好栖居于淤泥底质中，而双壳类喜好砂质淤泥中。这种变化预示着鄱阳的环境变化改变了底栖动物的群落结构，其主要原因可能是因为鄱阳湖近年来大规模的采砂破坏了底栖动物的栖息环境，其对大个体软体动物蚌类危害可能更大，一方面，采砂可能将蚌类直接取走，另一方面，蚌类生活史周期长，频繁的干扰不利于其完成整个生活史过程。研究发现，高浓度无机悬浮颗粒物可能会显著降低蚌存活率，其主要原因是影响其滤食（Pascoe et al.，2009）。相反，小个体软体动物、寡毛类、摇蚊幼虫对环境的适应能力更强，特别是寡毛类和摇蚊幼虫，喜好栖息于淤泥底质，采砂后留下的细颗粒沉积物更有利于其生长繁殖。Sauter 和 Güde（1996）研究发现，颤蚓类喜生活于粒径小于 63μm 的底质中。Donohue 和 Molinos（2009）认为，细颗粒沉积物的输入较粗颗粒沉积物对底栖动物危害更大，主要表现在影响软体动物的摄食率、生长率，并通过影响沉积物孔隙度进而降低溶氧含量和侵蚀深度（oxygen penetration depth），改变了表层沉积物的生物地球化学过程，并对底栖动物的生物扰动过程产生不利影响。

表 5-7 　鄱阳湖底栖动物优势种组成变化

年份	优势种	文献
1992	河蚬、环棱螺、淡水壳菜、方格短沟蜷、萝卜螺、背瘤丽蚌、洞穴丽蚌、天津丽蚌、圆顶丽蚌、矛蚌、鱼尾楔蚌、扭蚌、背角无齿蚌、三角帆蚌、褶纹冠蚌、摇蚊幼虫和水丝蚓等	谢钦铭等（1995）
1998	河蚬、多鳃齿吻沙蚕、豆螺科（纹沼螺、长角涵螺）、钩虾	Wang 等（1999）
2007	河蚬、多鳃齿吻沙蚕、环棱螺、苏氏尾鳃蚓、大沼螺、长角涵螺、方格短沟蜷	欧阳珊等（2009）
2012	河蚬、多鳃齿吻沙蚕、淡水壳菜、钩虾、苏氏尾鳃蚓、环棱螺	本章节

5.4 　典型碟形湖——蚌湖底栖动物群落结构

鄱阳湖是一个吞吐型湖泊，其水位受"五河"入湖水量和长江水位顶托双重影响，无论年内还是年际，水位变幅巨大，鄱阳湖历年最高最低水位差为 9.70～15.79 m。正是由于鄱阳湖水位的这种巨大变幅，形成了鄱阳湖"汛期茫茫一片水连天，枯水沉沉一线滩无边"的独特湿地生态景观。湿地面积，即高低水位消落区及其邻近浅水区达 2700 km²，超过了第三大淡水湖太湖的面积（2425 km²）。此外，由于高程的差异和地形的复杂性，鄱阳湖湿地中还分布着许多大小不一的碟形湖，在丰水期与主湖区水体连为一体，枯水期相互隔离开来（胡振鹏等，2010，2015）。据统计，鄱阳湖湖盆内共识别出闸控碟形湖 102 个，总面积 816.32 km²，占鄱阳湖湖盆区（包含人控湖汊）总面积的 22.25%，其中 2 km² 以上季节性碟形湖 70 个，面积最大的蚌湖为 71.26 km²。鄱阳湖独特的水情动态和环境条件，孕育了极其丰富的生物多样性，拥有丰富的底栖动物资源，特别是在季节性淹水的碟形湖，其多样的生境繁衍了丰富多样的底栖动物。底栖动物是食物链的重要环节，对于鄱阳湖而言，碟形湖泊中的底栖动物是多种珍稀候鸟的重要食物，因此其种类组成和现存量直接关系到某些鸟类的种群数量。本节选取鄱阳湖最大碟形湖——蚌湖为研究对象，在丰水期和枯水期开展调查，分析底栖动物群落结构特征及季节变化。

5.4.1 　种类组成

2014 年 7 月和 12 月对蚌湖底栖动物开展调查，分别布设 4 个和 3 个监测点（附图 2）。样品定量采集用 1/20 m² 改良彼得森采泥器，每个点采集 2 次。定量样品共采集到底栖动物 18 种（表 5-8），其中水生昆虫种类最多，共计 9 种（其中 7

种为摇蚊科幼虫）；环节动物 4 种，包括寡毛类 3 种；软体动物共采集到 5 种，包括双壳类 1 种和腹足类 4 种。季节方面，2014 年 7 月仅采集到 6 个种类，远低于 2014 年 12 月的 17 种（图 5-10），差异的原因主要是 7 月水生昆虫种类的变化。7 月仅采集到 1 种摇蚊，而 12 月采集到 7 种摇蚊和 2 种蜻蜓目幼虫。摇蚊种类的季节变化与其生活史周期有关，参考相关研究推测本地区摇蚊幼虫可能在夏季羽化（唐红渠，2006），从而导致沉积物表层摇蚊幼虫很少。

表 5-8　蚌湖 2014 年 7 月和 12 月底栖动物调查名录

种类	Taxa	2014 年 7 月	2014 年 12 月
环节动物			
霍甫水丝蚓	*Limnodrilus hoffmeisteri*	+	+
苏氏尾鳃蚓	*Branchiura sowerbyi*		+
颤蚓一种	*Tubificidae* sp.		+
扁舌蛭	*Glossiphonia complanata*	+	
水生昆虫			
菱跗摇蚊属	*Clinotanypus* sp.	+	+
中国长足摇蚊	*Tanypus chinensis*		+
前突摇蚊	*Procladius* sp.		+
长跗摇蚊	*Tanytarsus* sp.		+
黄色羽摇蚊	*Chironomu flaviplumus*		+
隐摇蚊属	*Cryptochironomus* sp.		+
毛足雕翅摇蚊	*Glyptotendipes barbipes*		+
尾螅属	*Cercion* sp.		+
赤蜻属	*Sympetrum* sp.		+
软体动物			
河蚬	*Corbicula fluminea*		+
铜锈环棱螺	*Bellamya aeruginosa*	+	+
纹沼螺	*Parafossarulus striatulus*	+	+
长角涵螺	*Alocinma longicornis*	+	+
中华沼螺	*Parafossarulus sinensis*		+
种类数		6	17

5.4.2　密度、生物量及物种多样性

蚌湖底栖动物密度和生物量被少数种类所主导（表 5-9）。密度方面，铜锈环棱螺、长角涵螺、前突摇蚊、霍甫水丝蚓的相对密度较高，分别占总密度的 25.90%、25.61%、25.49%、4.79%，平均密度分别为 57.3 个/m²、56.7 个/m²、56.4 个/m²、

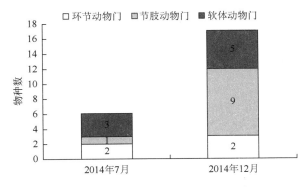

图 5-10　蚌湖 2014 年底栖动物调查物种组成

10.6 个/m²。生物量方面，由于软体动物个体较大，铜锈环棱螺和长角涵螺在总生物量中占据优势，分别占总生物量的 84.72% 和 12.18%，平均生物量分别为 57.91 g/m² 和 8.33 g/m²。环节动物和水生昆虫的平均生物量及在总生物量种所占比重均较低。从 18 个物种在 7 个监测点的出现频率来看，长角涵螺、铜锈环棱螺、纹沼螺、霍甫水丝蚓的出现率较高，其出现率超过 50%。综合底栖动物的密度、生物量以及各物种的出现频率，利用优势度指数确定优势种类，结果表明蚌湖底栖动物第一优势种为铜锈环棱螺，优势度指数远高于其他种类，长角涵螺、纹沼螺、前突摇蚊及霍甫水丝蚓种类也是底栖动物的优势种。与鄱阳湖主湖区研究结果相比，底栖动物优势种差异明显，蚌湖前两位优势种为腹足纲螺类，而主湖区第一优势种为双壳纲河蚬，其原因可能与底质类型的差异有关，主湖区流速较快，底质中有机质含量相对较低，不利于螺类的刮食。相比之下，河蚬为滤食者，可从水体中滤食有机颗粒物，底质中有机质含量对其限制较小。

表 5-9　2014 年 7 月和 12 月蚌湖底栖动物密度和生物量

种类	平均密度 /(个/m²)	相对密度 /%	平均生物量 /(g/m²)	相对生物量 /%	出现率	优势度
环节动物						
霍甫水丝蚓	10.6	4.79	0.0103	0.0150	5	24.03
苏氏尾鳃蚓	0.3	0.15	0.0015	0.0022	1	0.16
颤蚓一种	0.5	0.23	0.0017	0.0025	2	0.47
扁舌蛭	4.3	1.94	0.0048	0.0070	2	3.89
水生昆虫						
菱跗摇蚊属	1.8	0.80	0.0051	0.0075	2	1.62
中国长足摇蚊	3.4	1.55	0.0080	0.0116	2	3.12
前突摇蚊	56.4	25.49	0.0358	0.0523	3	76.63
长跗摇蚊	6.9	3.10	0.0002	0.0004	2	6.20

种类	平均密度/(个/m²)	相对密度/%	平均生物量/(g/m²)	相对生物量/%	出现率	优势度
黄色羽摇蚊	0.7	0.31	0.0014	0.0021	2	0.62
隐摇蚊属	6.3	2.87	0.0048	0.0070	3	8.62
毛足雕翅摇蚊	5.8	2.63	0.0055	0.0080	2	5.28
尾鳃属	0.3	0.15	0.0034	0.0050	1	0.16
赤蜻属	0.2	0.08	0.0031	0.0045	1	0.08
软体动物						
河蚬	0.5	0.23	0.0074	0.0108	1	0.24
铜锈环棱螺	57.3	25.90	57.9171	84.7244	5	553.14
纹沼螺	9.0	4.08	1.9596	2.8666	4	27.79
长角涵螺	56.7	25.61	8.3268	12.1809	7	264.51
中华沼螺	0.2	0.08	0.0629	0.0921	1	0.17

注：相对密度和相对生物量分别为某一物种占总密度和总生物量的百分比，出现频率为某物种在所有采样点中出现的次数，优势度指数＝（相对密度＋相对生物量）×出现频率

　　图 5-11 为蚌湖 2014 年 7 月和 12 月各监测点底栖动物密度和生物量组成。夏季和冬季密度平均值分别为 215 个/m² 和 230 个/m²，差异相对较小。密度组成的季节差异较大，夏季优势类群为软体动物，占总密度百分比介于 66.67%～94.83%，而冬季以水生昆虫（主要是摇蚊幼虫）占据优势，占总密度的 72.03%～89.47%。冬季摇蚊的密度和显著高于夏季，这与摇蚊的生活史周期有关，优势种中国长足

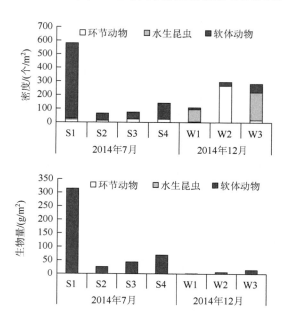

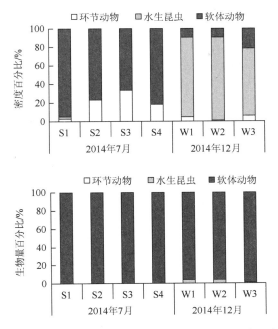

图 5-11　蚌湖 2014 年 7 月和 12 月各监测点底栖动物密度和生物量组成

摇蚊羽化高峰期在夏季，冬季幼虫越冬，故导致夏季密度低，冬季密度高（郭先武 1995）。生物量方面，夏季和冬季生物量平均值分别为 114.02 g/m^2 和 7.48 g/m^2，夏季显著高于冬季，主要是因为 S1 样点生物量高达 313.85 g/m^2。生物量组成方面，两个季节均以软体动物占据优势，在夏季和冬季占总生物量的平均值分别为 99.96% 和 96.83%。

各样点底栖动物物种数介于 4～14 种，平均物种数为 6.6 种，冬季物种数高于夏季。Margalef 多样性指数介于 0.47～2.30，平均值为 1.06，Margalef 多样性指数与物种数在各样点的变化趋势一致，冬季高于夏季（图 5-12）。夏季多样性低于冬季是因为夏季摇蚊处于羽化期（唐红渠，2006），采集到的摇蚊种类数少，从而导致多样性较低。Shannon-Wiener 多样性指数介于 0.87～1.88，平均值为 1.28，两个季节各样点差异相对较小。Simpson 优势度指数介于 0.41～0.78，平均值为 0.64，在各样点间变化较小。夏季丰水期各样点间物种数和 Margalef 多样性指数差异较小，而冬季枯水期样点间差异较大。这种差异可能与鄱阳湖独特的水文过程有关。众多研究表明，洪水期生物群落的空间差异性较枯水期低，被称为洪水的同质化效应（homogenization effect of floods）。形成这种效应的主要原因是水位的变化改变了局域环境因子和空间过程对生物群落的影响程度（Thomaz et al.，2007；Davidson et al.，2012）。在枯水期，湿地中镶嵌的洼地相互隔离开来，局域环境条件的空间差异也逐渐呈现出来，并影响到生物的群落结构，导致生物群落结构的差异性增加。洪水期，湿地各个区域连通性高，水体交换快，一方面降低了水体理化特征的空间差异性，另一方面底栖动物可随着水流达到新的区域，连通性的增加也提高了物种在不同生境间的迁移，从而降低了洪水期生物群落的空间差异性。

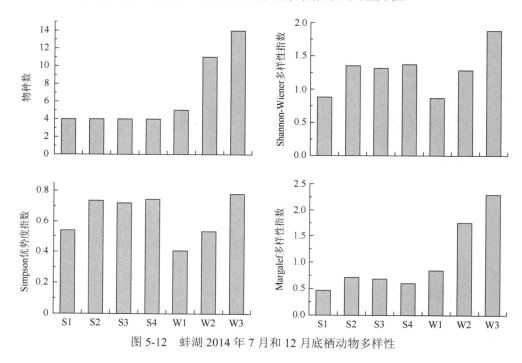

图 5-12　蚌湖 2014 年 7 月和 12 月底栖动物多样性

5.5　底栖动物水环境指示意义

长期以来，传统水质监测和评价更多地强调物理和化学监测（如溶解氧、化学需氧量、浊度、TN、TP、有机污染物、重金属等指标），而且已具有成熟的监测手段和方法，这种分析方法测值准确，对污染物的种类和含量，可以比较快速而灵敏地分析测试出来，但由于测试项目都为定期采样，因而只能反映瞬时的污染物浓度，而且监测项目有限（Friberg et al.，2011；Markert et al.，2013）。目前，随着监测技术的发展，虽然已经可以通过在线连续监测仪器对水体的理化指标进行长期监测，但在实际环境中，由于许多种化合物同时存在的各种复杂作用（如协同作用、拮抗作用等），它们所产生的有害生物效应浓度往往是现有分析手段无法测出的，它们常以混合状态存在于水体中，且相互作用产生综合污染，给理化监测带来了无法克服的困难。生物监测却能在这方面显示出其优势，利用生物个体、种群或群落对环境质量及其变化所产生的反应和影响来阐明环境污染的性质、程度和范围，从生物学角度评价环境质量状况的过程，其原理是基于水域生态系统中水生生物特征与整个水环境变化的相互关系，其中既包括了理化参数，也包括了那些未测定的因子以及未知因子共同作用的后果，而且还反映了污染物和环境因子的连续影响和累积作用，在我国河流、湖泊等水体正在得到越来越广泛的应用（周上博等，2013；阴琨等，2014）。

利用底栖动物的群落结构、优势种类、数量特征等指标来评价水体的质量状况是目前发展最好、应用最广、得到广泛推荐的水质生物评价方法体系之一。底栖无脊椎动物个体较大、寿命较长、活动范围小，对环境条件改变反应灵敏，包括敏感种和耐污种，是监测污染、评价水质的理想指示生物，常被称为水下"哨兵"（王备新等，2001；吴东浩等，2011）。不同种类的底栖动物对环境的耐受度不同，摇蚊科部分种的幼虫，如红裸须摇蚊（*Propsilocerus akamusi*）、羽摇蚊（*Chironomus plumosus*）耐污能力强，寡毛纲少数种，如霍甫水丝蚓（*Limnodrilus hoffmeisteri*）则被广泛用来作为中污染和重污染的指示物种（龚志军等，2001）。软体动物双壳纲的种类相对较为敏感，不耐受重富营养及其引起的缺氧环境。因此，通过对底栖动物群落的调查研究，可以客观地分析和评价水体的污染状况。基于底栖动物耐污能力的水质生物参数自 1955 年提出以来，以其独特的优越性一直被美国、英国、加拿大和澳大利亚等国广泛使用（Resh et al.，1995）。早在 20世纪 70 年代，亚洲的日本和韩国走在最前列开展了这方面的研究，到 90 年代初期，已经开始采用以底栖动物类群的耐污值和生物指数来评价水质（王备新等，2001）。在中国，应用大型底栖无脊椎动物进行水质生物监测是从 70 年代末开始发展起来的。80 年代初，颜京松等（1980）和杞桑等（1982）利用底栖动物分别对甘肃境内黄河干支流及珠江广州段水环境质量进行了评价。此后，多名学者陆续发表了有关湘江干流、洞庭湖、漓江等水体的水质污染评价（陆强国，1985；石大康，1985；杨潼等，1986）。1992 年，杨莲芳等与美国克莱姆森大学 Morse教授合作，首次将快速水质生物评价技术介绍到了国内，并利用水生昆虫系统评价了安徽九华河、丰溪河的水质状况（杨莲芳等，1992）。王备新等研究了中国大型底栖无脊椎动物主要分类单元的耐污值，初步确定了我国 BI 指数评价溪流和湖泊水质的标准（王备新，2003），为 BI 指数在我国的应用奠定了前期研究基础。马陶武等（2008）和蔡锟等（2014）对太湖水质评价中底栖动物的综合生物指数进行筛选，并对太湖水质状况进行评价。陈小华等（2013）运用综合底栖动物生物指数对上海河道水质的评价结果和同期主要水质评价结果基本一致。上述的研究成果表明，底栖动物在水质生物评价中具有重要作用和广阔的应用前景。

本节首先基于 2012 年的调查数据，分析底栖动物与主要理化因子的关系，重点探讨了流速差异导致底质类型变化对底栖动物现存量及多样性的影响。此外，基于常用的生物学指数和丰度/生物量曲线，从底栖动物角度评价鄱阳湖现阶段水质状况。

5.5.1　底栖动物群落结构主要影响因素

　　底栖动物与环境因子之间的关系非常复杂，一方面是影响底栖动物的因子众多，另一方面是不同类群底栖动物对同一环境因子的响应差异较大，加之在不同条件下环境因子的影响也随之变化。相关研究发现，通江湖泊水动力条件的时空差异极大（李云良，2013；Li et al.，2014），这会直接影响底栖动物赖以生存的栖息环境，如流速大小直接关系到湖泊沉积物的粒径、有机质含量等理化因素，进而影响底栖动物的群落结构。目前鄱阳湖底栖动物的研究主要集中于群落结构和资源，而关于鄱阳湖水动力条件与底栖动物关系的研究几乎没有。鉴于生物群落受到多个环境因子的影响，本节应用排序分析研究底栖动物与环境因子的关系，排序分析是研究生物群落与环境因子关系最常用的分析手段之一，是迭代过程与多元回归结合起来的方法。

　　冗余分析（RDA）最终筛选出流速/水深比和 chl a，能够最大程度解释底栖动物群落的变化，前两轴共解释了 25.2% 的变异。从图 5-13 看出，PY1～PY3、PY6、PY7 这些点位与流速/水深比正相关，说明这些样点流速较快而水深较浅，其对底质的扰动较强，其他点位水流扰动较弱。chl a 仅与 PY8 点正相关，需要指出的是，该点位于蚌湖口，流速缓慢，有利于浮游植物的生长和积聚，Wu 等（2013，2014）的研究也表明水流条件对鄱阳湖浮游植物的分布具有重要影响。该点的底栖动物也主要以耐污能力强的摇蚊幼虫为主。排除该点位后，可以判断水流的扰动

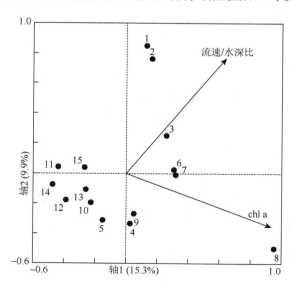

图 5-13　鄱阳湖 15 个样点底栖动物与环境因子关系的冗余分析（RDA）

是影响鄱阳湖底栖动物的关键因素。RDA 分析中大部分水体理化因子并未与底栖
动物群落呈现显著的相关性，其原因可能是鄱阳湖现阶段水质较好，且空间差异
相对较小，导致对底栖动物影响并不显著。此外，水质指标是一个瞬时值，特别
在鄱阳湖这种换水周期很快的水体，其变动很大，因此仅仅四次采样可能不能完
全反映各样点水质的长期状况。在众多天然河流的研究中，国内外学者也发现，
底栖动物与水质参数的关系并不是很密切，栖息地生境条件、流速和底质异质
性却是重要影响因素（Morales et al.，2006；Merigoux et al.，2009；Davidson et
al.，2012）。

　　野外调查发现，根据粒径的组成，鄱阳湖各采样点底质类型可以定性分为三
个类型：沙、淤泥及淤泥＋沙混合底质。底质类型方面，沙质点位主要位于棠荫
水域（PY1 和 PY2）、修水入湖口（PY6）和赣江主支口（PY7），这些点位在枯
水期均靠近主要河流入湖口附近，流速较快。淤泥底质点位于蚌湖口（PY8）和
深水区（PY5 和 PY12），蚌湖口流速缓慢，而深水区由于水深，底层剪切力较
弱，推测更有利于细颗粒物的沉积。其他点位则属于淤泥＋沙混合底质（图 5-14
和图 5-15）。

　　进一步分析不同底质中底栖动物群落的特征发现，淤泥＋沙混合底质类型的密
度显著高于沙底，淤泥底质密度居于中间水平；淤泥＋沙混合底质类型的生物量显
著高于沙、淤泥底质（图 5-16）。双壳类的密度在淤泥＋沙混合底质最高（166 个/m²），
其次是淤泥底质（79 个/m²），沙底质密度最低（21 个/m²）。淤泥底质摇蚊幼虫密度

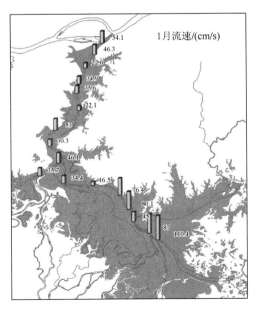
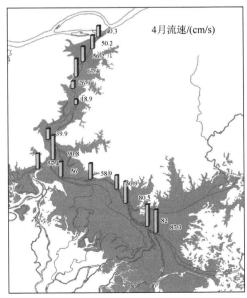

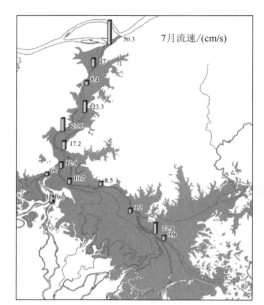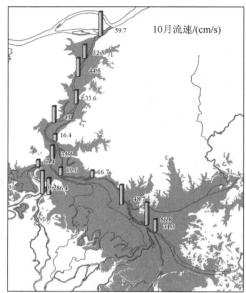

图 5-14　不同月份鄱阳湖各样点平均流速

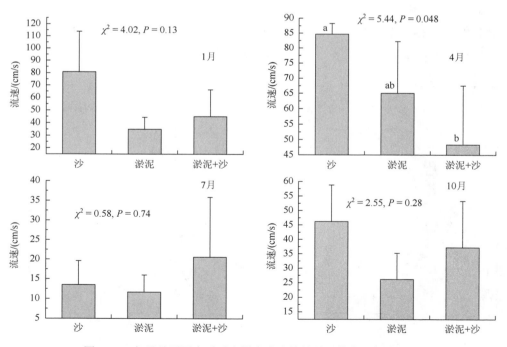

图 5-15　各月份不同底质对应样点流速的差异（均值＋标准差）

显著高于其他两种类型底质（43 个/m²）。众多研究发现，底质类型是影响底栖动物空间分布的关键因素（段学花等，2007；von Bertrab et al.，2013）。一般而言，直接收集者（主要是寡毛类和摇蚊幼虫）在沙底质中密度较低，其原因是这些区域一般流速较快，底质中有机质含量较低，可提供其摄食的食物资源有限，而淤泥底质的高有机质有利于其栖息繁殖（Donohue et al.，2009）。此外，细颗粒组分过多不利于滤食者（主要是双壳类）的摄食（Leitner et al.，2015），这解释了淤泥中双壳类密度为何较低。多样性分析结果表明，物种数量在沙、淤泥、淤泥 + 沙底质中呈增加趋势，Margalef 多样性指数在淤泥 + 沙底质显著高于沙、淤泥底质。Shannon-Wiener 多样性指数和 Simpson 优势度指数在不同底质间不具有显著差异（图 5-17）。总体而言，底栖动物的密度、生物量和多样性在沙、淤泥、淤泥 + 沙底质中呈增加趋势。多样性差异可能与水文条件特征有关，鄱阳湖沙质生境一般流速较高（PY6、PY7＞0.3 m/s），高流速在一定程度上限制了部分小型种类的定居。而淤泥底质流速慢，但细颗粒沉积物不利于软体动物的栖息。相比之下，淤泥 + 沙混合底质能够提供多样的生境，即适合软体动物栖息，同时也有利于寡毛类和摇蚊幼虫，从而表现出最高的多样性。这种现象在长江中下游其他湖泊较为常见，如太湖和洪泽湖的敞水区由于风浪扰动强烈，底质粒径较粗，底栖动物优势种为河蚬和多毛类的齿吻沙蚕（Cai et al.，2012a，2016）。

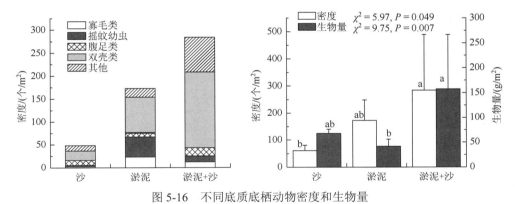

图 5-16　不同底质底栖动物密度和生物量

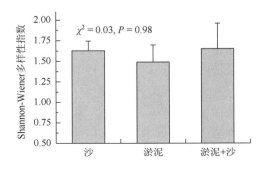

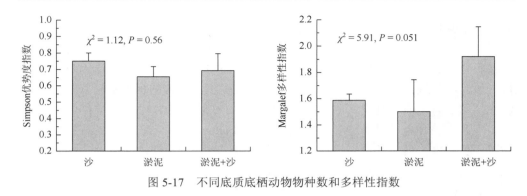

图 5-17　不同底质底栖动物物种数和多样性指数

5.5.2　应用底栖动物评价鄱阳湖水质状况

采用以下几种生物指数和丰度/生物量曲线评价鄱阳湖营养及污染状况（表 5-10）：

$$Wright\ 指数 = 寡毛类密度$$

$$Goodnight\ 生物指数 = \frac{寡毛类个体数}{底栖动物总数}$$

$$BPI\ 生物学指数 = \frac{\lg(N_1 + 2)}{\lg(N_2 + 2) + \lg(N_3 + 2)}$$

式中，N_1 为寡毛类、蛭类和摇蚊幼虫个体数；N_2 为多毛类、甲壳类、除摇蚊幼虫以外其他的水生昆虫个体数；N_3 为软体动物个体数。

表 5-10　底栖动物生物学指数评价标准

Wright 指数	Goodnight 指数	BPI 生物学指数
<100 个/m² 为无污染		小于 0.1 为清洁
[100～999]为轻污染	小于 0.6 为轻污染	[0.1，0.5]为轻污染
[1000～5000]为中度污染	[0.6，0.8]为中污染	[0.5，1.5]为 β-中污染
>5000 严重污染	（0.8～1.0）为重污染	[1.5，5.0]为 α-中污染
		大于 5.0 为重污染

丰度/生物量比较曲线，即 ABC 曲线（abundance and biomass curves），是将生物量和丰度的 K-优势度曲线绘入同一张图，图中 X 轴是依种类丰度或生物量的重要性的相对种数排序，Y 轴是丰度或生物量优势度的累积百分比（田胜艳等，2006）。对于未受扰动的群落，生物量往往是一种或几种体形较大的物种占优势，但是这些种的数量很少，而数量占优势的是个体相对较小的种，其丰度随机性强，这种情况下，群落的丰度曲线比生物量曲线平滑，而生物量曲线则显示较强的优势度，因此，绘出的图形是生物量的 K-优势度曲线始终位于丰度曲线之上。当群

落受到中等程度的污染扰动时，个体较大的种的优势度被削弱，丰度和生物量优势度的不均等程度减弱，丰度和生物量 K-优势度曲线接近重合，或出现部分交叉；当环境被严重污染时，底栖群落逐渐由一种或几种个体较小的种类占优势，此时的丰度曲线位于生物量 K-优势度曲线之上（Warwick，1986）。

利用底栖动物年平均密度，计算各站点生物学指数得分和 ABC 曲线（图 5-18）。结果显示，寡毛类平均密度在所有点位均低于 100 个/m²，并在部分点位未能采集到标本，从寡毛类数量判断各样点水质基本处于无污染状态。Goodnight 指数在所有样点中得分低于 0.6，处于轻污染状态。BPI 生物学指数介于 0.12～1.0，处于轻污染—中污染状态。从丰度/生物量曲线来看，生物量曲线位于丰度曲线之上，这说明鄱阳湖大型底栖动物受到的干扰较弱。结合三种生物指数和 ABC 曲线的评价结果，底栖动物群落结构表明现阶段鄱阳湖水质良好，这与水质监测结果较为一致。李荣昉和张颖（2012）研究结果表明鄱阳湖水质主要以Ⅲ类水为主，刘倩纯等（2013）研究结果表明鄱阳湖 TN、TP 均已达到富营养水平，但现阶段 chl a 浓度相对较低，这主要与鄱阳湖过水性环境有关，流水及高浊度环境不利于藻类的生长和聚集（Wu et al.，2013）。

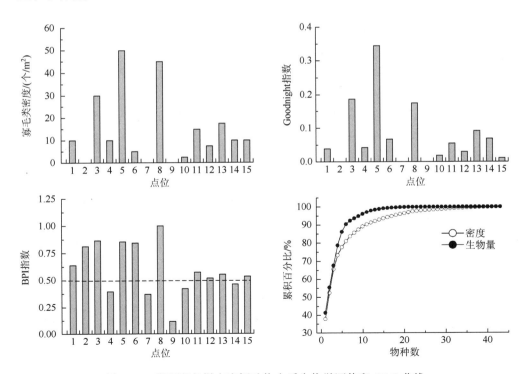

图 5-18　鄱阳湖各样点底栖动物水质生物学评价和 ABC 曲线

5.6　小　　结

鄱阳湖2013～2014年底质TN和TP含量均值分别为1345.4 mg/kg、436.5 mg/kg，有机质含量均值为5.5%。与1992～2008年监测结果相比，底质中氮磷含量未发生显著变化。氮磷和有机质含量高值出现在深水或人类干扰强烈的区域，河流入湖口及高流速水域含量相对较低。

鄱阳湖2012年调查共发现底栖动物43种，其中软体动物种21种，包括双壳类14种和螺类7种；水生昆虫13种，主要为摇蚊科幼虫（10种）；水栖寡毛类较少，共3种；钩虾等其他种类6种。底栖动物密度和生物量空间差异显著，年均密度介于47.5～920个/m²，年均生物量介于28～428 g/m²。主湖区优势种为河蚬、淡水壳菜、钩虾、寡鳃齿吻沙蚕、苏氏尾鳃蚓、铜锈环棱螺及梯形多足摇蚊，现阶段鄱阳湖底栖动物资源主要为软体动物，各类群的密度和生物量的季节变化较小。各监测点物种数介于6～16种，平均值为11种，物种数空间差异较大，高值主要出现在南部水域和通江水域。

1992年以来鄱阳湖底栖动物发生显著变化，软体动物密度显著降低，从1992年的578个/m²降低至2012年的149个/m²，水生昆虫的密度也有降低的趋势，相比之下，环节动物的密度基本无显著变化，介于29～94个/m²。软体动物一直是鄱阳湖底栖动物的优势类群，占据总密度的61.6%～79.3%，底栖动物门类组成方面未发生显著变化。底栖动物优势种发生了较大变化，1992年底栖动物优势种种类较多，且包括较多的大型软体动物蚌类，1998年以来优势种数量减少，大型软体动物蚌类不再为优势种类。

碟形湖蚌湖冬夏两次调查共发现底栖动物18种，其中水生昆虫9种（7种为摇蚊科幼虫）、环节动物4种、软体动物5种，包括双壳类1种和腹足类4种。优势种主要为腹足纲的铜锈环棱螺、长角涵螺、纹沼螺，与鄱阳湖主湖区研究结果相比，底栖动物优势种差异明显。底栖动物密度组成季节差异显著，夏季优势类群为软体动物，占总密度百分比介于66.67%～94.83%，而冬季以水生昆虫（主要是摇蚊幼虫）占据优势，占总密度的72.03%～89.47%。生物量组成方面，两个季节均以软体动物占据优势，在夏季和冬季占总生物量的平均值分别为99.96%和96.83%。各样点底栖动物物种数介于4～14种，平均物种数为6.6种，冬季多样性高于夏季。

水流条件导致的底质类型差异是影响底栖动物空间分布格局的关键因素，总体而言，底栖动物的密度、生物量和多样性在沙、淤泥、淤泥+沙底质中呈增加趋势。寡毛类平均密度在所有样点均低于100个/m²，表明受干扰较弱。生物量曲线位于丰度曲线之上，说明鄱阳湖大型底栖动物群落受到的干扰较弱。生物评价指数和丰度/生物量曲线的评价结果表明现阶段鄱阳湖水质良好。

参 考 文 献

蔡琨, 张杰, 徐兆安, 等.2014. 应用底栖动物完整性指数评价太湖生态健康. 湖泊科学, 26: 74-82.

陈小华, 康丽娟, 孙从军, 等.2013. 典型平原河网地区底栖动物生物指数筛选及评价基准研究. 水生生物学报, 37: 191-198.

陈晔光. 1988. 鄱阳湖及其周围水域的淡水螺类. 动物学集刊, 6: 69-75.

戴友芝, 唐受印, 张建波.2000. 洞庭湖底栖动物种类分布及水质生物学评价. 生态学报, 20: 277-282.

段学花, 王兆印, 程东升.2007. 典型河床底质组成中底栖动物群落及多样性. 生态学报, 27: 1664-1672.

龚志军, 谢平, 唐汇涓, 等.2001. 水体富营养化对大型底栖动物群落结构及多样性的影响. 水生生物学报, 25: 210-216.

郭先武. 1995. 武汉南湖三种摇蚊幼虫生物学特性及其种群变动的研究. 湖泊科学, 7: 249-255.

胡菊英, 姚闻卿.1981. 巢湖底栖动物调查. 安徽大学学报 (自然科学版), 6: 159-173.

胡振鹏, 葛刚, 刘成林, 等.2010. 鄱阳湖湿地植物生态系统结构及湖水位对其影响研究. 长江流域资源与环境, 19: 597-605.

胡振鹏, 张祖芳, 刘以珍, 等.2015. 碟形湖在鄱阳湖湿地生态系统的作用和意义. 江西水利科技, 41: 317-323.

黄漪平. 2001. 太湖水环境及其污染控制. 北京: 科学出版社.

李荣昉, 张颖.2012. 鄱阳湖水质时空变化及其影响因素分析. 水资源保护, 27: 9-13.

李云良. 2013. 鄱阳湖湖泊流域系统水文水动力联合模拟研究. 南京: 中国科学院南京地理与湖泊研究所.

林振涛. 1962. 鄱阳湖的蚌类. 动物学报, 14: 249-257.

刘建康. 1999. 高级水生生物学. 北京: 科学出版社.

刘倩纯, 余潮, 张杰, 等.2013. 鄱阳湖水体水质变化特征分析. 农业环境科学学报, 32: 1232-1237.

刘勇江, 欧阳珊, 吴小平.2008. 鄱阳湖双壳类分布及现状. 江西科学, 26: 280-299.

陆强国. 1985. 利用底栖动物的群落结构进行洞庭湖水质的生物学评价. 环境科学, 6: 59-63.

马陶武, 黄清辉, 王海, 等.2008. 太湖水质评价中底栖动物综合生物指数的筛选及生物基准的确立. 生态学报, 28: 1192-1200.

欧阳珊, 吴小平.2013. 鄱阳湖流域淡水贝类物种多样性, 分布与保护. 海洋科学, 37: 114-124.

欧阳珊, 詹诚, 陈堂华, 等.2009. 鄱阳湖大型底栖动物物种多样性及资源现状评价. 南昌大学学报·工科版, 31: 9-13.

杞桑, 林美心, 黎康汉.1982. 用大型底栖动物对珠江广州河段进行污染评价. 环境科学学报, 2: 181-189.

沈敏, 于红霞, 陈校辉.2006. 长江江苏段沉积物中重金属与底栖动物调查及生态风险评价. 农业环境科学学报, 25: 1616-1619.

石大康. 1985. 底栖动物在评价漓江水质污染中的作用. 环境科学, 24: 2768-2775.

唐红渠. 2006. 中国摇蚊科幼虫生物系统学研究. 天津: 南开大学.

田胜艳, 于子山, 刘晓收, 等.2006. 丰度/生物量比较曲线法监测大型底栖动物群落受污染扰动的研究. 海洋通报, 25: 92-96.

汪星, 郑丙辉, 刘录三, 等.2012. 洞庭湖典型断面底栖动物组成及其与环境因子的相关分析. 中国环境科学, 32: 2237-2244.

王备新. 2003. 大型底栖无脊椎动物水质生物评价研究. 南京: 南京农业大学.

王备新, 杨莲芳.2001. 大型底栖无脊椎动物水质快速生物评价的研究进展. 南京农业大学学报, 24: 107-111.

王小毛, 欧伏平, 王丑明, 等.2016. 洞庭湖底栖动物长期演变特征及影响因素分析. 农业环境科学学报, 35: 336-345.

吴东浩，王备新，张咏，等. 2011. 底栖动物生物指数水质评价进展及在中国的应用前景. 南京农业大学学报，34：
　　129-134.

吴和利，欧阳珊，詹诚，等. 2008. 鄱阳湖夏季淡水螺类群落结构. 江西科学，26：97-101.

吴小平，欧阳珊，胡起宇. 1994. 鄱阳湖的双壳类. 南昌大学学报（理科版），18：249-252.

谢钦铭，李云，熊国根. 1995. 鄱阳湖底栖动物生态研究及其底层鱼产力的估算. 江西科学，13：161-170.

谢志才，张君倩，陈静，等. 2007. 东洞庭湖保护区大型底栖动物空间分布格局及水质评价. 湖泊科学，19：289-298.

熊六凤，欧阳珊，陈堂华，等. 2011. 鄱阳湖区淡水蚌类多样性格局. 南昌大学学报（理科版），35：288-295.

严家跃，黄心一，陈家宽. 2014. 鄱阳湖沿岸带螺类的物种组成及其生境. 水生生物学报，38：407-413.

颜京松，游贤文，苑省三. 1980. 以底栖动物评价甘肃境内黄河干支流枯水期的水质. 环境科学，5：14-20.

杨莲芳，李佑文. 1992. 九华河水生昆虫群落结构和水质生物评价. 生态学报，12：8-15.

杨潼，胡德良. 1986. 利用底栖大型无脊椎动物对湘江干流污染的生物学评价. 生态学报，6：262-274.

阴琨，王业耀，许人骥，等. 2014. 中国流域水环境生物监测体系构成和发展. 中国环境监测，30：114-120.

张超文，张堂林，朱挺兵，等. 2012. 洪泽湖大型底栖动物群落结构及其与环境因子的关系. 水生态学杂志，33：
　　27-33.

张铭华，徐亮，谢广龙，等. 2013. 鄱阳湖流域淡水贝类物种多样性、分布与保护. 海洋科学，37：114-124.

张玺，李世成. 1965. 鄱阳湖及其周围水域的双壳类包括一新种. 动物学报，17：309-317.

周上博，袁兴中，刘红，等. 2013. 基于不同指示生物的河流健康评价研究进展. 生态学杂志，32：2211-2219.

周文斌，万金保，姜加虎. 2011. 鄱阳湖江湖水位变化对其生态系统影响. 北京：科学出版社.

朱海虹，张本. 1997. 鄱阳湖——水文·生物·沉积·湿地·开发整治. 合肥：中国科学技术大学出版社.

朱松泉，窦鸿身. 1993. 洪泽湖——水资源和水生生物资源. 合肥：中国科学技术大学出版社.

Cai Y J，Gong Z J，Qin B Q. 2012a. Benthic macroinvertebrate community structure in Lake Taihu，China：Effects of
　　trophic status，wind-induced disturbance and habitat complexity. Journal of Great Lakes Research，38：39-48.

Cai Y J，Gong Z J，Xie P. 2012b. Community structure and spatiotemporal patterns of macrozoobenthos in Lake Chaohu
　　（China）. Aquatic Biology，17：35-46.

Cai Y J，Jiang J H，Zhang L，et al. 2012c. Simplification of macrozoobenthic assemblages related to anthropogenic
　　eutrophication and cyanobacterial blooms in two large shallow subtropical lakes in China. Aquatic Ecosystem Health
　　& Management，15：81-91.

Cai Y J，Lu Y J，Liu J S，et al. 2016. Macrozoobenthic community structure in a large shallow lake：Disentangling the
　　effect of eutrophication and wind-wave disturbance. Limnologica，59：1-9.

Davidson T A，Mackay A W，Wolski P，et al. 2012. Seasonal and spatial hydrological variability drives aquatic
　　biodiversity in a flood-pulsed，sub-tropical wetland. Freshwater Biology，57：1253-1265.

Donohue I，Molinos J G. 2009. Impacts of increased sediment loads on the ecology of lakes. Biological Reviews，84：
　　517-531.

Friberg N，Bonada N，Bradley D C，et al. 2011. Biomonitoring of human impacts in freshwater ecosystems：The good，
　　the bad and the ugly. Advances in Ecological Research，44：1-68.

Glasby C J，Timm T. 2007. Global diversity of polychaetes（Polychaeta；Annelida）in freshwater. Hydrobiologia，595：
　　107-115.

Karatayev A Y，Burlakova L E，Kesterson T，et al. 2003. Dominance of the Asiatic clam，Corbicula fluminea（Muller），
　　in the benthic community of a reservoir. Journal of Shellfish Research，22：487-493.

Leitner P，Hauer C，Ofenböck T，et al. 2015. Fine sediment deposition affects biodiversity and density of benthic
　　macroinvertebrates：A case study in the freshwater pearl mussel river Waldaist（Upper Austria）. Limnologica，50：

54-57.

Li Y L，Zhang Q，Yao J，et al. 2014. Hydrodynamic and hydrological modeling of the Poyang Lake catchment system in China. Journal of Hydrologic Engineering，19：607-616.

Markert B，王美娥，Wünschmann S，et al. 2013. 环境质量评价中的生物指示与生物监测. 生态学报，33：33-44.

Merigoux S，Lamouroux N，Olivier J M，et al. 2009. Invertebrate hydraulic preferences and predicted impacts of changes in discharge in a large river. Freshwater Biology，54：1343-1356.

Morales Y，Weber L，Mynett A，et al. 2006. Effects of substrate and hydrodynamic conditions on the formation of mussel beds in a large river. Journal of the North American Benthological Society，25：664-676.

Morgan D E，Keser M，Swenarton J T，et al. 2003. Population dynamics of the Asiatic clam，Corbicula fluminea（Muller） in the Lower Connecticut River：Establishing a foothold in New England. Journal of Shellfish Research，22：193-203.

Pan B Z，Wang H J，Liang X M，et al. 2011. Macrozoobenthos in Yangtze floodplain lakes：Patterns of density，biomass， and production in relation to river connectivity. Journal of the North American Benthological Society，30：589-602.

Pascoe P，Parry H，Hawkins A. 2009. Observations on the measurement and interpretation of clearance rate variations in suspension-feeding bivalve shellfish. Aquatic Biology，6：181-190.

Sauter G，Güde H. 1996. Influence of grain size on the distribution of tubificid oligochaete species. Hydrobiologia，334：97-101.

Thomaz S，Bini L，Bozelli R. 2007. Floods increase similarity among aquatic habitats in river-floodplain systems. Hydrobiologia，579：1-13.

Verdonschot P F M. 1996. Oligochaetes and eutrophication：an experiment over four years in outdoor mesocosms. Hydrobiologia，334：169-183.

von Bertrab M G，Krein A，Stendera S，et al. 2013. Is fine sediment deposition a main driver for the composition of benthic macroinvertebrate assemblages? Ecological Indicators，24：589-598.

Wang H Z，Xie Z C，Wu X P，et al. 1999. A preliminary study of zoobenthos in the Poyang Lake，the largest freshwater lake of China，and its adjoining reaches of Changjiang River. Acta Hydrobiologica Sinica，23：132-138.

Wang H Z，Xu Q Q，Cui Y D，et al. 2007. Macrozoobenthic community of Poyang Lake，the largest freshwater lake of China，in the Yangtze floodplain. Limnology，8：65-71.

Warwick R M. 1986. A new method for detecting pollution effects on marine macrobenthic communities. Marine Biology，92：557-562.

Wu Z S，Cai Y J，Liu X，et al. 2013. Temporal and spatial variability of phytoplankton in Lake Poyang：The largest freshwater lake in China. Journal of Great Lakes Research，39：476-483.

Wu Z S，He H，Cai Y J，et al. 2014. Spatial distribution of chlorophyll a and its relationship with the environment during summer in Lake Poyang：A Yangtze-connected lake. Hydrobiologia，732：61-70.

第6章　鄱阳湖阻隔湖泊——军山湖水质水生态特征

自古以来，围（填）湖工程是人类作用于自然环境，造就人工环境的重要生产活动之一，此项工程耗费了巨大的人力和财力。近几十年来，受人多地少和对湖泊功能认识不足等因素影响，导致湖泊被大量不合理围垦，造成湖泊面积急剧减少。据不完全统计，20 世纪 50 年代以来，长江大通以上中下游地区有 1/3 以上的湖泊面积被围垦，围垦总面积超过 13000 km²，这一数字约相当于目前五大淡水湖面积总和的 1.3 倍，因围垦而消亡湖泊达 1000 余个（杨桂山等 2010）。1949～2011 年，国内五大淡水湖共围垦大于 3600 km²，其中湖泊及湖滨滩地造田面积 1.3×10⁵ km²，平均每年因围湖减少的湖泊面积可达 14.7 km²。

我国的围（填）湖活动大概可以划分为三个阶段，其中第一阶段是从战国时代到中华人民共和国成立前，该时期围湖是为了农业发展造田的需要，主要是以围筑堤岸方式向水面争取新耕地，形成了诸如圩田、围田、塘浦、坝田、可浮动的葑田等，同时也有利用湖荡及水面种植水生作物如莲藕和菱角等造田。唐及五代时期，由于实施了大规模的屯田整田制度，掀起了我国历史上第一次修建圩区的高潮；南宋时期，围滩、围湖达到了历史上的高峰，出现了我国历史上第二次修建圩区的高潮。在围湖造田思想下，滇池由 19 世纪初的 500 km²，减少到 1938 年的 338 km²。第二阶段是从 20 世纪 50 年代初到 70 年代末，在"向湖泊要良田"思想指导下，近 30 年里围（填）湖规模达到空前，极大地改变了区域的土地覆盖状况。洞庭湖、鄱阳湖、洪湖、滇池等湖泊，被大规模围垦，加重了湖区的生态环境压力。从 20 世纪 50 年代初到 70 年代末，洞庭湖湖区由于围湖造田活动，新增加的耕地面积达 1.8 万 hm²，由此引发了洪涝灾害频繁发生和生物多样性减少等生态危害；长江和淮河中下游地区，大规模围垦导致湖泊面积减少 1.2×10⁴ km²，因围垦而消失的大小湖泊近 1000 个。第三阶段是从改革开放后至今，随着我国经济社会的快速发展，工业化、高新产业、养殖业以及旅游业等得到较快发展，围（填）湖的目的也逐渐多元化。20 世纪 70 年代末，水利部明令禁止围湖垦殖活动，退田、退塘、退房等还湖还湿工程在一些湖泊得到了实施。据统计，自 20 世纪 50 年代至 20 世纪末，我国 30%以上的湖泊被围垦，总面积达 13000 km²，因围垦已有 1000 多个湖泊消失，并致使湖泊蓄水容积减少 500×10⁸ m³ 以上。其中洞庭湖和鄱阳湖湖泊面积比 20 世纪 40 年代末分别减少了 1700 km² 和 1400 km²，减少比例分别为 40%和 26%（谭述魁，1998；吴凯，1999）。1998 年肆虐整个长江流域的洪水，以一种惩罚性的方式，向围湖造田行为发出了严重的控诉（谭述魁，1998；吴凯，1999）。

围（填）湖会导致湖岸线发生变化，因围湖形成的鱼塘每年置换排水进入湖泊，增加污染物入湖量；另外，围湖后形成的房地产产业使得不透水地面增加，缩小了湖面面积和湖盆容积，降低了湖泊的环境容量。湖滨带的破坏和湖滩湿地面积的减小，削弱了沿岸带对入湖径流携带污染物的净化能力，从而引发湖滨区污染物输移、转化等过程的变化以及水生植物、鱼类、鸟类栖息地等的变化，导致湖岸线生物多样性降低，洪涝灾害频繁，水资源供需矛盾突出。湖滨带的生态完整性和稳定性的破坏，加剧了湖泊水质恶化、水生态系统退化和富营养化的频发（刘志刚等，2015）。

军山湖原为鄱阳湖湖汊，古名南阳湖、日月湖，位于江西省北部，鄱阳湖南部湖区，位置为东经 116°01′～116°33′，北纬 28°09′～28°46′。军山湖属新构造断陷湖泊，形成于 5 世纪后。古记载，宋代有日月湖一座，为南昌市进贤县北部小湖汊。1958 年，江西省建设赣抚平原水利工程时，抚河在荏港改道，于三阳街出青岚湖，经金溪湖而入鄱阳湖，为防止抚河、鄱阳湖洪水进入进贤县腹地，1958～1959 年于三阳街至卢浔渡方向筑堤建闸兴建了军山湖堤、军山湖 I 号泄水闸及船闸、军山湖 II 号泄水闸和英山堤、英山泄水闸及船闸。因此，军山湖由天然湖汊演变成受人工控制的水库型湖泊。建闸围湖后，军山湖水文情势发生根本性改变，加之近年来人类活动影响加剧，导致湖区生态环境恶化，水质水生态变化趋势明显区别于鄱阳湖主湖区，因此开展军山湖水质水生态特征研究，明确围湖工程对湖区生态系统变化的影响机制，对湖泊资源的科学合理利用和修复对策提供科学依据。

6.1 军山湖流域概况

军山湖集水面积 1015.5 km²，主要入湖河流有下埠港、钟陵港、池溪港、青岚湖等。据调查，军山湖常年水位维持在 16.6～18.0 m，平均水深 4.5 m，最大水深 6.4 m；水面面积 180～220 km²，湖泊总库容 12.7 亿 m³，有效调洪容积 7.5 亿 m³，多年平均降水量 1580 mm，年最大降水量 2326 mm，年最小降水量 1078 mm。军山湖泄水时，全部由 I 号、II 号泄水闸和上埠闸及大坊闸以自排方式排出，最终汇入鄱阳湖。正常年份中，I 号、II 号、英山泄水闸泄水流量分别为 187 m³/s、271 m³/s、86 m³/s，而以上三闸最大泄量为 700 m³/s。

军山湖流域共涉及 14 个乡镇，包括 13 个隶属于进贤县的梅庄镇、二塘乡、钟陵乡、池溪乡、下埠集乡、三阳集乡、南台乡、民和镇、衙前镇、白圩乡、七里乡、三里乡、前坊镇和 1 个东乡县的詹圩镇。由于进贤县前坊镇和东乡县詹圩镇所属军山湖流域面积极小，对军山湖的影响可忽略。具体流域范围如图 6-1 所示，共涉及钟陵水、池溪水、幸福港（属下埠河支流）这三条河流。军山湖流域耕地面积 3.9×10^4 hm²，占全县耕地面积的 67.7%，其中水田面积 2.5×10^4 hm²，占全县水田面积的 62.0%，旱地面积 1.3×10^4 hm²，占全县旱地面积的 80.4%。山林面积 2.6×10^4 hm²，占全县山林面积的 68.0%，大小水库和湖泊星罗棋布。军山湖周边分布的 14 个乡镇，以丰富的农业资源为基础，水面特色养殖和"绿色"作物种植的生态农业经济为主。水产养殖以军山湖出产的清水大闸蟹为代表，名扬海内外，年销量达 60 万 kg。近年来食用菌、茶叶、油茶、网箱养鳝等特色产业正在形成军山湖的一大亮点。

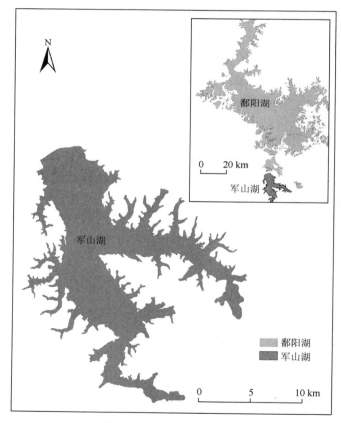

图 6-1　军山湖流域示意图

6.1.1　面积与容积

军山湖处于鄱阳湖平原抚河尾闾，流域涉及进贤县和东乡县。池溪水、三汊港水汇入，集水面积 1015.5 km²。东与信江毗连，南、西与抚河相邻，北为陈家湖和鄱阳湖湖汊金溪湖。水面大致呈"人"字形，南北长 22 km，东西宽 5 km，最宽处 13 km。湖底平坦，最低处高程 10.1 m。水位呈季节性变化，根据近年来的水位观测资料，军山湖内湖水位一般从 3 月开始逐渐上升，至 6 月或 8 月上升至最高水位，然后逐渐下降，至 12 月或次年的 1 月降至最低水位。据 2011 年开展的鄱阳湖基础地理测量结果，军山湖水位-容积、水位-面积关系曲线如图 6-2 和图 6-3 所示，平均水深 6.9 m，当军山湖水位 20 m 时，水面面积达 255 km²，容积达 17.51 亿 m³。

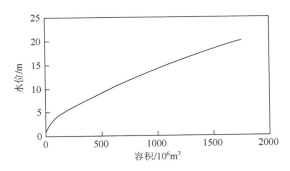

图 6-2　2011 年军山湖水位-容积关系曲线图

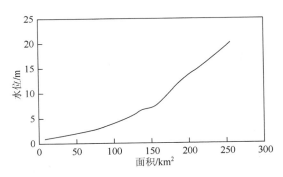

图 6-3　2011 年军山湖水位-面积关系曲线图

6.1.2　降水

军山湖流域内建有梅庄雨量站，附近建有三阳和进贤雨量站，本节根据这三个雨量站的雨量资料来分析军山湖的降水情况。

1. 降水年内分配

1965～2010 年军山湖流域年均降水量 1594 mm，降水量季节分配不均，降水主要集中在汛期 3～8 月，其降水量占全年降水量的 50%～80%。月均降水量占全年降水量的百分比如图 6-4 所示，降水量从 1 月的 4%左右开始逐月上升，5 月、6 月达全年最高，占 15%～17%，自 7 月开始逐月下降，11 月、12 月为最小值，仅约占全年的 3%左右。

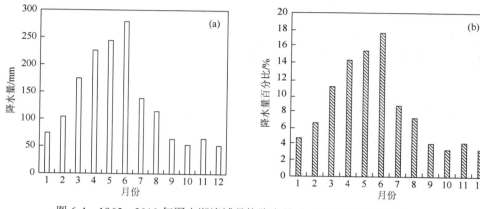

图 6-4　1965～2010 年军山湖流域月均降水量（a）与降水量百分比（b）

2. 降水年际变化

如图 6-5 所示，1965～2010 年军山湖流域年降水量年际之间的波动较大，但增长趋势不显著。最大年降水量出现在 2010 年，达 2348.5 mm，最小年降水量出现在 1971 年，年降水量仅 1167.8 mm，最大年降水量约是最小年降水量的 2 倍。

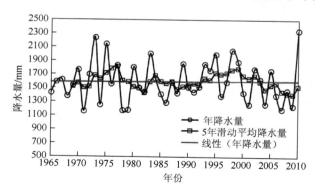

图 6-5　1965～2010 年军山流域年降水量和 5 年滑动平均降水量趋势图

6.1.3　径流

1. 分析依据站

马圩水文站位于抚州市东乡县马圩镇上车村，1978 年由江西省水利厅设立，连续观测水位、流量、降水等水文动态，具有 1978~2011 年连续观测水文资料。由于军山湖流域内无水文站，而附近的抚河支流延桥水上建有马圩水文站，两个流域地理位置临近，流域面积、气候、下垫面等条件相似。马圩水文站以上流域面积为 583 km²，军山湖流域面积为 1015.5 km²，根据《水利水电工程水文计算规范》（SL278—2002）要求，"当工程地址与设计依据站的集水面积相差不超过 15%，且区间降水、下垫面条件与设计依据站以上流域相似时，可以按面积比推算工程地址的径流量。若两者集水面积相差超过 15%，或虽不足 15%，但区间降水、下垫面条件与设计依据站以上流域相差较大时，应考虑区间与设计依据站以上流域降水、下垫面条件的差异，推算工程地址的径流量。"因此选取马圩水文站径流资料采用水文比拟法进行分析。马圩水文站以上流域建有东乡、岗上积、虎形山、黎圩、琉璃、双塘港、肖公庙 7 个雨量站。选取马圩水文站以上流域相应序列的雨量资料，用算术平均法计算马圩水文站以上流域的面降水量，将其与军山湖流域的降水量进行相关分析，从图 6-6 可以看出，两个流域的降水量相关系数达0.5863，相关性较好，故可直接采用水文比拟法，按面积比计算得出军山湖流域径流数据。

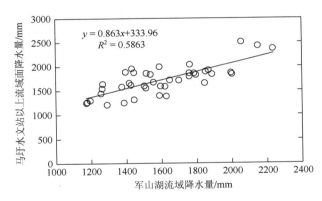

图 6-6　军山湖流域降水量与马圩水文站以上流域面降水量相关关系

2. 入湖径流量

军山湖整个流域面积 1015.5 km²，常年水面面积 180~220 km²，由于水面产水与入湖径流的产汇流机制不一致，因此军山湖流域的来水量分为两个部分，一部分为军山湖的入湖径流，一部分为水面产水。因此在计算入湖径流量时，流域面积采用 815.5 km²，计算水面产水量时水面面积采用 200 km²。根据上述分析，军山湖入湖径流量由马圩水文站历年逐月径流系列推算得出。推算结果如图 6-7 所示，军山湖入湖径流量年均值为 25.1 m³/s，而多年平均径流量为 7.98×10⁸ m³，入湖月均流量和径流量从 1 月增加，在 6 月达到最大值，其入湖月均径流量为 63.3 m³/s，均匀径流量为 1.70×10⁸ m³，7 月后逐月下降。

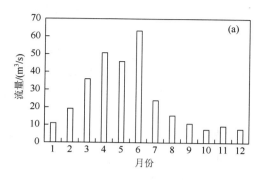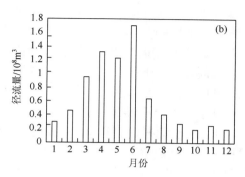

图 6-7   1965～2010 年军山湖月平均入湖流量（a）与径流量（b）

军山湖入湖水量的年内变化很大。军山湖流域一般 3 月进入汛期，暴雨频繁，入湖水量主要集中在 3～6 月，占全年总量的 65.1%，其中 5 月、6 月两月占 36.7%。7 月雨季基本结束，转入干旱季节，入湖水量急剧减少，9 月至次年 1 月每月占年总量的百分比均小于 5%。最大值出现在 6 月，占全年 21.2%，最小值出现在 12 月，仅占 2.5%，最大与最小的比值为 8.48 倍。

3. 水面产水量

用湖区的降水、蒸发资料采用水量平衡法计算水面产水量。计算中选用军山湖水面面积 200 km²，选用梅庄雨量站降雨量，选用康山蒸发站蒸发量，将湖面面积上的降水量扣除水体蒸发后即为湖面径流。结果如图 6-8 所示，军山湖水面多年平均产水量 11476 万 m³，水面产水量主要集中在汛期的 3～6 月，7～9 月由于降水偏少，气温较高，因此水面产水量为负值，这段时间军山湖来水主要靠地表径流补给。

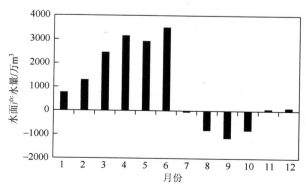

图 6-8   1965～2010 年军山湖月均水面产水量

6.1.4　蒸发

军山湖流域内无蒸发资料，根据实际情况，因康山与军山湖临近，故选用 1965～2010 年鄱阳湖康山蒸发资料对军山湖的蒸发进行分析。由图 6-9 可见，多年平均水面蒸发量 1031 mm，最大年蒸发量出现在 1964 年，达 1281.9 mm，最小年蒸发量出现在 2002 年，仅 829.1 mm。蒸发量以 1 月最小，占全年蒸发量的 3.5%，7 月蒸发量最高，占全年蒸发量的 15.5%，随后逐月变小。

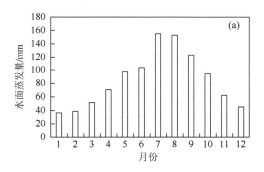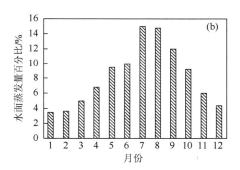

图 6-9　1965～2010 年康山月均水面蒸发量（a）和蒸发量百分比（b）

6.1.5　水位

根据军山湖河道堤防管理局提供的 2000～2010 年军山湖内湖及外湖逐日水位资料可知，近年来，军山湖内湖水位多为 15.2～19.6 m，水位变幅不大，外湖水位多为 14.4～20.5 m，变动幅度与内湖相比较大。主要原因是军山湖内湖水位因建圩堤及闸门控制，水位变化主要受流域降雨等因素影响，外湖水位除流域降水等影响外，鄱阳湖水位波动也是其中的一个影响因素。通过近 10 年的水位观测资料可知，军山湖内湖最高水位多出现在 6 月和 8 月，最低水位多出现在 1 月和 12 月，这与鄱阳湖主湖区出现最高水位和最低水位的时间基本一致。

通过分析 2007 年军山湖内湖、外湖、三阳站以及鄱阳湖水位代表站星子站逐日水位过程线（图 6-10），由于三阳站距军山湖较近，军山湖外湖水位与三阳站水位变化过程基本一致，而内湖水位受军山湖圩堤控制，与外湖水位、三阳站水位相差较大。鄱阳湖水位代表站星子站水位在高水位时与三阳站水位、军山湖外湖水位基本一致，在枯水期星子站水位与三阳站水位、军山湖外湖水位变化趋势基本一致，但星子站水位变化幅度更为剧烈。因军山湖圩堤以及闸门控制影响，军山

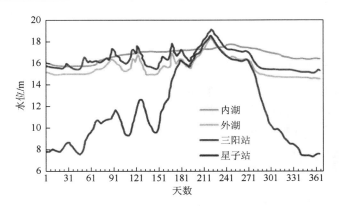

图 6-10　2007 年鄱阳湖星子站水位与军山湖三阳站、内湖及外湖逐日水位趋势图

湖内湖最高水位出现时间较星子站、三阳站最高水位出现时间晚。因此，军山湖建闸后，其湖内水位年际年内变化非常小。

6.2　军山湖污染物输入通量与水质现状

湖泊是重要的国土资源，具有调节河川径流、发展灌溉、提供工业和饮用的水源、繁衍水生生物、沟通航运、改善区域生态环境以及开发矿产等多种功能，在国民经济的发展中发挥着重要作用。但是随着经济的发展，城镇人口不断增加，工业废水、生活污水的排放量日益增长，造成湖泊污染加剧，可利用水量减少、生态与环境日益恶化等，其中水质下降和富营养化加重是比较突出的问题。造成湖泊富营养化的原因是营养物质的大量入湖，因此，要控制湖泊富营养化，应该控制入湖营养物的输入。湖泊污染物入湖通量及水质现状的研究可为营养盐入湖总量控制管理提供基础数据。

6.2.1　湖区污染物来源

按照污染入湖来源可分为生活污染源、工业污染源、农业种植业流失、畜禽养殖污染源、水产养殖污染源及湿沉降污染源六类途径。

1. 生活污染源

军山湖流域居民生活污染物包括城镇与乡村居民生活用水所产生的污染，军山湖流域涉及进贤县民和镇（县城所在镇）、梅庄镇等 12 个乡镇，进贤县居民生活污水经进贤县污水处理厂处理后达标排放，而其余乡镇与农村居民生活经简单处理后直接排放。根据《江西统计年鉴 2012》，民和镇人口 172390 人，其余城镇人口 114396 人。民和镇城镇居民生活污水 COD、TN、TP 入湖量如表 6-1 所示，COD 入湖量最大，为 641.4 t/a，TP 入湖量最小，为 53.5 t/a。

表 6-1　民和镇城镇居民生活污水 COD、TN、TP 入湖量　（单位：t/a）

	入湖量	
COD	TN	TP
641.4	160.4	53.5

城镇居民和农村居民的生活方式略有差异，且农村生活污水大部分未经处理直接散排入湖，因此在估算时，需对城镇和农村污染通量加以区分。根据江西省实际情况，其农村与城镇居民生活污水产污经验系数见表 6-2。

表 6-2　江西省农村与城镇居民生活污水产污经验系数表　（单位：kg/(人·a)）

产污方式	COD	TN	TP
城市生活	9.3	0.72	0.20
农村生活	5.8	0.58	0.15

根据军山湖流域各乡镇非农业人口与农业人口数量，参照生活污水产污经验系数见表 6-2，估算军山湖流域各乡镇居民生活污水 COD、TN、TP 入湖量见表 6-3。

表 6-3　军山湖流域各乡镇居民生活污水 COD、TN、TP 入湖量

乡镇分类	乡镇名称	总人口/人	非农业人口/人	农业人口/人	排放量/(t/a)			入湖系数	入湖量/(t/a)		
					COD	TN	TP		COD	TN	TP
滨湖乡镇	三里乡	45139	2637	42502	271	31	0.06	0.80	217	25	0.05
	三阳集乡	34543	1921	32622	207	24	0.04	0.80	166	19	0.04
	二塘乡	17119	583	16536	101	12	0.02	0.80	81	10	0.02
	七里乡	35047	1495	33552	209	24	0.05	0.80	167	19	0.04
	南台乡	20296	941	19355	121	14	0.03	0.80	97	11	0.02
近湖乡镇	梅庄镇	39020	2005	37015	233	27	0.05	0.80	187	21	0.04
	钟陵乡	30198	2247	27951	183	20	0.04	0.70	128	14	0.03
	池溪乡	25152	1542	23610	151	17	0.03	0.70	106	12	0.02
其他乡镇	下埠集乡	32335	1604	30731	193	22	0.04	0.60	116	13	0.03
	衙前乡	18395	1282	17113	111	12	0.02	0.60	67	7	0.01
	白圩乡	30941	1699	29242	185	21	0.04	0.60	111	13	0.02
	民和镇	172390	114396	57994	336	0.20	0.000	0.60	202	0.12	0.000
合计		500575	132352	368223	2303	225	0.43		1643	165	0.31

注：此表中民和镇只计算农村人口居民生活污水所含主要污染物

结合表 6-1 和表 6-3，军山湖流域城镇及农村居民生活污水主要污染物 COD、TN、TP 的入湖量分别为 2284.4 t/a、325.4 t/a、53.81 t/a。

2. 工业污染源

根据相关调查资料，除民和镇、七里乡和钟陵乡外，军山湖流域其他 9 个乡镇主要为黏土砖瓦及建筑砌块制造业，废水和污染物排放量极少，所占污染物入湖量比例极低，可忽略不计。故本节只统计民和镇、七里乡和钟陵乡这三个乡镇的废水及污染物排放量（表 6-4），结果表明，以上三个乡镇 2010 年全年排放废水分别为 44595 t、13 t 和 732 t，其中 COD 全年排放量占总工业废水排放量的 0.03%、0.03% 和 0.05%。

表 6-4　2010 年军山湖流域工业废水及污染物排放量

乡镇名称	工业废水及污染物排放量		
	废水/t	COD/t	COD/%
民和镇	44595	13.2	0.03
七里乡	13	0.004	0.03
钟陵乡	732	0.4	0.05

数据来源：2010 年江西省污染普查

根据江西省城镇生活污水集中处理率和工业废水达标排放率，确定各乡镇污水排放的达标排放量和未达标排放量。其中达标排放量按照污水综合排放标准，确定 TN、TP 排放浓度；未达标排放量按工业废水及生活污水 TN、TP 平均排放浓度计算，以此来确定民和镇生活污水 TN、TP 排放总量（表 6-5）。

表 6-5　民和镇 TN、TP 排放标准及未达标排放污染物计算浓度值

污水类型	执行标准	计算浓度/(mg/L)		达标排放率/%	未达标排放污染物计算浓度/(mg/L)	
		TN	磷酸盐		TN	磷酸盐
生活污水	污水排放综合标准二级	30	1	90.85	42	1.5
工业废水	污水排放综合标准二级	60	1	93.33	72	1.5

数据来源：2010 年《江西统计年鉴》

按照表 6-5 确定各乡镇工业废水中 TN、TP 的入湖量，结果见表 6-6。其中民和镇工业废水中 COD、TN 和 TP 产生量远大于其他乡镇的工业废水中 COD、TN 和 TP 产生量，其次为钟陵乡，工业废水中 COD、TN 和 TP 入湖绝对量也以民和

镇居多。虽然七里乡的工业废水中 COD、TN 和 TP 产生量和入湖量均为最小，但是入湖系数最大，为 0.8。

表 6-6　军山湖流域工业废水污染物产生和入湖总量

乡镇名称	产生量/t			入湖系数	入湖量/t		
	COD	TN	TP		COD	TN	TP
民和镇	13.2	2.71	0.0461	0.6	7.92	1.63	0.03
七里乡	0.004	0.0008	0.00001	0.8	0.0032	0.0006	0.0000
钟陵乡	0.4	0.04	0.0008	0.7	0.280	0.031	0.0005
合　计	13.6	2.76	0.05		8.20	1.66	0.03

数据来源：2009 年江西省污染普查

3. 农业种植业流失

农业种植业流失产生的主要污染因子为 N、P，主要来源为各乡镇化肥的使用。根据《江西统计年鉴 2012》，军山湖流域各乡镇化肥施用情况见表 6-7。由于钾肥不含 N、P，故本节不做考虑。根据江西省化肥施用实际情况，确定各种肥料中氮磷比例如表 6-8 所示。

表 6-7　军山湖流域各乡镇化肥施用情况表（折纯量）　　（单位：t/a）

乡镇分类	乡镇名称	氮肥	磷肥	钾肥	复合肥
滨湖乡镇	三里乡	356	334	269	544
	三阳集乡	425	375	97	479
	二塘乡	395	244	258	562
	七里乡	308	202	102	1943
	南台乡	206	113	89	233
近湖乡镇	梅庄镇	118	167	93	170
	钟陵乡	800	66	95	635
	池溪乡	353	224	118	563
其他乡镇	下埠集乡	541	339	263	717
	衙前乡	300	211	208	263
	白圩乡	244	32	219	1156
	民和镇	704	405	331	531
合　计		4749	2712	2143	7797

数据来源：《江西统计年鉴 2012》

表 6-8　2009 年江西省化肥施用结构系数

化肥类型（折纯）	氮肥	磷肥	复合肥
氮磷比例（N、P₂O₅，%）	100、0	0、100	42.9、28.6
氮磷系数（N、P）	1、0	0、0.437	0.429、0.125

我国南方地区氮肥的流失范围为 8%～20%，平均流失率为 11% 左右（刘润堂等，2002），本节中氮肥流失系数取 11%；而磷肥的流失相对较少，在 2%～5% 波动，本节中磷肥流失系数取 4%。计算各乡镇氮磷元素入湖量见表 6-9，七里乡的化肥 TN 流失量最大，为 125.5 t/a，民和镇化肥 TN 流失量居第三，为 102.5 t/a；民和镇化肥 TP 流失量最大，为 7.6 t/a；七里乡化肥 TN 入湖量最大，为 100.4 t/a，民和镇化肥 TN 入湖量居第三，为 61.5 t/a；三阳集乡化肥 TP 入湖量最大，为 5.5 t/a，民和镇化肥 TP 入湖量居第三，为 4.6 t/a。与其他乡镇相比，滨湖乡镇化肥污染物入湖系数较大，均为 0.80。

表 6-9　军山湖流域各乡镇化肥 TN、TP 污染物入湖量

乡镇分类	乡镇名称	TN、TP 流失量/(t/a)		入湖系数	TN、TP 入湖量/(t/a)	
		TN	TP		TN	TP
滨湖乡镇	三里乡	64.9	6.2	0.80	51.9	4.9
	三阳集乡	69.4	6.9	0.80	55.5	5.5
	二塘乡	70.0	4.6	0.80	56.0	3.7
	七里乡	125.5	4.2	0.80	100.4	3.3
	南台乡	33.6	2.1	0.80	26.9	1.7
	梅庄镇	21.0	3.0	0.80	16.8	2.4
近湖乡镇	钟陵乡	118.0	1.7	0.70	82.6	1.2
	池溪乡	65.4	4.2	0.70	45.7	3.0
	下埠集乡	93.4	6.4	0.60	56.0	3.8
其他乡镇	衙前乡	45.4	3.9	0.60	27.2	2.3
	白圩乡	81.4	1.0	0.60	48.8	0.6
	民和镇	102.5	7.6	0.60	61.5	4.6
合计		890	52		629	37

农业种植 COD 污染物根据各乡镇农业种植面积，结合 COD 农田源强系数、流失系数等计算得出。根据《全国水环境容量核定技术指南》提出的排放系数，标准农田源强系数为 COD 10 kg/(亩·a)。依据军山湖各乡镇农田类型及面积，各乡

镇农业种植 COD 流失量见表 6-10，其中民和镇 COD 农业种植产生量和流失量均最大，分别为 972 t/a 和 583 t/a，而滨湖诸乡镇 COD 流失系数大于其他乡镇 COD 流失系数。

表 6-10   军山湖流域各乡镇农业种植 COD 流失量

乡镇分类	乡镇名称	耕地面积 /hm²	修正后 COD 标准源 强系数/(kg/(亩·a))	COD 产生量 /(t/a)	流失系数	COD 流失总量 /(t/a)
滨湖乡镇	三里乡	4611	10	692	0.80	553
	三阳集乡	2923	10	438	0.80	351
	二塘乡	3164	10	475	0.80	380
	七里乡	3793	10	569	0.80	455
	南台乡	3590	10	539	0.80	431
近湖乡镇	梅庄镇	4797	10	720	0.80	576
	钟陵乡	5399	10	810	0.70	567
	池溪乡	3849	10	577	0.70	404
其他乡镇	下埠集乡	4498	10	675	0.60	405
	衙前乡	2881	10	432	0.60	259
	白圩乡	3439	10	516	0.60	310
	民和镇	6481	10	972	0.60	583
合计		49425		7414		5273

4. 畜禽养殖污染源

畜禽养殖污染入湖 COD、TN、TP 主要根据军山湖流域各乡镇畜禽养殖的存栏量，结合排放系数、流失系数进行计算。刘培芳等（2002）的相关研究结果显示，长江三角洲地区市郊畜禽粪便流失率为 30%～40%；熊汉锋等（2008）的相关研究表明，我国湖泊水网地区畜禽养殖污染物的入湖率约为 10% 左右。考虑到江西省畜禽养殖比较发达，发展水平低，污染较重，同时结合军山湖流域实际情况按三类乡镇分类，入湖系数分别采用不同的比例系数进行估算，最终得出军山湖流域各乡镇畜禽养殖污染物入湖量见表 6-11。民和镇畜禽养殖污染物 COD、TN 和 TP 排放量均最大，分别为 5911 t/a、1140 t/a 和 406 t/a；畜禽养殖污染物 COD 和 TN 入湖量也以民和镇为最大，分别为 887 t/a 和 114 t/a；而畜禽养殖污染物 TP 入湖量以衙前乡最大，民和镇居第三。

表 6-11　军山湖流域各乡镇畜禽养殖污染物入湖量计算表

乡镇分类	乡镇名称	排放量/(t/a)			入湖系数	入湖量/(t/a)		
		COD	TN	TP		COD	TN	TP
滨湖乡镇	三里乡	1567	322	119	0.30/0.20/0.15	470	64	18
	三阳集乡	1572	320	116	0.30/0.20/0.15	472	64	17
	二塘乡	618	129	42	0.30/0.20/0.15	185	26	6
	七里乡	2159	442	146	0.30/0.20/0.15	648	88	22
	南台乡	1119	219	76	0.30/0.20/0.15	336	44	11
	梅庄镇	1837	374	134	0.30/0.20/0.15	551	75	20
近湖乡镇	钟陵乡	1450	292	107	0.20/0.15/0.10	290	44	11
	池溪乡	2394	466	176	0.20/0.15/0.10	479	70	18
其他乡镇	下埠集乡	1876	396	156	0.15/0.10/0.05	281	40	8
	衙前乡	5004	1163	459	0.15/0.10/0.05	751	116	23
	白圩乡	1752	345	122	0.15/0.10/0.05	263	34	6
	民和镇	5911	1140	406	0.15/0.10/0.05	887	114	20
合计		27258	5607	2057		5612	779	180

5. 水产养殖污染源

军山湖水产养殖发展大致经历了人放天养、人工网栏粗养、产业化经营三个发展阶段。军山湖水产养殖所经历的三个阶段养殖面积与产量逐年上升，到 1999 年养殖面积 6.4 万亩，产量达 896 t，TN、TP、COD 等三种污染物入湖量分别为 240 t/a、60 t/a、2396 t/a；到 2010 年养殖面积 32 万亩，产量达 1800 t，TN、TP、COD 三种污染物入湖量分别为 1139 t/a、285 t/a、11392 t/a（表 6-12）。

表 6-12　军山湖不同养殖阶段代表年水产养殖污染物入湖量

年份	投饵量/t	污染物入湖量/(t/a)		
		TN	TP	COD
1999	299520	240	60	2396
2010	1424000	1139	285	11392

6. 湿沉降污染源

根据中国科学院南京地理与湖泊研究所鄱阳湖站的观察表明，由湿沉降年输入的氮素为 1650～3495 kg/km^2，湿沉降氮素中以 NH_4^+-N 为主，占 TN 的 2/3。

湿沉降中磷的含量为 20～50 kg/km²。由于湿沉降中 COD 所占比重极小，故忽略不计，计算结果见表 6-13。因湿沉降，污染物 TN 入湖量为 363 t，TP 入湖量为 8.8 t。

表 6-13　军山湖湿沉降污染物入湖量计算表

区域	面积/km²	沉降系数/(kg/km²)		入湖系数	入湖量/t	
		TN	TP		TN	TP
湖面	200	1650	40	1.00	363	8.8

7. 入湖总污染物核算分析

综上，军山湖 COD、TN、TP 年入湖量分别为 21723.7 t、1394.1 t 和 201.1 t。图 6-11 分别为军山湖年入湖 COD、TN 和 TP 的不同污染源贡献率情况，其中水产养殖是贡献率最大的污染源，分别占到入湖 COD 总量的 52.88%、入湖 TN 总量的 35.68%及入湖 TP 总量的 59.59%，因此有效控制水产养殖造成的污染将会使军山湖目前的水质状况得到有效改善。畜禽养殖与农业种植业对军山湖入湖负荷的贡献率也较大，分别占到入湖 COD 总量的 22.12%和 16.18%、入湖 TN 总量的 16.05%和 17.90%与入湖 TP 总量的 21.35%和 10.22%。而湿沉降仅对入湖 TN 贡献率较大，占入湖 TN 总量的 26.03%，对入湖 TP 的贡献不明显。

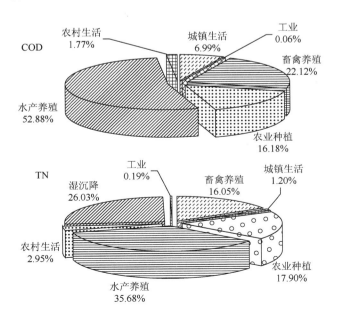

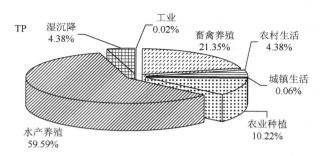

图 6-11　军山湖年入湖 COD、TN 和 TP 的不同污染源贡献率

6.2.2　湖区水质现状

　　2011～2012 年对军山湖湖区 COD、TP、TN、NH$_4^+$-N 及总悬浮物浓度进行原位定点监测，结果显示（图 6-12），军山湖水环境质量在不同季节表现不同，总体趋势为枯水期（11 月）水质质量明显劣于平水期（3 月）和丰水期。根据《地面水环境质量标准》（GB3838—2002），军山湖 COD 达地表水环境质量标准 I 类～II 类要求，TN 和 NH$_4^+$-N 达 II 类～III 类要求，主要超标指标为 TP，仅达 III 类～IV 类要求。总悬浮颗粒物浓度介于 9～20 mg/L，该浓度值远小于鄱阳湖总悬浮颗粒物浓度。单因子指数法评价结果表明，目前军山湖水体中 TP 的超标倍现象较为明显，故 TP 指标应作为改善军山湖水质的主要污染控制指标。综合污染指数法评价结果表明，军山湖的水质现状为轻度污染，污染程度不大，稍加控制水质级别即可由"轻污染"转化为"影响"。从流域贡献来看，幸福港及湖区周边的非点源污染对军山湖水质影响较大。

　　综合以上水质监测结果表明，2011～2012 年军山湖 TN、TP 的平均浓度分别

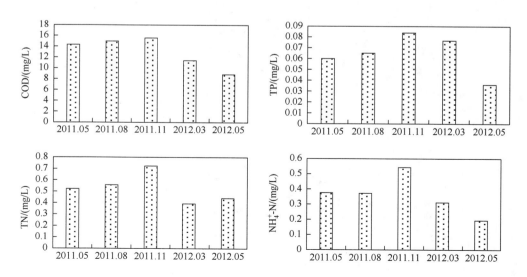

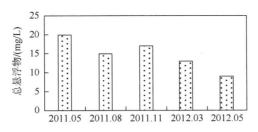

图 6-12　2011～2012 年军山湖 COD、TP、TN、NH_4^+-N 及总悬浮物浓度变化

约为 0.53 mg/L 和 0.06 mg/L。假设本节非点源氮、磷污染负荷在全湖内均匀分布，不考虑降解动力学作用，军山湖氮、磷的容积负荷将分别达到 0.8 mg/L、0.08 mg/L，叠加本底浓度将达到 1.33 mg/L、0.14 mg/L，TN 已与洞庭湖（1.11 mg/L）、洪泽湖（1.39 mg/L）相当，而 TP 指标已是IV类，长江中下游地区浅水湖泊从草型生态类型转向藻型生态类型的 TP 阀值为 0.09 mg/L 左右，表明军山湖已经成为富营养型湖泊，且有引发藻类水华的风险。依据军山湖湖区污染物来源结果分析，水产养殖是污染物 COD、TN 和 TP 贡献率最大的污染来源，因此，科学合理地健康化养殖才能从根本上应对水产养殖造成的湖体污染。据估算，军山湖流域周边乡镇均下调水产养殖面积 0.1 t/亩，可实现水产养殖污染物 COD、TN 和 TP 削减约 15%。另外，合理地选择饵料种类，并适时进行投放也是非常关键的，因为水产养殖的废物大多数来自饲料，要降低由此产生的污染物，就应注意饲料的营养成分比例及投喂方式。

6.3　军山湖浮游生物变化特征

水利工程的建设和实施会引起生物个体、种群、群落及其生存环境的变化。例如，水库工程的运行使陆地变为水域、浅水变为深水、流动水体变为静止水体，这些均会影响生物的生存环境，而生物对这种变化的反应会以多种形式表现出来。研究表明，水利工程运行后会形成广阔的水域，水流速度变缓，甚至处于相对静止状态，水层透明度增加，加上水体内丰富的矿质营养成分，在适宜的温度条件下，会促进水体中浮游生物的快速生长和繁殖，蓝藻的异常增殖又会导致水质恶化，出现富营养化现象。日本在 1974～1975 年对 37 座水库进行调查，其中 74%的水库处于中营养以上的水平。苏联对伏尔加河梯级水库群营养水平进行多年观测，有 4 个水库属中-富营养化类型。国内永定新河河口建闸后，潮水不再进入河道，使原来由潮汐水流控制的河道变成水库型河道，对浮游植物来说，闸上污水经过物理、化学和生物的自然净化作用，使有机物沉淀分解，其结果可能有利于藻类的生长繁殖；对浮游动物来说，建闸后，闸上淡水种可能会增加，由于污染物的积累，可能会出现耐污种，而不利于典型河口种或海洋沿岸种的生存，种类会减少。由此可见，水利工程的建设将引起水体水文情势的改变，导致水体水质发生变化，从而对水体浮游生物产生影响，因此，建闸后水体中浮游生物的演变趋势是当今水环境课题中亟须研究的问题。

6.3.1　湖区浮游植物分析

1. 2007～2008 年浮游植物群落种类组成结构特征

1）细胞数量和生物量结构组成

2007～2008 年调查期间，共检出浮游植物 7 门 29 属，其中绿藻门 11 属，硅藻门 7 属，蓝藻门 5 属，裸藻门 2 属，甲藻门 2 属，隐藻门 1 属，金藻门 1 属（表 6-14）。丰水期 Shannon-Wiener 多样性指数为 1.194，枯水期为 1.271，浮游植物群落组成季节相似性百分比可达 74.45%（表 6-15）。2007～2008 年军山湖浮游植物群落细胞数量年均值为 $2.66×10^6$ cell/L，丰、枯水期细胞数量相差不大，其中丰水期细胞数量为 $2.75×10^6$ cell/L，枯水期细胞数量为 $2.57×10^6$ cell/L。丰水期，蓝藻细胞数量最高，为 $2.66×10^6$ cell/L，占总浮游植物细胞数量 93.8%，与蓝藻相比，其他门类浮游植物细胞数量均可忽略不计。枯水期，仍以蓝藻细胞数量最高，达 $2.35×10^6$ cell/L，占总浮游植物细胞数量的 87.2%，其次为金藻，百分比值为 7.2%。

2007～2008 年军山湖浮游植物生物量年均值为 0.72 mg/L。丰、枯水期浮游植物生物量相差不大，分别为 0.61 mg/L 和 0.83 mg/L。丰水期，甲藻为主要贡献者，生物量为 0.31 mg/L，占总浮游植物生物量百分比为 49.7%，其次为蓝藻和硅藻，生物量百分比分别为 25.3% 和 17.7%；枯水期，甲藻仍为主要贡献者，生物量为 0.34 mg/L，占总浮游植物生物量百分比 40.4%，其次为硅藻和蓝藻，生物量百分比分别为 30.8% 和 16.3%。分析军山湖浮游植物各门类生物量季节变化：隐藻、金藻、裸藻和绿藻在丰、枯水季均有一定数量出现，其中金藻生物量百分比季节性变化较大，从枯水期的 5.8% 减少至丰水期的 0.6%（图 6-13）。

2）优势种属构成及其季节更替

2007～2008 年丰水期浮游植物优势种属为硅藻门的颗粒直链硅藻、蓝藻门的微囊藻及甲藻门飞燕角甲藻，生物量百分比分别为 13.6%、16.7%、45.8%。亚优势种属为硅藻门的双菱藻、蓝藻门的鱼腥藻和浮游蓝丝藻、裸藻门的裸藻、甲藻门的多甲藻以及隐藻门的卵形隐藻。枯水期浮游植物优势种属为硅藻门的颗粒直链硅藻和双菱藻、甲藻门的飞燕角甲藻，生物量百分比分别为 15.8%、12.9%、41.2%。亚优势种属为硅藻门的小环藻、蓝藻门的微囊藻和鱼腥藻、裸藻门的尖尾裸藻以及金藻门的锥囊藻（表 6-14）。

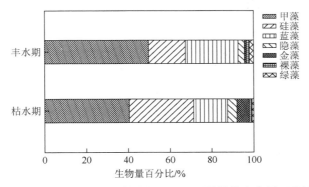

图 6-13　2007～2008 年丰、枯水期军山湖浮游植物生物量百分比组成

表 6-14　2007～2008 年军山湖浮游植物种类组成

物种	丰水期	枯水期
绿藻门		
栅藻 *Scenedesmus* spp.	+	+
二角盘星藻 *Pediastrum duplex*	+	+
纤维藻 *Ankistrodesmus*	+	
四角藻 *Tetraedron*	+	+
空星藻 *Coelastrum*	+	
弓形藻 *Schroederia*	+	
新月藻 *Closterium*	+	+
鼓藻 *Cosmarium* spp.		+
角星鼓藻 *Staurastrum*	+	
集星藻 *Actinastrum*	+	
小球藻 *Chlorella*	+	+
硅藻门		
颗粒直链硅藻 *Aulacoseira granulata*	+ + +	+ + +
小环藻 *Cyclotella* spp.	+	+ +
异极藻 *Gomphonema* spp.	+	
脆杆藻 *Fragilaria* spp.	+	+
针杆藻 *Synedra* spp.		+
舟形藻 *Navicula* spp.	+	+
双菱藻 *Surirella* spp.	+ +	+ + +
蓝藻门		
微囊藻 *Microcystis* spp.	+ + +	+ +
鱼腥藻 *Anabeana* spp.	+ +	+ +
浮游蓝丝藻 *Planktothrix* spp.	+ +	
席藻	+	+

续表

物种	丰水期	枯水期
平裂藻 *Merismopedia* spp.	+	+
裸藻门		
裸藻 *Euglena* spp.	+ +	
尖尾裸藻 *Euglena oxyuris*	+	+ +
甲藻门		
多甲藻 *Peridinium* spp.	+ +	
飞燕角甲藻 *Ceratium hirundinella*	+ + +	+ + +
隐藻门		
卵形隐藻 *Cryptomonas ovata*	+ +	
金藻门		
锥囊藻 *Dinobryonaceae* sp.	+	+ +

注：+++表示生物量百分比>10%；++表示 1%≤生物量百分比≤10%；+表示生物量百分比<1%

2007～2008 年军山湖浮游植物主要优势种类组成的季节变化趋势：丰水期以飞燕角甲藻、微囊藻、颗粒直链硅藻等占优，枯水期以飞燕角甲藻、颗粒直链硅藻、双菱藻等占优。飞燕角甲藻是 2007～2008 年军山湖丰、枯水期绝对优势种，其生物量百分比均大于 40%，与飞燕角甲藻相比，颗粒直链硅藻丰枯水季生物量百分比略低，介于 13%～16%。综上，2007～2008 年丰、枯水期军山湖浮游植物构成中均以甲藻和硅藻占优。

2. 2012～2013 年浮游植物群落种类组成结构特征

1）细胞数量和生物量结构组成

2012～2013 年，共检出浮游植物 6 门 53 属，其中绿藻门 25 属，硅藻门 12 属，蓝藻门 8 属，裸藻门 5 属，甲藻门 2 属，隐藻门 1 属（表 6-16）。丰水期 Shannon-Wiener 多样性指数为 1.86，枯水期为 1.711，浮游植物群落组成季节相似性百分比仅为 18.88%（表 6-15）。

表 6-15　军山湖不同年度不同季节浮游植物种类组成相似性系数（*B*(*m*, *n*)，%）

年/季度	A 枯水期	A 丰水期	B 枯水期	B 丰水期
A 枯水期	1	74.45	21.17	7.34
A 丰水期	74.45	1	18.27	5.72
B 枯水期	21.17	18.27	1	18.88
B 丰水期	7.34	5.72	18.88	1

注：A 表示 2007～2008 年，B 表示 2012～2013 年；*B*(*m*, *n*)表示 Bray-Curtis 相似性系数，其中 *m*，*n* 均表示年份

　　2012～2013 年军山湖浮游植物群落细胞数量年均值为 6.77×10^7 cell/L，其中丰水期细胞数量最高，可达 1.23×10^8 cell/L，枯水期细胞数量最低，仅 8.33×10^6 cell/L。丰水期，以蓝藻细胞数量最高，可达 1.05×10^8 cell/L，占总浮游植物细胞数量百分比为 85.4%，其次是绿藻，细胞数量为 1.69×10^7 cell/L，百分比值 13.7%。枯水期，仍以蓝藻细胞数量最高，却显著低于丰水期蓝藻细胞数量，为 7.25×10^6 cell/L，占总浮游植物细胞数量百分比为 87.0%，其次为绿藻、硅藻和隐藻，百分比值分别为 4.8%、4.0% 和 3.8%。

　　以浮游植物生物量分析，2012～2013 年军山湖浮游植物生物量年均值为 12.30 mg/L。丰水期生物量最高，达 20.60 mg/L，蓝藻为主要贡献者，其生物量为 9.27 mg/L，占总浮游植物生物量百分比 45.0%，其次为甲藻、硅藻和绿藻，生物量百分比分别为 21.1%、15.6% 和 11.5%。枯水期生物量最低，仅 2.46 mg/L，隐藻为主要贡献者，占总浮游植物生物量百分比 38.2%，其次为硅藻和蓝藻，生物量百分比分别为 31.3% 和 21.1%。军山湖浮游植物各门类生物量季节变动为：裸藻在丰、枯水期均有一定数量出现；蓝藻和隐藻丰、枯水期生物量百分比值变化显著，其中蓝藻生物量百分比从枯水期的 21.1% 增加到丰水期的 45.0%，隐藻生物量百分比从枯水期的 38.2% 减少到丰水期的 6.5%；而甲藻曾在丰水期大量出现，在枯水期未被检测出（图 6-14）。

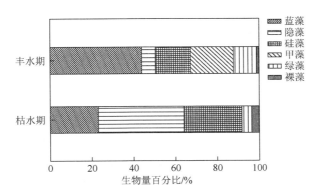

图 6-14　2012～2013 年丰水期、枯水期军山湖浮游植物生物量百分比组成

　　2）优势种属构成及其季节更替

　　2012～2013 年平水期浮游植物优势种属为硅藻门的颗粒直链硅藻、蓝藻门的鱼腥藻及绿藻门的鼓藻，生物量百分比分别为 23.7%、18.8% 和 18.1%；亚优势种属为绿藻门的栅藻、纤维藻、空星藻、小球藻，硅藻门的小环藻、桥弯藻、脆杆藻，蓝藻门的微囊藻、拟鱼腥藻、席藻，裸藻门的裸藻，甲藻门的多甲藻以及隐藻门的卵形隐藻。丰水期浮游植物优势种属为甲藻门的飞燕角甲藻、蓝

藻门的鱼腥藻和微囊藻，其生物量占总浮游植物生物量百分比值分别为 20.5%、18.5%和 12.9%；亚优势种属分别为绿藻门的栅藻、鼓藻、团藻，硅藻门的颗粒直链硅藻、双菱藻，蓝藻门的浮游蓝丝藻、席藻及隐藻门的卵形隐藻。枯水期浮游植物优势种属为隐藻门的卵形隐藻、硅藻门的颗粒直链硅藻和蓝藻门的微囊藻，其生物量百分比分别为 38.4%、15.2%和 10.5%；亚优势种属为绿藻门的栅藻、纤维藻、粗刺四棘藻，硅藻门的小环藻、桥湾藻、脆杆藻、针杆藻、布纹藻、双菱藻、潘多硅藻，蓝藻门的鱼腥藻、席藻和裸藻门的裸藻、梭形裸藻、扁裸藻（表 6-16）。

　　2012～2013 年军山湖浮游植物主要优势种类组成的季节变化趋势为：丰水期以飞燕角甲藻、鱼腥藻、微囊藻等占优，平水期以颗粒直链硅藻、鱼腥藻、鼓藻等占优，枯水期以卵形隐藻、颗粒直链硅藻、微囊藻等占优。综上，2012～2013年浮游植物从初春的蓝藻和绿藻转变为夏季的甲藻和蓝藻，到冬季则是隐藻和蓝藻占优。蓝藻在全年均有出现，且为优势门类。蓝藻门中的主要优势种鱼腥藻和微囊藻也存在一定的季节演替趋势，初春的鱼腥藻转变为夏季的微囊藻和鱼腥藻，冬季，微囊藻成为蓝藻门中的主要优势种。其他浮游植物如颗粒直链硅藻在冬、春季占优，飞燕角甲藻仅在夏季大量出现，而卵形隐藻不仅是夏季的优势种，也是冬、春季的较优势种。

表 6-16　2012～2013 年军山湖浮游植物种类组成

物种	丰水期	平水期	枯水期
绿藻门			
栅藻 Scenedesmus spp.	＋＋	＋＋	＋＋
四角盘星藻 Pediastrumtetras		＋	
二角盘星藻 Pediastrum duplex	＋	＋	＋
单角盘星藻 Pediastrum simplex			＋
十字藻 Crucigenia spp.	＋	＋	＋
纤维藻 Ankistrodesmus	＋	＋＋	＋＋
四棘藻 Treubaria		＋	
四角藻 Tetraedron	＋		
四星藻 Tetrastum	＋		
实球藻 Pandorina morum	＋		
空星藻 Coelastrum morum	＋	＋＋	
弓形藻 Schroederia	＋		
新月藻 Closterium	＋		
粗刺四棘藻 Treubaria crassispina			＋＋

续表

物种	丰水期	平水期	枯水期
蹄形藻 *Kirchneriella*	+		
丝藻 *Ulothrix* spp.	+	+	
鼓藻 *Cosmarium* spp.	+ +	+ + +	+
角星鼓藻 *Staurastrum*	+ +	+	
集星藻 *Actinastrum*	+	+	+
网状空星藻 *Coelastrum reticulatum*	+		
团藻 *Volvox*	+ +		
网球藻 *Dictyosphaerium*	+	+	
卵囊藻 *Oocystis*	+	+	
小球藻 *Chlorella*	+	+ +	
多芒藻 *Golenkinia*	+	+	
硅藻门			
颗粒直链硅藻 *Aulacoseira granulata*	+ +	+ + +	+ + +
螺旋颗粒直链硅藻 *Aulacoseira granulate*	+		
小环藻 *Cyclotella* spp.	+	+ +	+ +
桥弯藻 *Cymbella* spp.		+ +	+ +
异极藻 *Gomphonema* spp.			+
脆杆藻 *Fragilaria* spp.	+	+ +	+ +
针杆藻 *Synedra* spp.	+	+	+ +
舟形藻 *Navicula* spp.	+		+
布纹藻 *Gyrosigma* spp.	+	+	+ +
星杆藻 *Asterionella* spp		+	
双菱藻 *Surirella* spp.	+ +		+ +
潘多硅藻 *Bacillaria paradoxa*			+ +
蓝藻门			
微囊藻 *Microcystis* spp.	+ + +	+ +	+ + +
拟鱼腥藻 *Anabaenopsis* spp.		+ +	
鱼腥藻 *Anabeana* spp.	+ + +	+ + +	+ +
螺旋藻 *Spirulina* spp.	+		+
浮游蓝丝藻 *Planktothrix* spp.	+ +	+	
席藻 *Phormidium*	+ +	+ +	+ +

续表

物种	丰水期	平水期	枯水期
色球藻 *Chroococcus*			+
平裂藻 *Merismopedia* spp.	+	+	+
裸藻门			
裸藻 *Euglena* spp.	+	+ +	+ +
梭形裸藻 *Euglena acus*			+ +
尖尾裸藻 *Euglena oxyuris*	+		
扁裸藻 *Phacus* spp.			+ +
囊裸藻 *Trachelomonas nodsoni*	+	+	
甲藻门			
多甲藻 *Peridinium* spp.	+	+ +	
飞燕角甲藻 *Ceratium hirundinella*	+ + +		
隐藻门			
卵形隐藻 *Cryptomonas ovata*	+ +	+ +	+ + +

注：+++表示生物量百分比>10%；　++表示1%≤生物量百分比≤10%；　+表示生物量百分比<1%

3）军山湖浮游植物群落结构特征和演替规律

2007年以来，军山湖浮游植物种类组成中富营养型（如绿藻、蓝藻）和耐污型藻类的种（属）数目增加，如蓝藻从2007~2008年的5属增至2012~2013年的8属，裸藻从2007~2008年的2属增至2012~2013年的5属（表6-14和表6-16）；贫营养型藻类种（属）数目减少或消失，如金藻在2007~2008年枯水期曾为亚优势种，但在2012~2013年调查中未被检出。2012~2013年，群落Shannon-Wiener多样性指数略有增加。枯水期，2012~2013年与2007~2008年浮游植物相似性为21.17，即约80%的种类组成不同；丰水期，两时段浮游植物相似性系数为5.72，仅约6%的种类组成相同（表6-15）。Bray-Curtis相似性系数比较分析，自2007年以来，军山湖浮游植物群落结构已发生了显著改变。

根据浮游植物生物量百分比划定优势种结果显示，军山湖优势种属组成发生了很大变化。与2007~2008年丰、枯水期优势种属对比，2012~2013年丰水期，直链硅藻已不再是优势种；细胞个体较大的飞燕角甲藻的绝对优势地位被微囊藻和鱼腥藻替代，但它仍是优势种。2012~2013年枯水期，飞燕角甲藻已不再是绝对优势种，而被卵形隐藻所取代；直链硅藻仍保持较优势地位；细胞个体较小的微囊藻成为新的优势种。简言之，丰水期，军山湖浮游植物群落从2007~2008年的甲藻-硅藻，甲藻绝对优势型转变为2012~2013年的蓝藻-甲藻，蓝藻绝对优势型；枯水期，浮游植物群落从2007~2008年的甲藻-硅藻，甲藻绝对优势型转变为 2012～2013 年的隐藻-硅藻-蓝藻，隐藻绝对优势型。已有研究表明，甲藻大量生长繁殖经常会发生于中营养或贫营养水体中（Shannon et al.，1971；Bray et al.，1957），当水表层营养盐浓度较低时，甲藻能够进行垂直迁移利用水体下层营养盐，从而在贫营养水体中保持较好的竞争力（Cantonati et al.，2003）。2007～2008 年中国科学院南京地理与湖泊研究所开展的中国湖泊水质、水量和生物资源调查结果显示，与长江中下游其他湖泊相比，军山湖水质较好，仍属于中营养水平。因此，2007～2008 年军山湖浮游植物飞燕角甲藻占优是对其中营养水体环境的响应。甲藻也常与硅藻相伴而生，硅藻的大量生长会消耗水中的营养，使其中的一种或多种无机营养物质的浓度降低到适宜甲藻生长的水平，同时硅藻可生成维生素 B_{12} 等对甲藻生长十分重要的有机营养物，有助于甲藻水华的形成（Fukuju et al.，1998），这也印证了 2007～2008 年军山湖浮游植物群落中飞燕角甲藻与颗粒直链硅藻的相伴而生。2007～2008 年丰水期，蓝藻中微囊藻生物量百分比可到达 13.6%，鱼腥藻和浮游蓝丝藻也是较优势种，生物量百分比分别为 5.3%和 1.3%；枯水期，微囊藻相对生物量仍较高，可占总浮游植物生物量的 9.9%。由此可见，虽然 2007～2008 年军山湖湖区水质总体较好，但仍有向富营养化发展的潜在趋势。蓝藻中的微囊藻和鱼腥藻，以及硅藻中的颗粒直链硅藻均是富营养化水环境的典型指示种（Reynolds，2003）。陈宇炜等（1998）研究发现，太湖梅梁湾污染较严重的河口区域隐藻比例上升，有取代蓝藻成为优势种群的趋势，隐藻不仅是水体富营养化的指示种（Zohary，2004），而且也喜好有机营养盐丰富的湖泊环境，这一特性与甲藻类似（张琪等，2012；Robert，2008）。2012～2013 年军山湖浮游植物群落结构中蓝藻、隐藻、硅藻、甲藻的大量共存指示了湖区富营养化，且部分水域有机质含量丰富的湖泊环境特征。另外，军山湖浮游植物细胞数量和生物量不断增加。2007～2008 年浮游植物细胞数量年均值只有 $2.66×10^6$ cell/L，2012～2013 年则达 $6.77×10^7$ cell/L，约为 2007～2008 年的 25 倍，至 2012～2013 年，军山湖浮游植物生物量年均值达 12.30 mg/L，其值比 2007～2008 年增加了 17 倍。

军山湖浮游植物群落结构组成现状显示，蓝藻和隐藻在生物量百分比上占绝对优势，且浮游植物总细胞数量和生物量大量增加，浮游植物这些群落结构上的变化指示了军山湖水体的富营养化进程。

4）影响浮游植物群落结构演替的因子分析

浮游植物群落结构及其细胞数量和生物量变化主要受水文因素（如水体交换周期、水位变化等）、物理因素（如水温、光照等）、化学因素（营养盐等）及生物因素（浮游动物和滤食性鱼类摄食等）的影响。

建闸筑堤前，军山湖原系鄱阳湖南部的一大子湖，筑堤建闸控制后，军山湖与鄱阳湖阻隔，两者之间的能量流（水量、水位）、物质流（泥沙、污染物）和生物流均停止交换。虽然过去的农业活动使集水区域的营养物质等汇入军山湖，但由于与鄱阳湖存在自然连通，湖-湖之间不断地进行着水体交换，军山湖水体可以一直维持较好的状况。然而，自 20 世纪 50 年代以来，随着人口的迅速增长和现代化农业的发展，流域内污染物逐渐增加，加之人类活动建闸筑堤的干扰，使得军山湖不能与鄱阳湖进行充分的水体交换，因此污染物质在湖区内大量汇集，湖内有机物大量聚集，营养程度升高。军山湖渔业历史悠久，湖汊被阻隔前，就有捕捞生产；阻隔后，从 20 世纪 70 年代末至今以增养殖为主。自 1981 年，军山湖开始大力发展河蟹养殖。水产养殖是军山湖年入湖 COD、TN 和 TP 的不同污染源中贡献最大的污染源，分别占到入湖 COD 总量的 52.9%、入湖 TN 总量的 35.9%及入湖 TP 总量的 60.6%，畜禽养殖与农业种植业对军山湖入湖负荷的贡献率也较大（吉晓燕，2011）。2011 年水质监测结果显示，不考虑降解动力学作用，军山湖 TN、TP 的平均浓度将达到 1.75 mg/L 和 0.298 mg/L。TN 浓度与鄱阳湖湖区 TN 浓度（2009～2011 年年均值 1.719 mg/L）相当，TP 浓度已超过鄱阳湖湖区 TP 浓度（2009～2011 年年均值 0.09 mg/L）（吉晓燕，2011）。军山湖为浮游植物蓝藻的大量生长繁殖提供了充足的营养盐条件。

与军山湖仅一堤之隔的鄱阳湖，现阶段浮游植物主要优势门类仍是硅藻，占总浮游植物生物量的 67.0%，而蓝藻仅占 4.0%（Wu et al.，2013）。2009～2011年鄱阳湖浮游植物生物量年均值仅为 0.203 mg/L（Wu et al.，2013），仅为军山湖浮游植物生物量年均值的 1.7%。鄱阳湖最显著的特点是与长江连通，水体交换时间仅为 10 天，水流流速在水位高程 15 m 以下时可达 1.48～2.85 m/s，而与鄱阳湖失去联系后的军山湖，水体交换时间受人工控制显著延长。相关数据显示，军山湖入湖口幸福港断面平均流速为 0.08 m/s，池溪水断面平均流速仅为 0.02 m/s，水流流速较被阻隔前显著下降。水流较缓的湖泊环境更有利于浮游植物，特别是蓝藻在湖区的大量生长聚集。综上，湖泊被阻隔后，军山湖水体交换时间的延长为浮游植物蓝藻的大量聚集提供了优越的水文条件。

军山湖水生植物的演化趋势为：1998 年常见水生植物有 20 种左右，主要有马来眼子菜、苦草、黑藻、聚草、金鱼藻、小茨藻等，星散分布于湖湾区（王苏民等，1998）。2012～2013 年水草调查显示，湖内水生植物已经彻底消失。以上结果充分证实了军山湖初级生产力类型已由草型湖泊转变为草-藻型湖泊，继而演变成完全的藻型湖泊。

6.3.2 湖区浮游动物分析

20 世纪 80 年代对军山湖的调查发现，浮游动物主要包括轮虫类、枝角类、桡足类和无节幼体等（谢钦铭等，1997；谢钦铭等，1998）。其中，枝角类的密度相对较高，平均为 16 个/L，桡足类的密度次之，平均为 12 个/L，轮虫类的密度平均为 10 个/L，无节幼体的密度平均为 10 个/L，如图 6-15 所示。

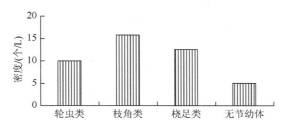

图 6-15　建闸前军山湖浮游动物的密度

　　建闸后，军山湖浮游甲壳动物的生物量枯水期（11 月底）＞平水期（4 月）＞丰水期（8 月底）。除丰水期外，枝角类的比例远远大于桡足类，占绝对优势。尤其是枯水期和平水期，枝角类的比例都占到总生物量的 98%。即便是丰水期，枝角类的比例也可以高达 75%。因此，对于枯水期和平水期而言，生物量的变化皆由枝角类贡献。枯水期和平水期在枝角类的构成中，以僧帽溞占绝对优势，构成比例皆可达到 99%（图 6-16）。丰水期枝角类的构成主要以象鼻溞（48%）、网纹溞（28%）和秀体溞（21%）为主。桡足类的生物量以枯水期最高，丰水期次之，平水期最低；其构成则以镖水蚤和桡足类的幼体为主，剑水蚤在全年所占的比例皆较低。

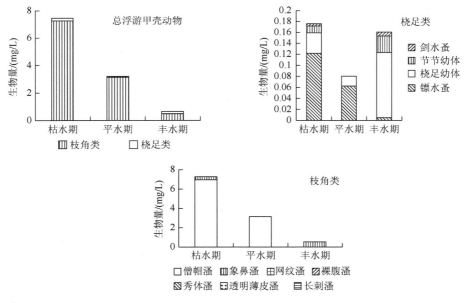

图 6-16　浮游甲壳动物生物量与构成的变化

　　军山湖成湖后，水流变缓，水体交换周期变长，营养水平升高，浮游生物的生产力水平得以提高。然而夏季藻类生物量的增加并未使浮游甲壳动物生物量高于枯水期，这可能是由于丰水期进行的人工养殖活动增加了对浮游甲壳动物的捕食压力，抑制了其增长。同时，丰-枯水期，军山湖水位变化差异 2.7 m，丰水期来水对浮游动物的稀释作用也不可忽视。由各属的年内变化规律可知，不同种类浮游甲壳动物对丰、枯水期的响应规律不同。例如，自枯水期至平水期枝角类僧帽溞、象鼻溞、透明薄皮溞和桡足类生物量骤减；自平水期至丰水期枝角类象鼻溞、网纹溞、裸腹溞、秀体溞、透明薄皮溞和桡足类（除镖水蚤外）生物量显著升高。而不同时期枝角类或浮游甲壳动物总生物量由大到小依次为枯水期、平水期和丰水期。这是因为僧帽溞年均生物量占总生物量的比例较高，僧帽溞在丰水期的消失可导致丰水期总生物量显著降低。可见，僧帽溞在军山湖浮游甲壳动物群落竞争中处于优势地位。

　　僧帽溞是军山湖所检出的浮游甲壳动物中占绝对优势的种类，有长长的壳刺，尖锐的"头盔"，可能是其幸免于被捕食而占绝对优势的重要原因之一。另外，僧帽溞属于嗜寒种类，适宜生长在湖泊或水库的敞水区以及水流慢的江河池塘中。10 月以后（枯水期），水体温度降低、水位稳定和捕食压力减小等因素为僧帽溞的生长带来了更有利的生长条件。与僧帽溞类似，在军山湖丰、枯水期形成优势的种类，如象鼻溞、网纹溞、秀体溞、无节幼体和桡足幼体等由于体积较小而不易被捕食者发现。与此相反，虽然军山湖的水流速、营养盐和透明度等理化条件均适宜大型溞的生长，但由于透明薄皮溞、裸腹溞、镖水蚤和剑水蚤等体积较大，无壳刺，甲壳不能将躯体完全包被，容易被捕食者发现而吞食，难以形成竞争优势。

6.4　军山湖底栖动物变化特征

　　河流洪泛平原是地球上非常具有特色的景观之一，长江洪泛平原拥有数以千计的湖泊，这些湖泊历史上均与长江干流相通，河流和湖泊共同构成了一个复杂的江湖复合生态系统。但是近年来人类活动对洪泛平原湖泊生态系统产生了破坏性影响，其中一个最主要的问题是江湖之间建闸阻碍了湖泊与河流的横向水文连通，目前仅剩洞庭湖、鄱阳湖和石臼湖与长江自由相通。江湖阻隔在一定历史时期对稳定湖泊水位、提高渔业产量、控制血吸虫疾病等起到了积极作用，但随着社会经济发展其负面影响也日益凸显，如湖泊面积萎缩，蓄洪能力下降；生境异质性降低，水生生物洄游通道阻隔，生物多样性下降；换水周期变长，水体富营养化严重。底栖动物是湖泊生态系统不可缺少的重要组成部分，对维持水生态系统功能完整性有重要作用。底栖动物的特点是种类多且分布广泛，寿命较长，迁移能力有限，且包括敏感种和耐污种，对环境条件改变反应灵敏，其群落结构能反映环境条件的变化，因此研究洪泛平原阻隔湖泊底栖动物群落及其影响因素对于湖泊的保护和管理具有重要意义，同时对于揭示未来水情变化驱动下鄱阳湖生态系统的演变具有指导作用。

6.4.1　种类组成

2012 年 8 月～2013 年 8 月对军山湖 10 个样点开展四次调查（图 6-17），期间共采集到底栖动物 17 种（附表 1），其中软体动物种类最多，包括腹足类 4 种和双壳类 3 种；摇蚊幼虫次之，共计 5 种；水栖寡毛类采集到 3 种；其他类 2 种（寡鳃齿吻沙蚕和扁舌蛭），表明现阶段军山湖底栖动物种类丰富度不高，均为长江中下游浅水湖泊习见种类。

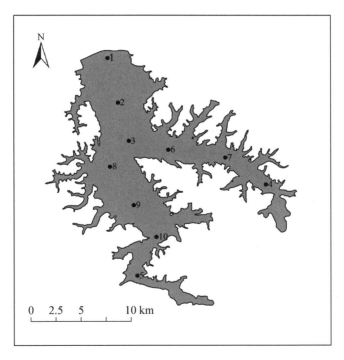

图 6-17　2012 年 8 月～2013 年 8 月军山湖底栖动物调查样点

军山湖底栖动物密度和生物量以少数种类为主导（表 6-17）。密度方面，多毛类寡鳃齿吻沙蚕和半折摇蚊占据绝对优势，分别占年均密度的 47.7%和 34.1%，其次为中国长足摇蚊（5.52%）和苏氏尾鳃蚓（4.22%）。生物量方面，由于软体动物个体较大，洞穴丽蚌、圆顶珠蚌、河蚬、耳河螺在总生物量中占据优势，分别占总生物量的 60.7%、10.7%、14.1% 和 7.67%。从 17 个物种的出现率看，寡鳃齿吻沙蚕、半折摇蚊、苏氏尾鳃蚓、河蚬是军山湖最常见的种类，其在大部分样点均能采集到。综合底栖动物的密度、生物量以及各物种在 10 个采样点的出现频率，利用优势度指数确定优势种类，结果表明，现阶段军山湖底栖动物优势种主要为寡鳃齿吻沙蚕、半折摇蚊、洞穴丽蚌、河蚬，苏氏尾鳃蚓、中国长足摇蚊、耳河螺及圆顶珠蚌的优势度也较高。

表 6-17 2012~2013 年军山湖底栖动物密度和生物量

种类	平均密度/ (个/m²)	相对密度/%	平均生物量/ (g/m²)	相对生物量/%	出现率	优势度
寡毛类						
苏氏尾鳃蚓	15.5	4.22	0.29	0.38	8	36.9
霍甫水丝蚓	9	2.45	0.01	0.01	4	9.87
管水蚓	0.5	0.14	<0.01	<0.01	1	0.14
摇蚊幼虫						
菱跗摇蚊	0.5	0.14	<0.01	<0.01	1	0.14
半折摇蚊	125	34.1	1.76	2.37	10	365
多足摇蚊	0.75	0.2	<0.01	<0.01	1	0.2
花翅前突摇蚊	4	1.09	0.01	0.01	5	5.5
中国长足摇蚊	20.3	5.52	0.05	0.07	5	27.9
软体动物						
铜锈环棱螺	0.5	0.14	1.43	1.93	1	2.06
耳河螺	2	0.54	5.71	7.67	3	24.6
大沼螺	0.5	0.14	0.68	0.91	1	1.05
光滑狭口螺	0.25	0.07	<0.01	<0.01	1	0.07
河蚬	10	2.72	10.5	14.1	6	101
圆顶珠蚌	1	0.27	7.93	10.7	2	21.9
洞穴丽蚌	1	0.27	45.2	60.7	2	122
其他						
寡鳃齿吻沙蚕	175	47.7	0.86	1.15	10	488
扁舌蛭	1	0.27	0.01	0.01	1	0.28

注：相对密度和相对生物量分别为某一物种占总密度和总生物量的百分比，出现频率为某物种在所有采样点中的出现次数，优势度指数 =（相对密度 + 相对生物量）× 出现频率

6.4.2 空间与季节变化

军山湖底栖动物密度和生物量年平均值的空间分布格局显示，生物量较密度

空间差异更大（图 6-18）。各监测点密度空间差异较小，介于 190～600 个/m²，平均值为 367 个/m²，最高值约为最低值的 3 倍（表 6-18）。

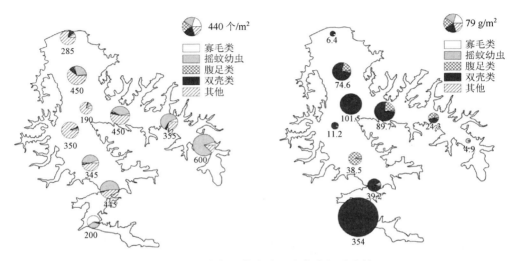

图 6-18　军山底栖动物密度和生物空间分布格局

表 6-18　军山湖底栖动物各类群密度和生物量

类群	密度/(个/m²)			生物量/(g/m²)		
	均值	最小值	最大值	均值	最小值	最大值
寡毛类	25	0	120	0.296	0	0.925
摇蚊幼虫	151	10	498	1.822	0.03	4.331
腹足类	3	0	10	7.819	0	34.860
双壳类	12	0	35	63.618	0	351.72
其他	176	5	325	0.863	0.231	1.705
总和	367	190	600	74.419	4.917	353.97

相比之下，生物量的空间差异较大，各监测点年均生物量介于 4.92～353.97 g/m²，平均值为 74.42 g/m²，最高值约为最低值的 72 倍。生物量的最高值出现在 5#，主要是双壳纲蚌类生物量较高。开阔水域的 2#、3# 和 6# 生物量也较高，分别为 74.6 g/m²、101.5 g/m²、89.7 g/m²，其他点位年均生物量较低，低于 39.2 g/m²。从不同类群底栖动物所占比重可以看出，密度方面，摇蚊幼虫和其他类（主要是寡鳃齿吻沙蚕）在大部分样点占据优势，摇蚊幼虫在各点占据的比例介于 3.51%～82.92%，平均百分比为 35.84%；寡鳃齿吻沙蚕在各点所占比重介于 2.50%～92.86%，平均值为 50.11%。生物量方面，软体动物腹足类和双壳类占据了优势。

军山湖底栖动物密度和生物量的季节变化显示（图6-19），密度从8月至次年4月呈现降低的趋势，从532个/m²降低至200个/m²，其主要原因是摇蚊幼虫密度的降低，这可能与摇蚊的羽化过程有关，而其他类群基本无显著变化。底栖动物总生物量未呈现显著的季节变化，主要是因为软体动物生活史时间较长，从而导致季节变化并不显著。

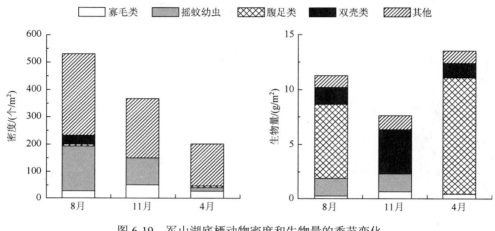

图6-19　军山湖底栖动物密度和生物量的季节变化

6.4.3　时间演变特征

由于缺乏军山湖建闸前底栖动物调查资料，本节利用鄱阳湖1992年调查结果代表军山湖底栖动物历史状况。优势种组成方面，1992年优势种种类较多，达到17个分类单元，主要是软体动物蚌类（表6-19）。到2007年后，优势种约为6种，且在2007～2008年与2012～2013年发生较大变化，最大的变化是两种摇蚊幼虫变为优势种，而铜锈环棱螺不再为优势种。河蚬在2012～2013年虽仍为优势种，但密度从241个/m²降低至10.0个/m²，耳河螺的密度也从11.4个/m²降至2.0个/m²，寡鳃齿吻沙蚕的密度变化相对较小。

表6-19　不同调查时期军山湖底栖动物优势种组成变化

年份	优势种	文献
1992	河蚬、环棱螺、淡水壳菜、方格短沟蜷、萝卜螺、背瘤丽蚌、洞穴丽蚌、天津丽蚌、圆顶丽蚌、矛蚌、鱼尾楔蚌、扭蚌、背角无齿蚌、三角帆蚌、褶纹冠蚌、摇蚊幼虫和水丝蚓等	谢钦铭等（1995）
2007～2008	苏氏尾鳃蚓、铜锈环棱螺、耳河螺、河蚬、寡鳃齿吻沙蚕	未发表数据
2012～2013	苏氏尾鳃蚓、半折摇蚊、中国长足摇蚊、耳河螺、河蚬、寡鳃齿吻沙蚕	本章节

分析不同类群的密度变化发现（表6-20），摇蚊幼虫显著增加（14.3 个/m² 至151 个/m²），腹足类（35.7 个/m² 至 3.3 个/m²）和双壳类（250 个/m² 至 12 个/m²）密度则显著降低，底栖动物总密度显著降低（1144 个/m² 至 367 个/m²），其最主要的原因是双壳类密度（主要是河蚬）的大幅下降（图6-20）。

表6-20　不同调查时期军山湖底栖动物优势种密度变化　（单位：个/m²）

种类	2007～2008	2012～2013
苏氏尾鳃蚓	54.3	15.5
半折摇蚊		125.3
中国长足摇蚊		20.3
铜锈环棱螺	15.7	
耳河螺	11.4	2.0
河蚬	241.4	10.0
寡鳃齿吻沙蚕	210.7	175.0

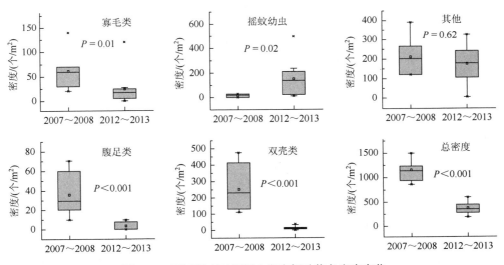

图6-20　不同调查时期军山湖底栖动物各密度变化

多样性分析结果表明，底栖动物多样性有降低的趋势（图6-21）。简而言之，从2007年至今，耐污能力强的种类（如摇蚊幼虫）优势度增加，而敏感种类（如河蚬）密度大幅降低。这种变化可能与近年来军山湖水产养殖导致水环境的恶化有关。2007～2008 年调查时水体平均透明度超过 2.5 m，2012～2013 年的透明度介于 0.3～1.0 m，水体 TN、TP 浓度也显著增加。

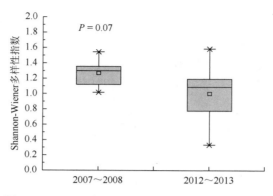

图 6-21　不同调查时期军山湖底栖动物多样性变化

　　富营养化程度的加剧可能是导致底栖动物群落变化的主要原因，富营养化可显著改变底栖动物栖息的理化环境，如溶氧、有机质、沉积物粒径大小。富营养化水体中大量有机质的分解降低了水体底层的溶氧含量，这直接限制了那些耐低氧能力较差种类的生存，即使是短时间的缺氧也可能对某些种类产生影响。另外，厌氧环境会增加沉积物中硫化物的含量，这也增加了其对底栖动物的潜在毒性。富营养化往往伴随着底栖动物优势种从大个体的种类（如腹足纲、双壳纲）转变为小个体的种类（如摇蚊幼虫、寡毛类），底栖动物的多样性也显著降低。这主要是因为小个体的种类多为机会种，其具有较短的生活年限，因此对环境的适应能力较强，在湖泊生态系统中主要为环节动物和摇蚊幼虫。相对而言，大个体种类生活史较长，一旦在某一生境中消失，其重建过程所需时间较长，若环境条件没有得到改善，种群恢复必将受到抑制。对于军山湖而言，双壳类的河蚬是对氧含量变化敏感的种类，其密度的大幅降低表明军山湖水环境呈现恶化趋势。

6.5　军山湖与鄱阳湖比较分析

6.5.1　水文情势比较分析

　　军山湖流域与鄱阳湖流域多年平均降水量接近，年降水量变化过程及变化趋势相似，两流域降水量的年内分配基本一致。军山湖各月入湖水量所占比例与鄱阳湖各月入湖水量所占比例接近，两流域最大入湖水量均出现在 6 月，最小入湖水量均出现在 12 月。高水位期，鄱阳湖水位代表站星子站水位与三阳站水位、军山湖外湖水位基本一致（图 6-22）；枯水期，以上三站水位变化过程一致，但星子站水位变化更大，变化幅度剧烈。以 2010 年鄱阳湖和军山湖水位变化趋势为例，军山湖内湖平均水位 17.6 m，变化范围 16.6～19.7 m；外湖平均水位 16.7 m，变化范围 14.8～20.5 m；鄱阳湖星子站平均水位 13.8 m，变化范围 7.8～20.3 m，水位落差达 12.5 m。

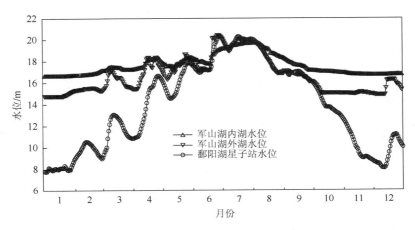

图 6-22　2010 年鄱阳湖与军山湖水位变化趋势

6.5.2　水质比较分析

通过对鄱阳湖历年来水质监测数据的分析发现，鄱阳湖湖区和军山湖湖区超标项目主要是 TP、TN。涨水期和丰水期鄱阳湖与军山湖 TP 浓度相差不大，但是枯水期鄱阳湖 TP 浓度明显大于军山湖 TP 浓度；就 TN 而言，三个水位期鄱阳湖 TN 浓度均明显大于军山湖 TN 浓度；涨水期和丰水期鄱阳湖 NH_4^+-N 浓度均明显小于军山湖 NH_4^+-N 浓度，枯水期鄱阳湖 NH_4^+-N 浓度略大于军山湖 NH_4^+-N 浓度（图 6-23）。虽然鄱阳湖营养盐浓度，特别 TN 浓度明显高于军山湖，但是通过湖泊富营养化评价分析，军山湖已经是一个富营养化湖泊，而鄱阳湖虽然枯水期也表现出富营养化趋势，但整体还是一个从中-富营养向富营养化过渡的湖泊。由此说明，鄱阳湖的流动性影响了湖区内营养盐的蓄积，使得涨水期汇入鄱阳湖主湖区的营养盐，最终通过水流转移出湖区，同时高流速水流环境也不利于湖区浮游生物的生长。鄱阳湖的流动性也导致大量底泥再悬浮，加之人类活动的干扰，如采砂等，使得鄱阳湖悬浮颗粒物浓度显著大于军山湖悬浮颗粒物浓度。

鄱阳湖具有"枯水一线，洪水一片"的特点。由于非汛期和汛期湖面形态有着较大差异，因此水环境容量差别也较大，汛期湖泊水环境容量远大于非汛期，但汛期雨水冲刷使得入湖的面源污染总量也远远大于非汛期入湖面源污染总量，因此部分年份会出现丰水期水质比枯水期水质差的现象。总体来说，由于受到水量的影响，鄱阳湖丰水期水质一般优于枯水期，其水质的季节变化特征与军山湖一致。从水质历史变化趋势来看，鄱阳湖总体水质呈下降趋势，特别是2003年以后，Ⅰ、Ⅱ类水仅占50%，Ⅲ类水占32%，劣Ⅲ类水占18%，水质下降趋势明显，这与军山湖湖体水质时间变化趋势一致。

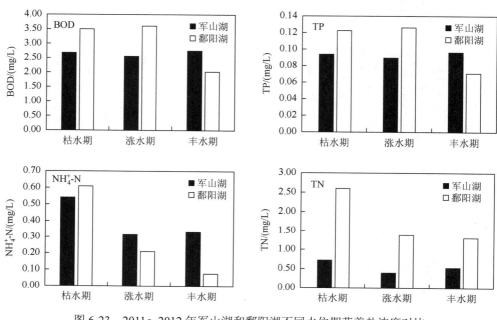

图6-23　2011～2012年军山湖和鄱阳湖不同水位期营养盐浓度对比

6.5.3　入湖污染负荷类比分析

鄱阳湖入湖COD、NH_4^+-N、TN和TP分别为152.7万t/a、9.70万t/a、20.3万t/a和2.07万t/a。污染负荷来源中，畜禽养殖业是入湖污染物的主要来源，其次是城镇生活污染源和工业污染源。COD_{Cr}来源中，畜禽养殖业占总入湖污染负荷的70%，城镇生活和工业分别占17%和5%。在NH_4^+-N的来源中，畜禽养殖业占总入湖污染负荷的45%，城镇生活和工业分别占34%和7%。TN来源中，畜禽养殖业占总入湖污染负荷的48%，城镇生活和工业分别占18%和14%。TP来源中，畜禽养殖业占总入湖污染负荷的56%，城镇生活和水产养殖分别占16%和13%。

由此可见，首先，鄱阳湖湖区与军山湖湖区在入湖污染源负荷方面存在一定的差异，水产养殖在军山湖是贡献率最大的污染源，畜禽养殖业和城镇生活污染源是鄱阳湖入湖污染物的主要来源。其次，不论是鄱阳湖湖区还是军山湖湖区，农业面源污染仍是TN、TP的主要来源。随着社会的发展，工业点源和城镇污水处理与治理设施的建设运营，工业点源污染和城镇生活污染逐渐被削弱，区域主要水环境问题已逐渐转变为以农业面源污染为主，同时这也与江西省作为农业大省、粮食主产区的状况是密不可分的。最后，从流域尺度看，由于滨湖区域人口增长和城镇化带来的水环境问题也是不容忽视的。

6.5.4　生物比较分析

1. 浮游植物对比

对比分析 2012～2013 年鄱阳湖与军山湖浮游植物状况：鄱阳湖主湖区共鉴定浮游植物 7 门，67 属 132 种，而军山湖共鉴定浮游植物 53 属，其浮游植物多样性显著低于鄱阳湖浮游植物多样性。从总浮游植物细胞数量变化来看，鄱阳湖浮游植物年均总细胞数量为 2.92×10^5 cell/L，其中枯水期（冬季）细胞数量最低，为 0.91×10^5 cell/L，水位下降期（秋季）细胞数量最高，为 4.89×10^5 cell/L，丰水期细胞数量为 3.61×10^5 cell/L；而军山湖年均总细胞数量（6.57×10^7 cell/L）、丰（1.23×10^8 cell/L）、枯（8.33×10^6 cell/L）水期细胞数量均显著高于鄱阳湖，但其季节变化趋势与鄱阳湖基本一致，均表现为枯水期细胞数量在全年最低。从主要门类细胞数量变化分析，鄱阳湖主要以硅藻、蓝藻、绿藻及隐藻等门类为主。枯水期，硅藻细胞数量所占的比例最高，其百分比值可达 55%；丰水期，鄱阳湖蓝藻细胞数量显著增加，其百分比值为 62%。与此相比，虽然军山湖丰水期也是以蓝藻细胞数量最高，占总浮游植物细胞数量百分比为 87%，但其百分比值却远远高于鄱阳湖。另外，军山湖枯水期仍以蓝藻细胞数量最高，为 7.25×10^6 cell/L，占总浮游植物细胞数量百分比为 85%，这一点与鄱阳湖显著不同（刘霞等，2014）。

从总浮游植物生物量变化来看，鄱阳湖浮游植物年均生物量为 0.43 mg/L，其中硅藻是全年绝对优势门类，其生物量百分比高达 70% 以上，隐藻为次优势门类，而蓝藻生物量百分比在 10% 左右变化。与此相对照，军山湖浮游植物年均生物量显著大于鄱阳湖，为 12.30 mg/L，丰水期蓝藻生物量为主要贡献者，占总浮游植物生物量百分比为 45.0%，其次为甲藻、硅藻和绿藻，生物量百分比分别为 21.1%、15.6% 和 11.5%。枯水期隐藻为主要贡献者，占总浮游植物生物量百分比为 38.2%，其次为硅藻和蓝藻，生物量百分比分别为 31.3% 和 21.1%。对比两湖浮游植物优势种，颗粒直链硅藻、尖针杆藻、变绿脆杆藻和啮蚀隐藻为鄱阳湖主要优势种，微囊藻、鱼腥藻、卵形隐藻和飞燕角甲藻为军山湖主要优势种。总而言之，通江湖泊鄱阳湖以硅藻占优，而闸控湖泊军山湖是以蓝藻占优。

2. 浮游动物对比

对比分析鄱阳湖与军山湖浮游动物状况：鄱阳湖主湖区浮游甲壳动物总数量

呈现出丰水期高于平水期、高于枯水期的趋势，季节之间变化的差异性均达到极显著水平（ANOVA，$P<0.001$）。丰水期浮游甲壳动物的总数量远远高于其他季节，达到 44.59 ind/L；平水期的平均数量为 2.37 ind/L；枯水期仅有 0.89 ind/L。除哲水蚤外，其余浮游甲壳动物数量的季节变化趋势均以丰水期最高，枯水期最低。从浮游动物生物量变化来看，鄱阳湖浮游甲壳动物生物量的季节变化趋势与数量的季节变化趋势基本一致，枯水期、丰水期和平水期平均生物量分别为 4.72 μg/L、82.07 μg/L 和 9.96 μg/L。但是因个体之间的大小差异，鄱阳湖生物量的构成与数量的构成有巨大的不同，其中枝角类年均生物量约占总生物量的 54%，桡足类生物量百分比为 46%。军山湖浮游甲壳动物数量及生物量的季节变化趋势与鄱阳湖主湖区显著不同，2012～2013 年军山湖浮游甲壳动物总数量为 29.4～154.7 ind/L，总生物量为 0.64～7.44 mg/L，其中枝角类数量和生物量均以枯水期为最高（136.48 ind/L，7.26 mg/L），丰水期最低（13.16 ind/L，0.48 mg/L），桡足类数量以丰水期为最高（19.73 ind/L），平水期最低（1.9 ind/L）；生物量则以枯水期为最高（0.18 mg/L），平水期最低（0.08 mg/L）。相比较而言，军山湖浮游甲壳动物的数量和生物量均高于鄱阳湖主湖区浮游甲壳动物的数量和生物量（刘宝贵等，2015，2016）。

从浮游甲壳动物群落构成来看，鄱阳湖枝角类的年均数量约占浮游甲壳动物总数量的 81%，其中基合溞 38%、象鼻溞 27%、裸腹溞 12%、秀体溞 4%。夏季枝角类的数量高于桡足类，其数量是桡足类数量的 6.3 倍，其余季节均低于桡足类的数量。冬季桡足类数量是枝角类数量的 6.3 倍。春、秋季桡足类数量分别是枝角类的 1.7 倍和 1.6 倍。鄱阳湖丰水期浮游甲壳动物数量优势类群（以数量百分比＞10%计）为象鼻溞、基合溞、裸腹溞和哲水蚤；其余季节皆为无节幼体、象鼻溞、剑水蚤和哲水蚤。除丰水期外，枝角类均以象鼻溞所占比例最高，分别是冬季 95.45%、春季 87.31% 和秋季 91.93%；夏季，象鼻溞属的数量仅占全部枝角类的 30.28%，而基合溞、裸腹溞和秀体溞的数量比例分别为 49.96%、14.93% 和 4.73%。军山湖枝角类浮游甲壳动物主要由僧帽溞、象鼻溞、网纹溞、裸腹溞、秀体溞、透明薄皮溞和长刺溞 7 种（属）构成。其中，象鼻溞和透明薄皮溞全年都可检出，并自枯水期至丰水期数量和生物量呈现出先减少后增加的趋势；僧帽溞只在枯水期和平水期出现，且枯水期数量和生物量远高于平水期；网纹溞和秀体溞只在平水期和丰水期出现，且丰水期数量和生物量高于平水期；长刺溞只在平水期出现，裸腹溞只在丰水期出现。2012～2013 年 4 次采样中，象鼻溞出现频率最高，为 82.5%；其后依次为秀体溞 52.5%、网纹溞 50.0%、僧帽溞 45.0%，其余皆≤25.0%。除丰水期外，枝角类数量或生物量比例均占绝对优势。枝角类年均数量和年均生物量占总浮游甲壳动物的比例分别达 76.2% 和 95.2%。在枝角类中，僧帽溞年均生物量占总生物量的 89%，处于绝对优势地位；其次是象鼻溞，占 7%。

僧帽溞和象鼻溞年均数量分别达 81% 和 12%。因而，在僧帽溞出现的季节（枯水期和平水期），其数量或生物量占绝对优势，只有在丰水期象鼻溞（48%）、网纹溞（28%）和秀体溞（21%）数量才表现出优势。桡足幼体和无节幼体在年均数量和年均生物量上占优势，分别占桡足类年均数量和年均生物量的 55%、39% 和51%、13%。由于镖水蚤个体相对较大，虽然其年均数量未达总数量的 10%，但其年均生物量却占年均生物量的 33%。桡足幼体数量在各个时期都占桡足类总数量的 50% 以上；无节幼体数量比例也较高，枯水期为 36%，平水期为 17%，丰水期为 42%；镖水蚤和剑水蚤数量所占比例相对偏低。由于个体大小的原因，无节幼体和桡足幼体的生物量所占的比例远低于数量比例，而镖水蚤和剑水蚤生物量比例远高于数量比例。

3. 底栖动物对比

对比军山湖与鄱阳湖底栖动物群落特征：鄱阳湖主湖区共发现底栖动物 43 种，包括软体动物 21 种、水生昆虫 13 种、寡毛类 3 种及其他类 6 种；而军山湖共发现底栖动物 17 种，包括软体动物 7 种、水生昆虫 5 种、寡毛类 3 种及其他类 2 种。相比之下，现阶段军山湖底栖动物物种数仅为鄱阳湖的 40%，主要表现为军山湖软体动物和水生昆虫远低于鄱阳湖主湖区，大型蚌类如无齿蚌和三角帆蚌未能在军山湖采集到，摇蚊幼虫的多个种类和蜉蝣目在军山湖也未出现。物种数差异的原因一方面可能是鄱阳湖主湖区面积广阔，具有多样性的生境，如鄱阳湖具有多种底质类型，且水流速度空间差异较大，因而能够支持更多的物种生存；另一方面，水文和水环境的差异也可能引起物种组成的差异，鄱阳湖具有流水环境，且水质较好，因此出现了对水质较为敏感的蜉蝣目昆虫。相比之下，现阶段军山湖为静水环境，水体营养盐浓度较高，已不适宜敏感种的栖息。军山湖 20 世纪 90 年代物种组成与现阶段鄱阳湖更为接近，表明建闸已导致军山湖底栖动物发生显著变化。

对比军山湖和鄱阳湖底栖动物总密度及总生物量，发现军山湖密度显著高于鄱阳湖（$P = 0.003$，图 6-24），而生物量则是军山湖低于鄱阳湖，但未达到显著水平（$P = 0.11$，图 6-25）。这种现象表明军山湖小个体的种类密度更高，从而导致密度高，但生物量低的特征。

从类群的组成来看，军山湖密度的优势类群为水生昆虫（主要为摇蚊幼虫），占密度的 35.84%（图 6-25），全湖水生昆虫平均密度为 238 个/m^2，而鄱阳湖水生昆虫平均密度为 22 个/m^2，占密度的百分比仅为 13.21%，军山湖水生昆虫密度显著高于鄱阳湖，其原因与两湖底质类型及水流条件有关。军山湖现阶段为淤泥底质，有机质含量高，更适宜喜富营养环境的摇蚊幼虫栖息，而鄱阳湖主湖区多为流水环境，底质含沙量高，有机质含量低，因此不适宜摇蚊幼虫的栖息，表现为其较低的密度。

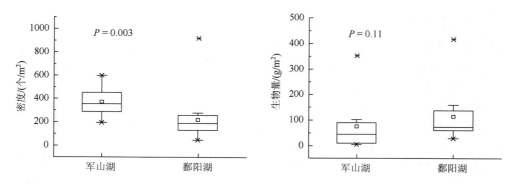

图 6-24　2012～2013 年军山湖和鄱阳湖底栖动物密度及生物量对比

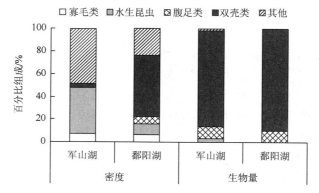

图 6-25　2012～2013 年军山湖和鄱阳湖底栖动物密度及生物量组成对比

二者密度组成的共同点为其他类的寡鳃齿吻沙蚕均为优势种，其在军山湖和鄱阳湖的平均密度分别为 165 个/m² 和 18 个/m²，前者密度高于后者，其原因可能为该物种功能摄食类群属直接收集者，以表层沉积物中的有机颗粒物为食，因此有机质含量高的底质有利于其栖息繁殖。相比之下，鄱阳湖双壳类平均密度较军山湖高，在两湖的密度分别为 123 个/m² 和 12 个/m²，前者可达后者的 10 倍，分别占总密度的 54.8%和 3.3%。鄱阳湖双壳类的种类主要为河蚬，平均密度为101 个/m²，其原因可能是军山湖现阶段营养状态较高，水体底层容易出现低氧环境，而河蚬对含氧量要求较高，低含氧量会直接影响其存活率及反捕食行为，相比之下鄱阳湖的流水环境更有利于其生存。生物量方面，两个湖泊均以双壳类占据优势，在军山湖和鄱阳湖分别占总生物量的 85.5%和 90.2%，所占百分比接近，但年均生物量分别为 63.62 g/m² 和 103.54 g/m²，军山湖低于鄱阳湖，主要原因是前者密度较后者低。综上所述，军山湖与鄱阳湖主湖区底栖动物群落存在显著差异，其主要原因可能是湖泊阻隔后导致的水文、水体营养状态及底质理化特征的变化。

6.6　鄱阳湖闸控湖泊人类活动影响及其对策建议

6.6.1　人类活动影响

根据军山湖水质现状、污染负荷和环境容量的估算，军山湖水质演变的驱动力主要是人类活动的影响，具体表现为：

1. 军山湖流域区域经济社会发展，入湖污染负荷持续增加

随着流域内经济社会的加速发展，供水保证率的提高，居民生活用水、农业用水及工业用水大幅增加。流域总用水量和工业用水量呈总体增加趋势，用水量的增加必然导致废水量的增加及入湖污染负荷的加重。

2. 军山湖湖区农业面源污染是影响水质的重要因素

据统计，军山湖流域耕地平均施用化肥纯量为 478.7 kg/hm^2，是世界平均施用化肥纯量的 2.4 倍，但是化肥利用率只有 30%~40%，其余 60%~70%进入环境。1998~2008 年 10 年间，军山湖湖区农药用量以年均 11%的速度增长，而农药施用后 10%~20%可附着在植物体上，80%~90%散落在土壤和水体中。另外，军山湖也是重要的水产养殖基地，大量投入化肥，也会引起浮游生物的爆发性生长，导致水体出现富营养化。

3. 军山湖湖区农村人口密度大，农村生活污染负荷高

军山湖流域人口约 48 万人，平均人口密度为 424 人/km^2，而江西省平均人口密度为 44 人/km^2，说明军山湖地区人口密度超过全省水平。进贤县农村环境基础设施建设滞后，几乎没有农村生活污水处理设施，污水排放方式为简单直接排放。另外，进贤县仅有 10%~20%的自然村落建有垃圾收集房，配备垃圾桶，因此堆放在路边的垃圾污染物，最终会随着雨水径流进入湖体，导致农村生活污染负荷将持续增高。

6.6.2　保护对策建议

基于《进贤县国民经济和社会发展第十二个五年规划纲要》提出的环境保护目标，将主要污染物排放总量控制在省市下达的目标范围内，使得军山湖流域生态环境质量保持良好。本节提出了军山湖水环境保护的具体对策措施。

1. 农业种植污染防治对策

合理调整施肥结构，降低施肥水平。遵循有机肥和无机肥相结合的方式，逐步减少化肥的施用水平，相应增加有机肥的利用率，推进生物防治。化肥施入农田后最多也只有 30%能被作物吸收利用，其余的均残留在土壤中或者随地表径流渗流进入水体。施用于农田中的化肥流失量受施用量、施用时间、施用品种和施用方法等多种因素的影响，因此通过科学合理施肥是减少土壤中氮磷流失的有效措施，同时这也是非点源污染控制与管理的重要内容之一。科学合理施肥可以不断改良土壤的生态环境，促进土壤的良性发展，从而获得最大的施肥效率和经济效益。同时，科学施肥也是使肥料资源充分发挥其增产作用的根本保证。

目前江西省农用化肥强度为 32.11 kg/亩，由此可见军山湖流域有 50%的乡镇化肥施用强度高于全省平均水平，即三阳集乡、二塘乡、七里乡这 3 个滨湖乡镇和白圩乡、下埠集乡、衙前乡这 3 个其他乡镇。由于滨湖乡镇离湖区较近，影响大，故必须采取有效手段通过合理施肥控制三阳集乡、二塘乡和七里乡的施肥水平降低到全省平均水平，另外 3 个乡镇由于距离湖区较远可酌情进行一定程度的削减。据估算，如上述 6 个乡镇的施肥强度降低到全省平均水平，则可实现 TN、TP 削减 10%。

2. 畜禽养殖污染防治对策

由于军山湖流域农民生活水平相对落后，畜禽粪尿大部分都是未进行相应处理直接排放，因而畜禽养殖造成的面源污染不容小觑。为了降低其污染贡献率，应合理规划养殖场的布局与结构，提高畜禽粪尿利用率，并积极推广"畜禽-沼气-作物"相结合的沼气工程。根据测定，沼液与沼渣中的 TN 含量比堆沤肥高 40%～60%，TP 含量比堆沤肥高 40%～50%，全钾含量比堆沤肥高 80%～90%，作物利用率比堆沤肥高 10%～20%。对于属于滨湖乡镇的梅庄镇、三阳集乡、七里乡和南台乡应首先推行，这几个乡镇距湖区较近且畜禽存栏量较大，沼气工程在这几个乡镇的实施将大大降低因畜禽粪便的流失产生的入湖负荷。

3. 水产养殖污染防治对策

目前全省的养殖强度为 0.30 t/亩，除了三里乡其他 11 个乡镇（占整个流域的91.7%）的养殖强度均高于全省平均水平，因而实现科学合理的健康化养殖才能从根本上应对水产养殖造成的湖体污染。据估算，如这 11 个乡镇的养殖强度均下调0.1 t/亩，则可实现水产养殖污染物削减 COD、TN、TP 约 15%左右。

同时，科学合理地选择饵料种类，并适时投放也是非常关键的。建议多投螺蛳，少投玉米或者小鱼，因为螺蛳不但是蟹的天然饵料，同时可以净化水质。水产养殖产生的废物大多数来自饲料，要降低由此而产生的废物，就应注意饲料的营养成分比例及投喂方式。通过选择饵料中所含的能量值和蛋白质含量的最佳比，在一定程度上可以减少饲料中 N 的排放量，从而使单位生物量所排泄的能量减少。另外，采用科学的投喂标准可在一定程度上降低残饵量，依据养殖对象的不同，在养殖过程中，按水体温度、溶解氧、季节变化和鱼体重量等，随时调整投喂量、投喂率以及投饵次数与时间。此外，对饵料提前过筛可防止碎饵料在水体环境中流失而造成的污染。

4. 农村环境综合整治对策

通过改善农村生活环境，实施农村环境综合整治，也是有效保护军山湖水环境的主要对策之一，具体实施途径有以下几点。

1）加强农村饮用水源保护

以保障农村居民生活环境为核心，推动农村饮用水源保护，依法划定农村饮用水源保护区，设立标志牌，清除保护区内点源，确保保护区内污染达到零排放。建设并完善农村人口聚居区集中式饮用水源地环境保护工程建筑物，防止水源受到污染。合理布置取水点位置，选择远离污染源、水量充沛、水质良好的水源地，在村民聚居区，逐步建设集中供水系统。加强水源水质监测，开展农村饮用水源水质调查与评估，为保护水源环境提供科学依据。

2）推进农村生活污水生态处理工程

以改善农村地区污水横流现象为出发点，在农村地区因地制宜推行生活污水的简易生物处理，充分利用池塘、沟渠等的自净能力，切实解决污水出路的问题。多塘系统和人工湿地系统都是典型的污水生态处理系统，在控制非点源污染中已经得到了较为广泛的应用，并取得了较好地处理效果，同时也起到了改善生态环境的作用。修建多水塘控制非点源污染是一种非常有效的方法，水塘持续地与河流进行水和养分的交换，降低流速的同时，使悬浮物得到更好的沉降，从而增加水流与生物膜的接触反应时间。多水塘和人工湿地都具有占地面积大的特点，但相对而言农村土地资源比较丰富，较适宜采用这两种方法处理暴雨初期产生的高浓度非点源污染物及生活污水。经过处理的水达到中水回用后，可用来灌溉农田、养鱼等。

3）大力推进农村清洁工程

按照江西省农村清洁工程开展现状及推进农村环境综合整治的要求，积极推进乡镇生活垃圾处理基础设施建设。积极推广"户分拣-村收集-乡转运"模式，建设完善全省生活垃圾无害化处置系统，提高生活垃圾无害化处置率。重点推进源头区及滨湖区乡镇垃圾中转站建设及投入运营，逐步实现全域范围生活垃圾的有效处理。深入推广垃圾分类收集、运输和资源化综合利用系统，以市场化经营方式鼓励生活垃圾资源化综合利用企业的发展。

5. 提高群众环保意识

大力宣传《南昌市军山湖保护条例》及相关法律、法规及保护环境的重要性，使全体公民意识到环境保护的重要性，从而树立起牢固的环境保护意识，做到从根本上防止污染、杜绝污染。在此方面，媒体应主要开展以"节约能源资源"为主题的宣传教育，以此来有效提升公众的节约意识、能源意识、资源意识，从而提升其责任感和紧迫感，最大程度来推动"节约"这一主题上升到全体公众自觉行动的高度，充分发挥一系列新闻媒体所体现出的作用，"分门别类"地开辟有关的专栏或专题，从而尽最大努力去持久、深入、广泛地对有关于资源节约类型的方针政策加以宣传，并在这一过程中将节约的方法以及一些有关的知识加以"科普"。开展一系列形式多样、内容丰富的节约资源方面的活动，以其来发动公众踊跃参与"节约型"家庭、社区、学校、企业、政府等范畴的活动，有效地提升公众的节约意识，并使得"节约型社会"的形成过程可以真正地渗透进每一社会单位，同时也可以有效地融合进每一个涉及的社会成员的每一方面，以此来"植入""节约型社会"建设的一系列理念和理论。

倡导节约的生活态度，借助一系列宣传活动，逐渐促使社会公众从身边的小事做起，从"身体内部"来将自身改造成反浪费、争节约活动的"创造者"和"宣传者"，借助于这样的方式来在无形中提升公众的节约意识。同时面向全社会发起摒弃浪费习惯的倡议，在相关节目中增加各级机关率先垂范的内容，倡导绿色环保行为的习惯，使绿色、环保、节约成为整个社会的一种习惯。

<h2 style="text-align:center">参 考 文 献</h2>

曹青云. 2010. 江西统计年鉴 2010. 北京：中国统计出版社.

陈宇炜, 高锡云, 秦伯强. 1998. 西北太湖夏季藻类中间关系的初步研究[J]. 湖泊科学, 10（4）：35-40.

吉晓燕. 2011. 军山湖入湖污染负荷及水环境容量研究[D]. 南昌：南昌大学.

江西省统计局. 2012. 江西统计年鉴 2012. 北京：中国统计出版社.

刘宝贵, 刘霞, 吴瑶, 等. 2016. 鄱阳湖浮游甲壳动物群落结构特征[J]. 生态学报, 36（24）：1-9.

刘宝贵, 谭国良, 邢久生, 等. 2015. 围湖养殖对军山湖浮游甲壳动物群落结构的影响[J]. 生态与农村环境学报, 31（1）：82-87.

刘培芳, 陈振楼, 许世远, 等. 2002. 长江三角洲城郊畜禽粪便的污染负荷及其防治对策[J]. 长江流域资源与环境, 11（5）：456-460.

刘润堂, 许建中, 冯绍元, 等. 2002. 农业面源污染对湖泊水质影响的初步分析[J]. 中国水利, 6：54-56.

刘霞, 钱奎梅, 谭国良, 等. 2014. 鄱阳湖阻隔湖泊浮游植物群落结构演化特征：以军山湖为例[J]. 环境科学, 35（7）：120-127.

刘志刚, 倪兆奎. 2015. 鄱阳湖发展演变及江湖关系变化影响[J]. 环境科学学报, 35（5）：1265-1273.

谭述魁. 1998. 1998 年长江中下游特大洪灾的土地利用思考[J]. 地理科学,(6):494.

王苏民,窦鸿身. 1998. 中国湖泊志[M]. 北京:科学出版社.

吴凯. 1999. 1998 年长江洪水的特点与警示[J]. 地理科学进展,(1):21.

谢钦铭,李长春. 1998. 鄱阳湖桡足类的群落组成与现存量季节变化的初步研究[J]. 江西科学,16:180-187.

谢钦铭,李云. 1997. 鄱阳湖轮虫种类组成与现存量季节变动的初步研究[J]. 江西科学,15:235-242.

熊汉锋,万细华. 2008. 农业面源氮磷污染对湖泊水体富营养化的影响[J]. 环境科学与技术,31(2):25-27.

杨桂山,马荣华,张路,等. 2010. 中国湖泊现状及面临的重大问题与保护策略[J]. 湖泊科学,22(6):799-810.

张琪,缪荣丽,刘国祥,等. 2012. 淡水甲藻水华研究综述[J]. 水生生物学报,36(2):352-260.

Bray J R,Curtis J T. 1957. An ordination of the upland forest communities of southern Wisconsin[J]. Ecological Monographs,27(4):325-349.

Cantonati M,Tardio M,Tolotti M,et al. 2003. Blooms of the dinoflagellate Glenodinium sanguineum obtained during enclosure experiments in Lake Tovel(N. Italy)[J]. Journal of Limnology,62(1):79-87.

Fukuju S,Takahashi T,Kawayoke T. 1998. Statistical analysis of freshwater red tide in Japanese reservoirs[J]. Water Science and Technology,37(2):203-210.

Reynolds C S. 2003. Planktic community assembly in flowing water and the ecosystem health of rivers[J]. Ecological Modelling,160(3):191-203.

Robert E L. 2008. Phycology,Fourth edition[M]. USA:Colorado State University Press:282-284.

Shannon C E,Weaver W. 1971. A mathematical theory of communication[M]. Champaign:University of Illinois Press.

Wu Z,Cai Y,Liu X,et al. 2013. Temporal and spatial variability of phytoplankton in Lake Poyang:The largest freshwater lake in China[J]. Journal of Great Lakes Research,39(3):476-483.

Zohary T. 2004. Changes to the phytoplankton assemblage of Lake Kinneret after decades of a predictable,repetitive pattern[J]. Freshwater Biology,49(10):1355-1371.

第7章　三峡工程建设运行前后鄱阳湖水环境水生态

　　重大水利工程由于具有生态环境影响大、影响复杂以及影响不可逆性等特点，对其开展工程建设与运行过程生态环境效应监测与评价一直受到各方面的高度重视。水利工程运行对河流水文过程与泥沙输移、下游重点生态敏感区如通江湖泊与河口区生态功能的影响也一直是各国科研人员的研究重点（Audry et al.，2014；Bayram et al.，2014；Vukovic et al.，2014；Marc et al.，2017）。三峡工程作为世界上最大的水利工程，其对长江中下游典型湿地生态系统的影响一直是我国各界关注的重点（侯学煜，1988；朱海虹，1989；王儒述，2002；Zhu et al.，2015）。长江中下游地区是我国淡水湖泊集中分布的地区，这些湖泊在涵养水源、调蓄长江洪水、调节气候、降解污染物、为生物提供栖息地等方面发挥了重要的作用。有研究认为，三峡工程对长江中下游通江湖泊存在两方面的影响：一方面，三峡工程建成后长江径流的年内分配比原来更加均匀，湖内泥沙淤积放缓，很大程度上缓解了通江湖泊如洞庭湖的泥沙淤积，延长了湖泊寿命；另一方面，三峡水电站蓄水改变了下游湖泊湿地生态系统依赖的水文、水力学、水体物质及营养特征等基本条件，导致湖泊湿地生态系统结构与功能的改变（姜加虎等，1997；王儒述，2005；董增川等，2012；Guo et al.，2012）。三峡工程建成后，年径流量减少，使通江湖泊的蓄水量相应减少，水流速度减慢，湖泊换水周期延长，水体交换能力与自净能力因此减弱，水环境质量可能会下降，甚至还会出现富营养化，进而影响水生生态结构与功能。

　　一般认为，受三峡工程调控的影响，长江中下游的湖泊在水位、水质、来水时间、水淹没期和水流运动等方面都会发生改变，如果超出系统阈值，将引起通江湖泊湿地面积和土壤结构等的改变，影响湖区营养盐的分布与水环境质量，最终导致水生生态系统结构与生态服务功能发生变化（陈宜瑜，1995；崔丽娟，2004；Zhao et al.，2010）。事实上，三峡工程作为长江开发的关键性骨干工程，其影响广泛而深远，它的兴建在防洪、发电、航运等方面带来了巨大的经济和社会效益，同时也不可避免地对库区和长江中下游沿岸的生态环境产生显著影响。水库蓄水运行后，使库区回水区、长江下游干流的水文情势发生变化，并导致原本总体稳定的干流河道发生长时间、长距离的冲刷（Hu et al.，2007；赖锡军等，2012；Lai et al.，2014）。这种长期变迁趋势，对江湖关系、河势稳定、水质安全、生物资源以及湿地与水生生态保护等产生重要影响。在三峡水电站正常蓄水运行条件下，明确其对长江中下游地区重要生态环境要素的影响分量与过程,探明三峡工程对典型通江湖泊湿地水环境水生态的影响,并提出相应的政策措施与建议,对更好地发挥三峡工程正面功能、降低负面影响、有效规避风险以及发挥最大效益具有重要意义。

7.1　三峡工程概况

三峡工程是举世瞩目的特大型水利枢纽工程。从 1994 年正式动工至 2009 年竣工,整个建设为期 17 年。其中 2003 年开始试运行蓄水到 135 m,2006 年蓄水水位调节到 156 m,2009 年工程竣工后,正常蓄水位提高至 175 m。水库全长 663 km,水面平均宽度 1.1 km,总面积 1084 km^2,总库容 393 亿 m^3,其中防洪库容 221.5 亿 m^3,调节性能为季调节。三峡工程主要开发任务为防洪、发电、航运及水资源利用。

三峡工程由枢纽工程、水库淹没处理和移民安置工程与输变电工程三大部分组成,其中枢纽工程包括枢纽建筑物和配套工程两部分。三峡工程项目组成见表 7-1。

表 7-1　三峡工程项目组成表

工程项目			工程组成
枢纽工程	枢纽建筑物	拦河建筑物	拦河建筑物为混凝土重力坝,坝轴线长度 2309.5 m,坝顶高程 185 m,最大坝高 181 m。大坝由主坝和副坝组成
		泄洪建筑物	泄洪坝段设 23 个深孔和 22 个表孔,导墙和围堰坝段各设 2 个泄洪排漂中孔,厂房坝段设 5 个排沙孔
		引水发电建筑物·坝后电站	左岸厂房、右岸厂房,共安装 26 台单机容量 70 万 kW 的发电机组,左岸厂房 14 台,右岸厂房 12 台
		引水发电建筑物·地下电站	地下电站为三期增建,主要建筑物分为引水系统、主厂房系统、尾水系统三大部分。共安装 6 台单机容量为 70 万 kW 的混流式水轮发电机组
		引水发电建筑物·电源电站	三峡电源电站是三峡电站厂用和各永久建筑物的主供电源和保安电源,兼顾坝区用电。电站装设 2×50 MW 水轮发电机机组
		通航建筑物	通航建筑物包括永久船闸和垂直升船机,均布置在左岸。永久船闸为双线五级连续船闸,年单向通过能力 5000 万 t。垂直升船机为单线一级垂直提升式,一次可通过一艘 3000 t 级客货轮或 1500 t 级船队
	配套工程	茅坪溪防护大坝	茅坪溪防护工程是对水库右岸支流茅坪溪流域淹没区进行保护的工程,由防护大坝和茅坪溪泄水建筑物组成
		桥梁道路工程	西陵长江大桥全长 1118.66 m,主跨为 900 m 悬索结构,施工区永久道路总长 63.78 km,场内交通桥梁主要有船闸六闸首大桥、覃家沱大桥
		办公生活区	办公区、生活区、服务设施、绿化公园、道路等永久性建筑或设施
		码头工程	杨家湾港从上游至下游依次设有客运码头、散杂货码头、集装箱杂货码头、重大件码头共 4 座码头,6 个 500~1000 t 级泊位,设计年通过能力 100 万 t

三峡工程对下游通江湖泊的影响与水库调度运行方式密切相关。依据三峡工程建设与水库调度运行，可对其分为工程蓄水前期（2003 年前）、围堰蓄水及初期蓄水期（2003～2008 年）和试验性蓄水期（2009 年至今）共 3 个阶段。其中对鄱阳湖水环境水生态影响时段还细化为围堰蓄水阶段（2003～2006 年）、初期蓄水阶段（2007～2008 年）和试验性蓄水阶段（2009 年至今）。

7.2　三峡工程运行调度方式

三峡大坝坝顶高程 185 m，正常蓄水位 175 m，防洪限制水位 145 m，枯水季消落低水位 155 m。水库的调度原则是：水库运用要兼顾防洪、发电、航运和排沙的要求，协调好除害与兴利、兴利各部门之间的关系，以发挥工程最大综合效益，汛期以防洪、排沙为主。

7.2.1　设计运行调度方式

每年的 5 月末至 6 月初，为腾出防洪库容，坝前水位降至汛期防洪限制水位 145 m。汛期 6～9 月，水库维持此低水位运行，水库下泄流量与天然情况相同。在遇大洪水时，根据下游防洪需要，水库拦洪蓄水，库水位抬高，洪峰过后，仍降至 145 m 运行。汛末 10 月，水库充水，下泄量有所减少，水位逐步升高至 175 m，只有在枯水年份，这一蓄水过程延续到 11 月。12 月至次年 4 月，水电站按电网调峰要求运行，水库尽量维持在较高水位。1～4 月，当入库流量低于电站保证出力对流量的要求时，动用调节库容，此时出库流量大于入库流量，库水位逐渐降低，但 4 月末以前水位最低高程不低于 155 m，以保证发电水头和上游航道必要的航深。每年 5 月开始进一步降低水库水位。

按照上述运行方式，三峡水库汛末蓄水期间（10 月初），由于蓄水量较大（水位从 145 m 提升至 175 m），且汛后长江上游天然来水量有所下降，水库下泄流量一般比天然流量减少较多，但汛前预泄期（枯水季 5～6 月）下泄量比天然情况有所改善。三峡水库调度运行方式如图 7-1 所示。

7.2.2　试运行水库运行调度

1. 典型年水库运行水位调度

2003 年 6 月，三峡水库蓄水至 135 m，进入围堰发电期。同年 11 月，水库蓄水至 139 m。围堰发电期的运行水位为 135 m（汛限水位）～139 m（围堰挡水

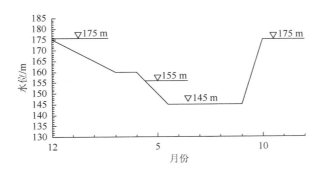

图 7-1　三峡水库调度运行方式

期汛末蓄水位)。2006 年 10 月，三峡水库蓄水至 156 m，较初步设计提前一年进
入初期运行期。初期运行期运行水位为 144 m(汛限水位)～156 m(初期蓄水位)。
2008 年汛后，三峡水库开始 175 m 试验性蓄水，进入 175 m 试验蓄水期。试验蓄
水期运行水位为 145 m (汛限水位)～175 m (正常蓄水位)。2012 年，根据前两
年蓄水至 175 m 的经验，并结合上游向家坝水电站等水库 10 月蓄水约 35 亿 m^3
的新情况，将 10 月蓄水任务合理调整一部分至 9 月完成。水库从 9 月 10 日开始
蓄水，9 月上、中旬对两场洪水过程进行了拦蓄，9 月 10 日库水位为 158.92 m，9 月
30 日库水位达到 169.4 m，10 月 30 日第三次蓄水至 175 m。

2. 汛期调度

三峡水库在 2004 年和 2007 年汛期进行了防洪运用。2008 年汛期，三峡水库
具备正常运行期防洪能力。2009 年汛期，8 月 6 日三峡水库遇入库流量达 55000 m^3/s
的洪水，三峡水库首次对中小洪水滞洪调度进行了尝试，三峡水库最大出库流量
40000 m^3/s。2010 年汛期，三峡水库对 7 次洪水过程进行了防洪运用。其中，55000 m^3/s
以上的洪水次数为 3 次，最大洪峰流量 70000 m^3/s，最大削峰 30000 m^3/s，最高拦
洪水位 161.02 m，累计蓄洪量 266.3 亿 m^3。2011 年汛期，三峡水库来水偏枯，年
最大洪峰流量 46500 m^3/s，发生在 9 月蓄水期间。三峡水库充分利用了当年汛期
洪水资源，进行了 4 次防洪运用，累计拦蓄洪水 187.6 亿 m^3，基本没有弃水。
2012 年汛期，三峡水库对 4 次大于 50000 m^3/s 以上的洪水过程进行了防洪运用，
最大洪峰流量为 71200 m^3/s，出现在 7 月 24 日，是三峡水库成库以来遭遇的最大
洪峰。三峡水库最大削峰 28200 m^3/s，削峰率达 40%，最高蓄洪水位 163.11 m，
累计拦蓄洪水 228.4 亿 m^3。通过三峡水库拦洪错峰的作用，控制最大出库流量不
超过 45000 m^3/s，避免了荆南四河超过保证水位，控制下游沙市站水位未超过警
戒水位，城陵矶站水位未超过保证水位，保证了长江中下游的防洪安全。

3. 消落期调度

三峡水库从 2004 年 3 月开始为下游实施航运补偿调度,截至 2012 年年底,三峡水库为下游补水总量达到了 693.4 亿 m³,见表 7-2。

表 7-2　2003~2012 年三峡水库补水效益

年份	补水天数/天	起止日期	补水总量/亿 m³	平均增加航道深/m	备注
2003~2004	11	2004.3.4~3.14	8.79	0.74	135~139 m 围堰发电阶段
2004~2005		枯期来水较丰,没有实施补偿调度			135~139 m 围堰发电阶段
2005~2006		枯期来水较丰,没有实施补偿调度			135~139 m 围堰发电阶段
2006~2007	80	2006.12.15~2007.1.4、2007.2.2~4.1	35.8	0.38	156 m 初期运行阶段
2007~2008	63	2007.12.8~12.25、2008.1.11~2.24	22.5	0.33	156 m 初期运行阶段
2008~2009	101	2008.12.19~2009.1.5、2009.1.18~4.10	56.6	0.40	175 m 试验蓄水期
2009~2010	141	2009.11.25~2010.4.11、2010.4.18~4.20	139.7	0.70	175 m 试验蓄水期
2010~2011	164	2010.12.29~2011.6.10	215	1.00	175 m 试验蓄水期
2011~2012	150	2011.12.28~2012.6.10	215	1.00	175 m 试验蓄水期

三峡工程围堰蓄水阶段、初期蓄水阶段、试验性运行以来三峡水库水位及入库、出库流量变化如图 7-2~图 7-4 所示。

除正常年份消落期向下游正常补水外,遇特枯年份,三峡水库还可以加大下泄

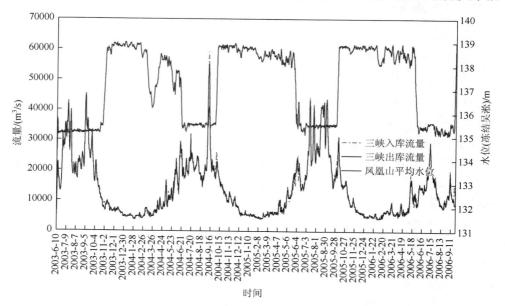

图 7-2　围堰发电期坝前水位和出入库流量过程

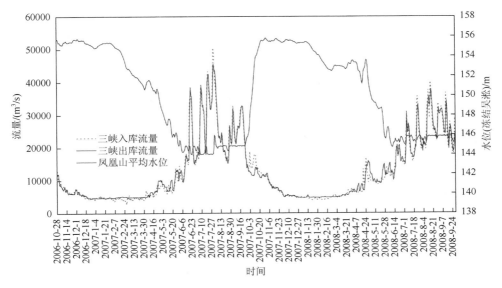

图 7-3　初期运行期坝前水位和出入库流量过程

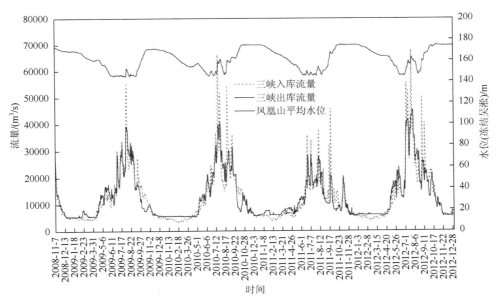

图 7-4　试验性运行期坝前水位和出入库流量过程

流量，发挥抗旱功能。2011 年汛前，长江中下游部分地区遭遇了百年一遇的大面积干旱，三峡水库水位在已经接近枯季消落水位 155 m 且入库流量持续偏小的情况下，以满足生态、航运、电网供电为目标调整运行方式为应急抗旱调度方式。当年 5 月 7 日 10 时，三峡水库开始加大下泄流量，库水位从 155.35 m 下降至 6 月 10 日

24 时的 145.82 m，抗旱补水总量 54.7 亿 m³，日均向下游补水 1500 m³/s，有效地改善了中下游生活、生产、生态用水和通航条件，为缓解特大旱情发挥了重要作用。

7.3 三峡工程建设运行不同阶段鄱阳湖水质变化特征

湖泊水生态环境演变是一个长期而复杂的过程，除受自身生态系统结构和演变的控制外，流域内重大水利工程对其也产生显著影响。流域重大水利工程建设改变下游水沙和污染物的时空输移过程及输送量，而水沙和污染物时空输移过程及输送量的变化又是下游河道与湖泊生态系统演变和环境灾害的关键驱动因子。重大水利工程影响下水沙和污染物的分项变化过程必将导致下游水域水动力、水环境水生态以及地形地貌的演变。作为长江中游吞吐型通江淡水湖泊，鄱阳湖与长江之间存在复杂的水量和物质交换过程，这种交换关系是维持鄱阳湖独特水文条件的重要条件，也是鄱阳湖水环境水生态演变的重要驱动要素。长江三峡工程建设和运行显著改变着长江干流的水沙运移过程，从而引起江湖关系的改变。这种江湖关系的改变是否会进一步对鄱阳湖水环境水生态产生显著影响一直是国内外广泛关注的焦点问题。

7.3.1 鄱阳湖水体 TN 和 TP 浓度及富营养化指数变化趋势

图 7-5 和图 7-6 总结了鄱阳湖水体 TN 和 TP 浓度年际变化趋势。从营养盐浓度水平看，1988 年鄱阳湖水体 TN 和 TP 浓度平均值分别为 0.684 mg/L 和 0.076 mg/L。1996 年个别湖湾区 TN 和 TP 浓度最高值分别为 2.38 mg/L 和 0.148 mg/L，水体营养盐含量不断增加。2006 年，鄱阳湖全湖平均 TN 浓度高达 1.59 mg/L，出现历史新高，水体氮含量呈上升趋势。三峡工程前期（1980~1994 年），即 20 世纪 80 年代初，鄱阳湖全湖水体为Ⅰ类~Ⅱ类水质标准。三峡工程建设期（1994~2009 年）鄱阳湖 TN 和 TP 多年平均浓度差别不大（图 7-5 和图 7-6 中虚线所示），但是年际平均浓度变化较大。这一阶段鄱阳湖水质基本维持在Ⅱ类~Ⅲ类水质标准。

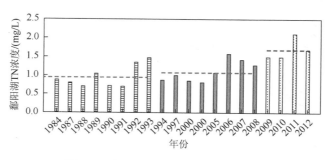

图 7-5　鄱阳湖 TN 浓度年际变化趋势

虚线表示不同时期的年平均 TN 浓度

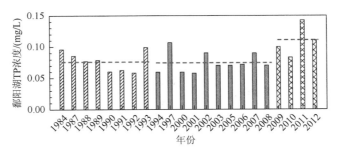

图 7-6　鄱阳湖 TP 浓度年际变化趋势

虚线表示不同时期的年平均 TP 浓度

　　与三峡工程前期与建设期相比,三峡工程蓄水运行期(2009～2013 年)鄱阳湖 TN 和 TP 浓度均明显增加,水质恶化趋势加剧。2009 年全年劣于Ⅲ类水的湖区面积占湖泊总评价面积的 32.2%,2011 年该比例增加到 62.1%,2013 年湖区水质有所好转。虽然湖区水体营养状态属于中营养,但是局部已经达到富营养化的条件,部分水域枯水期达到了劣Ⅴ类水。TN 浓度的增幅要远大于 TP 浓度的增幅(图 7-7 和图 7-8)。

　　图 7-9 显示了 1985～2011 年鄱阳湖 4～9 月水体富营养化指数的年际变化趋势。可以看出,20 世纪 80 年代以后,鄱阳湖营养状态指数略有上升,从 1985 年的 35 增加到 1987 年的 47。1990～1993 年,鄱阳湖 TN 含量较高且稳步增加,1993 年湖区 TN 平均浓度达到 1.48 mg/L,缓慢地向富营养水平发展,浮游植物优势种类依次为绿藻、硅藻和蓝藻,全湖年均值为 51.5 万个/L,浮游藻类数量增多。1991～

(a) 1986年10月　　　　　　　　　　(b) 2006年10月

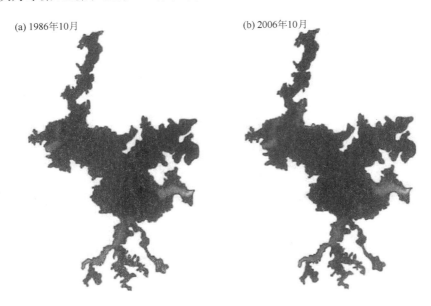

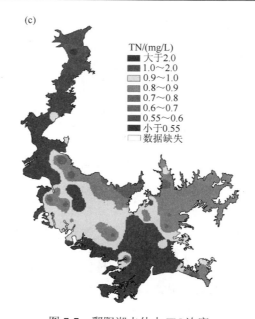

图 7-7　鄱阳湖水体中 TN 浓度

（a）为三峡工程建设前；（b）为"7＋1"课题预测；（c）为 2013 年 10 月实测

1994 年，整个湖区水质达到 II 类标准，属于中营养水平。三峡工程建设期鄱阳湖平均富营养化指数为 42。进入 21 世纪，鄱阳湖富营养化趋势略有上升，2005 年和 2006 年富营养化指数增加至 49，2007～2009 年有所回落为，降至 45～47，这可能与当年水文情势以及气温等天气因素变化有关（任琼等，2017）。

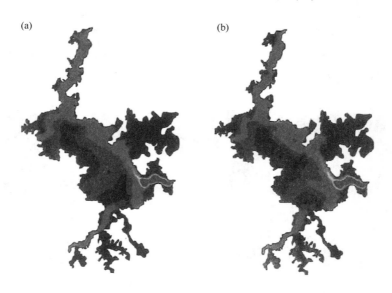

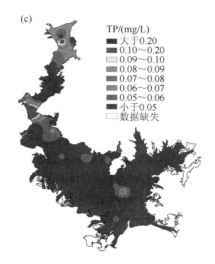

图 7-8　鄱阳湖水体中 TP 浓度

（a）为三峡工程建设前；（b）为 "7 + 1" 课题预测；（c）为 2013 年 10 月实测

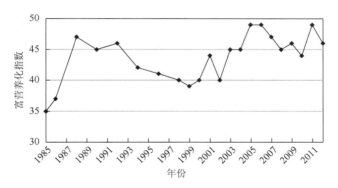

图 7-9　1985～2011 年鄱阳湖 4～9 月水体富营养化指数的年际变化

　　总体而言，鄱阳湖水质在三峡工程建设前期较好，鄱阳湖水质大都属于Ⅰ类～Ⅱ类水，营养状态为贫营养到中营养。在三峡工程建设期鄱阳湖 TN、TP 年平均浓度与建设前期并没有明显差别，仍然维持在中营养状态。而在三峡工程试验性蓄水期，鄱阳湖 TN 和 TP 年平均浓度有所提高，湖区水体环境质量趋于下降趋势，虽然总体上仍属于中营养状态，但是部分湖区已达到富营养化水平，部分水域水质降至Ⅴ类水。

　　已有研究认为，三峡工程建设运行后典型枯水年 5 月、6 月平均水位降低 0.07 m 和抬高 0.26 m，对鄱阳湖总体纳污能力影响很小；10 月平均水位降低 2.53 m，鄱阳湖总体纳污能力有所降低，在相同入湖污染负荷状态下，典型枯水年三峡工程运用前后 10 月鄱阳湖的水质变化很小（吴龙华，2007；赖锡军等，2012；

邬年华等，2014）。经与 2013 年 10 月鄱阳湖实测结果对比发现，除了 TN 平均含量明显高于预测外，TP 平均含量与预测一致，并未发生显著变化。

7.3.2　鄱阳湖水质演变原因分析

环评报告阶段对三峡工程在水环境质量影响方面的评价主要集中在库区，认为库区淹水将会淹没土地，导致短期内的土壤物质溶出，从而导致水质的下降。该报告同时认为，这种效应对于鄱阳湖而言并不存在，因为鄱阳湖本身就是一个季节性湖泊，其水位的波动导致洲滩土壤的淹没与出露的规律并不因三峡工程而有本质的改变，因此，环评报告未对鄱阳湖水环境的变化进行分析。但环评报告同时提出，应加强对长江中下游水域，包括湖泊的水环境监测。因此国务院三峡工程建设委员会将鄱阳湖纳入了三峡工程生态与环境监测系统，成立了鄱阳湖江湖生态监测重点站，对鄱阳湖水环境进行长期监测。

尽管环评报告中未提及三峡工程对鄱阳湖水环境的影响，但近年来观测到鄱阳湖水质日趋下降已是事实。影响鄱阳湖水环境质量的因素是多方面的。一方面，河流输入、由于流域社会经济发展引起的污水排放量增加以及面源污染物流失构成了入湖氮、磷污染物的主要来源；另一方面，受气候变化和水利工程建设影响，"五河"、长江与鄱阳湖之间发生水量与营养物质交换量的改变，也是影响鄱阳湖水环境质量的重要因素。

1. 鄱阳湖流域社会经济快速发展

1980 年以来，鄱阳湖流域经济保持平稳、协调发展，特别是在进入 21 世纪以来，经历了一个持续的高速经济增长阶段，GDP 总量、财政收入和居民收入持续增长。以江西省为例，2012 年全省 GDP 总量达到 12949 亿元，比上年增长 11.0%，在全国 31 个省（直辖市、自治区）中占第 23 位，经济增速连续 10 年超过 10%，人均 GDP 达到 28799 元，比上年增长 10.5%，在全国居于第 25 位。城镇居民人均可支配收入与农村居民人均年纯收入分别达到了 19860 元和 7828 元，比上年增长 13.6%。

1980～2012 年江西省流域总人口、农村人口、城镇人口与城镇化率均呈稳定增长的趋势（图 7-10）。总人口从 1980 年的 2584.5 万人增加到 2012 年的 4503.9 万人，年均增长率为 1.8%。其中，城镇人口数量从 1980 年的 614.6 万人增加到 2012 年的 2139.8 万人，城镇人口增长速度自 2000 年开始明显加快，2012 年比 2000 年增长 86.3%，年均增速达到 7.2%。随着人口数量的增加和城镇化进程的加快，农村与城镇污水排放成为影响地表河湖水环境质量的重要因素之一。农村人口数量从 1980 年的 2655.6 万人增加到 1999 年的 3097.8 万人，之后逐年减少到 2012 年的 2364.1 万人，城乡比为 0.9。城镇化率从 1980 年的 18.8%增加到 2012 年的 47.5%。

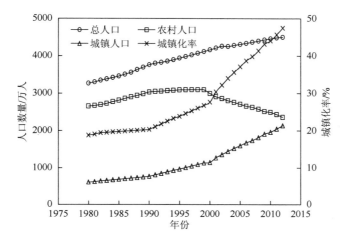

图 7-10　1980～2012 年江西省流域总人口、农村人口、城镇人口与城镇化率年际变化趋势

受自然条件和社会经济环境背景的影响，流域人口在地域分布上具有显著的不均衡性。2012 年江西省平均人口密度为 270 人/km²，略高于全国和长江流域同期的平均人口密度（分别是 246 人/km² 和 220 人/km²），属于人口相对密集的地区。流域内人口密度最高的区域是鄱阳湖区，该地区是全省的政治、经济、文化中心。湖区分布有南昌市、九江市、南昌县、新建县、进贤县、湖口县、星子县、都昌县、永修县、德安县、余干县、鄱阳县、乐平市、丰城市和樟树市 15 县市，人口在鄱阳湖沿岸区域集中连片分布，人口密度是流域平均人口密度的 1.6 倍。

2. 鄱阳湖流域污水排放量逐年增加

20 世纪 80 年代，鄱阳湖水质持续恶化与流域内快速城镇化及工农业废水排放量增加有关。随着湖区经济的迅速发展，污水排放总量增加的趋势明显。从图 7-11 可以看出，在 1990～1996 年江西省废污水排放量（不含火电厂直流式冷却水和矿坑排水）基本保持在 10 亿 t 左右，但是自 1997 年突破 15 亿 t 开始，全省污水排放总量呈迅速增加趋势，到 2012 年达到了 38.4 亿 t，比 1996 年增加了 2.4 倍。根据 2012 年江西省水资源公报，城镇居民生活污水、第二产业和第三产业废水分别占总排放量的 24.4%、69%和 6.6%，其中，80%废水进入地表河湖。这些污水中富含氮、磷及其他污染物，在污水处理能力远远落后的情况下，逐年迅速增加的生活与工业污水绝大部分未经严格的处理就直接排放。因此经由入湖河流进入鄱阳湖的营养物质的绝对量必然持续增加，势必对湖区水环境造成不利影响。

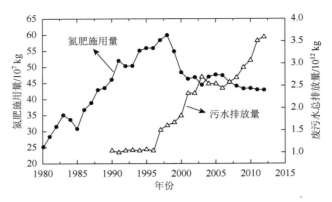

图 7-11　江西省污水排放量和氮肥施用量的年变化

由于流域内土地利用方式变化，农田大量使用化肥农药等造成的水土流失和营养物质流失问题已成为鄱阳湖水环境恶化的重要原因之一（胡细英，2001）。1980～1998 年流域内农业氮肥施用量逐年迅速增加（图 7-11），通过地表径流和侧渗流，这些氮、磷营养物质最后均通过地表河流或地下水流汇入湖区，导致鄱阳湖入湖污染物负荷增加。

3. 鄱阳湖入湖河流水质逐渐恶化

赣江是鄱阳湖主要入湖河流之一，也是鄱阳湖污染负荷的主要来源之一。图 7-12 显示了三峡工程建设不同时期鄱阳湖主要入湖河流——赣江的水质演变过程。三峡工程建设前期赣江水体中的 NO_3^--N 浓均低于 4 mg/L，平均浓度为 0.86 mg/L，年际变化不大，年内表现为枯水期浓度高于丰水期。三峡工程建设期赣江水体中的 NO_3^--N 浓度变化范围为 0～1.5 mg/L，平均浓度为 0.46 mg/L，比三峡工程建设前期没有增加甚至有所下降。但三峡工程试验性蓄水期赣江水体中的 NO_3^--N 浓度范围为 0.3～2.2 mg/L，平均浓度为 1.46 mg/L，比建设期和建设前期均明显增加。

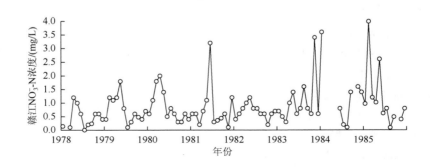

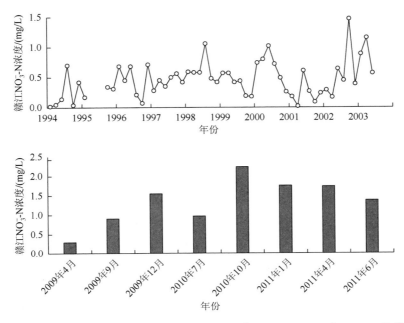

图 7-12　赣江外洲站 1978~1985 年、1994~2003 年、2009~2011 年 NO_3^--N 浓度变化

由于缺乏赣江 2004~2008 年的 NO_3^--N 浓度数据，这里用水质类别数据说明该期间赣江的水质变化趋势，为了便于对三峡工程建设期与试验性蓄水期进行比较，2009~2012 年赣江的水质类别数据也包括在图内（图 7-13）。三峡工程建设期间赣江水质恶化趋势明显，特别是在 2004~2007 年，水质类别达到 V 类和劣 V 类的月份达到了 22 个，其中这四年的 10~12 月均监测到 V 类和劣 V 类水。2008 年，赣江水质有所好转，以 III 类和 IV 类水为主，但仍在 12 月监测到 V 类水。河流水质的恶化与降水量的减少有关，降雨减少不有利于稀释河流污染物浓度，从而影响河流水质。三峡工程试验性蓄水期赣江水质年际差异很大。其中 2010 年丰水期和 2012 年全年期水质较好，以 II 类~III 类水为主。这是由于这两年江西省为丰水年，年降水量分别达到 2150 mm 和 2175 mm，比常年平均多 25%以上，因而这两年赣江水质较好，其中 2012 年水质类别为 II 类水的月份更是达到了 9 个。2011 年则属于气候异常干旱年，全省年降水量仅为 1305 mm，较常年偏少 22%，河流水体自净能力下降，导致水质下降，一年之内有 9 个月监测到 IV 类水。

赣江 NO_3^--N 含量变化反映了赣江对鄱阳湖污染负荷贡献的变化。NO_3^--N 输送入湖量的逐月变化趋势如图 7-14 所示。三峡工程建设前期虽然 NO_3^--N 浓度较低，但是由于流量较大（月平均流量为 $6.2 \times 10^9 \, m^3$），经赣江输送入湖的 NO_3^--N 负荷量并不低，平均入湖量为 $5.05 \times 10^6 \, kg/月$。三峡工程建设期，其中 1994~2003 年赣江输送入湖的流量与建设前期相比基本持平（月平均流量为 $6.6 \times 10^9 \, m^3$），加

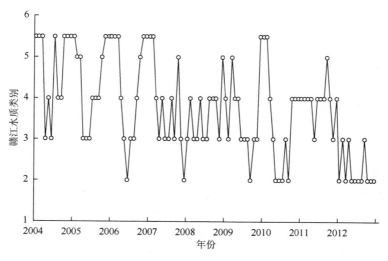

图 7-13　2004～2012 年赣江水质类别变化趋势

上水体中的 NO_3^--N 浓度比三峡工程建设前期有所下降,导致赣江输送入湖的 NO_3^--N 负荷量比建设前期没有增加反而下降,平均入湖量为 3.4×10^6 kg/月。三峡工程试验性蓄水期赣江输送入湖的流量比以前明显减少（月平均流量为 5.7×10^9 m³）,但是由于赣江水体中的 NO_3^--N 浓度比以前明显增加,导致赣江输送入湖的 NO_3^--N 负荷量比建设期增加,平均入湖量为 4.6×10^6 kg/月。

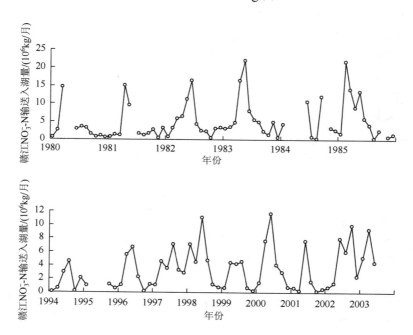

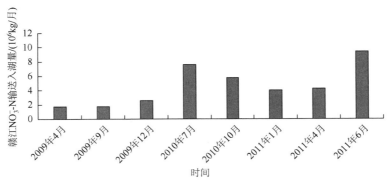

图 7-14   赣江外洲站 1980～1985 年、1994～2003 年、2009～2011 年 NO_3^--N 输送入湖量的
逐月变化趋势

4. 三峡水库水位调度对鄱阳湖水环境的影响分析

尽管三峡工程对鄱阳湖水环境并无确切的影响，但是其水库调度可能造成鄱阳湖污染物输移和净化的年内变化差异，特别表现在三峡蓄水和下泄阶段（刘晓东等，1999；Nakayama et al.，2008；汪迎春等，2011）。通过江湖作用的改变，导致湖内流速和换水周期的变化，从而影响污染物的扩散稀释和水环境年内变化模式。鄱阳湖作为大型通江湖泊，其水量水质变化同时受到流域来水与长江作用的影响。每年 4～6 月，湖泊水位随流域"五河"洪水入湖而上涨，7～9 月因长江洪水顶托或倒灌而维持高水位，10 月开始稳定退水。湖泊水量能够反映水体的水环境容量，湖泊水位越高，水量越大，水环境容量越大，越有利于水质的保护。此外，水体更新次数影响湖泊的水动力过程和污染物的积累与分配。一般而言，换水周期短，水体流速快，则污染物在湖体的滞留期也相应较短，有利于抑制富营养化过程（王天宇等，2004；徐晓君等，2010）。汛期 7～9 月，三峡水库一般运行在防洪限制水位，以拦蓄上游洪水，削减洪峰。三峡水库运用后使洪峰水位大为削减，减轻了鄱阳湖的防洪压力。1998 年汛期，鄱阳湖湖口水位下降 0.37 m，在此阶段由于鄱阳湖流域"五河"来水量多，水环境容量大，自净能力强，鄱阳湖水质不容易恶化。因此，三峡水库汛期运行对鄱阳湖水环境的影响不大。

三峡水库汛末蓄水为 10～11 月，坝前水位蓄至 175 m，该时段三峡水库将拦截上游大部分来水。受长江上游来水量减少的影响，鄱阳湖水情发生明显的变化。10～11 月蓄水期来水显著减少，将使鄱阳湖水位提前消落，枯水时间提前，枯水持续时间延长。在正常年份，鄱阳湖一般在 11 月上旬进入枯水期，3 月结束，但是在 2001～2012 年，鄱阳湖枯水发生时间提前，枯水持续时间呈延长态势，特别是在 2009 年三峡工程试验性蓄水以来，鄱阳湖枯水状态加剧。2009 年 9 月后，江西省当年基本没有出现有效降雨，"五河"来水偏少，与此同时，三峡工程正在进行的 175 m 试验性蓄水导致上游来水急剧减少，长江对鄱阳湖拉空作用加强，鄱阳湖退水速度加快，枯水程度加剧。例如，星子站、都昌站10月平均水位分别下降1.35 m和0.90 m，而湖口处于江湖连接处，受三峡工程蓄水影响更大，水位下降峰值达2 m以上，导致出湖水量增加，鄱阳湖提前40多天，于10月12日进入枯水状态，受持续10余天降雨影响，在2010年2月9日枯水期结束，枯水期为120天。2010年属于丰水年，鄱阳湖于11月12日进入枯水状态，枯水期为165天；2011年属于气候异常干旱年，较正常年份提前57天，于9月初进入枯水期，枯水期结束时间在2012年4月中旬，较往年推迟了72天，枯水期长达224天；2012年较正常年份提前约10天，于10月25日进入枯水状态，枯水期为149天。鄱阳湖枯水时间的延长导致湖泊水环境容量下降，不利于水环境保护与水质改善。在气候异常干旱的年份如2011年，三峡工程的汛末蓄水可能会在短时间内加剧鄱阳湖枯水期水质恶化的趋势。据中国科学院鄱阳湖湖泊湿地观测研究站监测，2011年1月和4月，鄱阳湖区水体中TN平均浓度分别为2.29 mg/L和2.70 mg/L。按照《地面水环境质量标准》（GB 3838—2002）进行水质评价，监测湖区水质为劣Ⅴ类水。因此三峡水库汛末蓄水导致鄱阳湖枯水发生时间提前，枯水持续时间延长，在遭遇气候异常干旱的情况下可能会加剧鄱阳湖枯水期水质恶化的趋势。

12月以后，三峡水库开闸放水，为了在汛期前腾空库容调蓄上游洪水，三峡水库在翌年6月10日必须降到145 m的防洪限制水位。该阶段三峡出库流量大于入库流量，每年4～6月是鄱阳湖流域"五河"水系的主汛期，7～9月是长江中上游的主汛期，鄱阳湖水位受"五河"来水和长江洪水顶托或倒灌共同影响而雍高，长期维持在高水位。三峡水库在每年5～6月上旬下泄，通过人为地加大5～6月长江流量，提前于5～6月造成长江对鄱阳湖的顶托作用，升高鄱阳湖湖口水位。湖口水位的抬高减缓了江湖关系引起的排空效应，从而增加了鄱阳湖的水环境容量，有利于鄱阳湖水质的改善，如2009～2010年以及2011年5～9月，鄱阳湖都昌湖区监测水质为Ⅱ类水，水质较好。因此，三峡水库5～6月开闸放水，在江湖共同作用及降水量正常的情况下，有利于维持鄱阳湖5～9月长期处于高水位，对鄱阳湖水环境有利。

总体而言，三峡工程蓄水运行前，鄱阳湖TN、TP年平均浓度没有明显变化，而在蓄水运行期有较明显增加。湖区水体营养水平自20世纪80年代以来一直维持在中营养状态，在2002年以后湖区氮磷浓度和劣Ⅲ类水比例明显增加，水环境恶化趋势加快，TN的增加幅度大于TP。鄱阳湖流域水质监测结果表明，三峡工程蓄水运行前，流域水质尚好，但2002年以后，水质呈明显恶化趋势。鄱阳湖水质的演变规律与赣江等入江河流水质指标变化特征具有高度的耦合性，说明鄱阳湖水质下降主要归因于流域来水水质下降，而三峡水库汛末蓄水，导致枯水提前，枯水期延长，进一步加剧鄱阳湖季节性水质恶化。鄱阳湖水质的空间分布差异较明显，呈尾闾区，特别是南部尾闾区水质较差。三峡蓄水导致湖水提前落槽，将导致尾闾区污染物提前扩散,但扩散效应与三峡工程建设前并无显著差异。鄱阳湖湖区水环境演变特征与主要入湖河流——赣江的水质变化特征基本一致。在污水处理能力落后的情况下,废污水排放量的增加必然导致进入鄱阳湖的氮、磷等污染物质绝对量增加。蓄水期鄱阳湖枯水持续时间延长,在气候异常干旱的年份会明显加剧鄱阳湖枯水期水质的恶化。

7.4　浮游植物变化特征

浮游植物是淡水生态系统中初级生产者和重要营养级的代表,其种类多样性和生物量直接影响生态系统的结构和功能,对系统中能量流动和物质循环起着重要的作用。浮游植物对环境变化极为敏感,与气候条件、水情要素和营养盐有着十分密切的联系,是反映水生生态系统演变的重要指示性指标,在水体环境监测中起着重要作用。近年来,人们广泛应用浮游植物生物量与群落结构评价河湖生态系统的生态状况及人类活动的环境影响(谢欣铭等,2000;王天宇等,2004)。三峡工程建设运行后改变了坝下水文过程以及营养物质输移途径,进而会对下游水体生态系统产生影响。鄱阳湖受长江顶托作用,江湖关系变化必然导致鄱阳湖水文循环过程以及水体营养物质迁移扩散,进而可能对湖体浮游植物生物量与结构产生影响。本节依据鄱阳湖江湖生态监测重点站的监测结果以及相关历史监测资料,对三峡工程建设运行不同时期鄱阳湖水体浮游植物生物量与结构变化特征进行了分析,讨论了三峡工程建设运行对鄱阳湖生态系统浮游植物的潜在影响。

7.4.1　鄱阳湖浮游植物现状

中国科学院鄱阳湖湖泊湿地观测研究站 2009~2011 年常规浮游植物监测数据鉴定鄱阳湖浮游植物隶属于 7 门 67 属 132 种,其中,绿藻门 34 属 64 种,占总藻类数百分比为 48.5%;硅藻门 17 属 30 种,占总藻类数的 22.7%;蓝藻门 6 属 22 种,占总藻类数的 16.7%;裸藻门 4 属 7 种,占 5.3%;甲藻门和隐藻门分别为 3 属 4 种和 2 属 4 种,均占鄱阳湖浮游植物总藻类数的 3.0%;金藻门种类数最少,仅见 1 属 1 种。浮游植物的优势属为硅藻门的直链硅藻、脆杆藻、针杆藻,绿藻门的栅藻、鼓藻以及隐藻门的隐藻、蓝隐藻。蓝藻门的微囊藻在特定的时间成为优势种属。鄱阳湖浮游植物最主要的优势属为直链硅藻和隐藻,全年均占优。据中国科学院鄱阳湖湖泊湿地观测研究站 2009~2011 年常规调查,鄱阳湖浮游植物细胞丰度值年际和季节变化趋势明显。2009 年浮游植物细胞丰度最低,为 11.5 万个/L。7 月和 10 月浮游植物细胞丰度较高,1 月较低。2012 年 7 月丰水期全湖调查显示,蓝藻、硅藻和隐藻主要分布在鄱阳湖受污染较严重且水流较缓的都昌、周溪及南部湖汊等尾闾区。与其他湖区相比，老爷庙以北湖区浮游植物生物量最低（图7-15）。

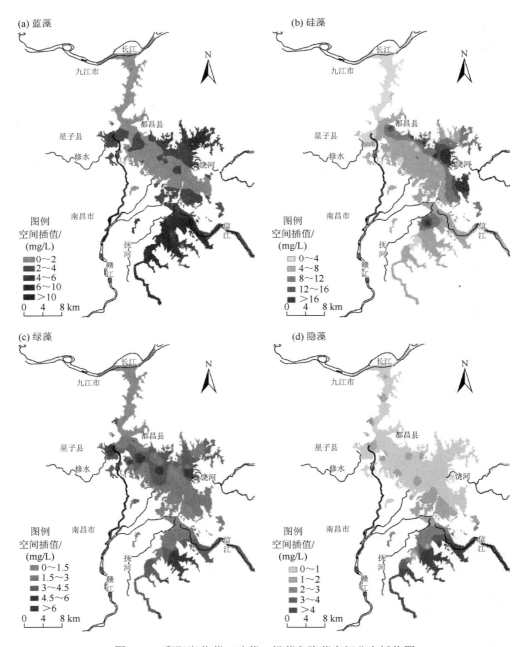

图 7-15　鄱阳湖蓝藻、硅藻、绿藻和隐藻空间分布插值图

2000 年以前鄱阳湖未见蓝藻水华记载，而 2000 年以后鄱阳湖局部水域蓝藻水华事件始见报道，近年来则频频出现（表 7-3）。

表 7-3　鄱阳湖蓝藻水华发生时间、地点与范围

时间	地点	范围	监测单位	数据来源
2000 年	蚌湖、大湖池、永修河邹县段	各采样点水样藻类总数计数均超过 200 万个/L 的警告量标准	江西省疾病预防控制中心	《卫生研究》，2003，32（3）：192-194
2007 年 10 月	湖口到都昌主航道	发现大群体蓝藻，群体直径 0.2～0.5 mm	中国科学院南京地理与湖泊研究所	《科学时报》2007 年 10 月 22 日
2009 年 8 月	星子水域	藻细胞密度超过 108 万/L，初具水华发生条件	江西省水文局	江西新闻网 http://jiangxi.jxnews.com.cn/system/2009/08/13/011181160.shtml
2011 年 8 月和 10 月	大湖面、周溪内湾、赣江南支，抚河、信江西支	发现大量肉眼可见的大群体，直径 2 mm，判定为水华蓝藻中的旋折平裂藻	中国科学院鄱阳湖湖泊湿地观测研究站鄱阳湖常规采样调查	《湖泊科学》，2012，24（4）：643-646.
2012 年 10 月	战备湖、常湖岸边	距离岸边 1～2 m 水域发现大量蓝藻聚集，长约 10 km，多呈松散状漂浮，厚约 0.5 cm	鄱阳湖南矶山湿地保护区日常巡护工作	《南昌晚报》2012 年 10 月 18 日

7.4.2　浮游植物变化趋势

三峡工程建设前后不同时期，鄱阳湖主湖区浮游植物基本组成变化不大，仍以绿藻、硅藻和蓝藻为三大主要门类，优势种属主要由绿藻门的栅藻、鼓藻，硅藻门的直链藻、脆杆藻以及蓝藻门的微囊藻构成（表 7-4）。但也可发现，相比较工程前期，试验性蓄水期优势种种属数目明显减少。工程建设前期（1983～1987年）浮游植物共有 154 属，至试验性蓄水期（2009～2011 年）浮游植物总属数目则下降至 67 属，一些清水性种类如金藻门和黄藻门的种类数在减少或消失。可以认为三峡工程建设前后浮游植物优势种属基本组成发生明显变化，但建设前期优势种属类别多样性丰富，而试验性蓄水期优势种属基本构成趋于单一化和简单化（表 7-5）。

表 7-4　鄱阳湖主湖区浮游植物属种数目变化*

	工程前期			建设期		试验性蓄水期
	A	B	C	D	E	F
绿藻门	78 属	98 种	17 种	39 种、109 种	32 属（种）	34 属 64 种
硅藻门	31 属	49 种	21 种	9 种、28 种	17 属（种）	17 属 30 种

续表

	工程前期		建设期			试验性蓄水期
	A	B	C	D	E	F
蓝藻门	25 属	32 种	5 种	7 种、24 种	9 属（种）	6 属 22 种
金藻门	6 属	4 种	1 种		1 属（种）	1 属 1 种
裸藻门	6 属	7 种	3 种		4 属（种）	4 属 7 种
黄藻门	4 属	5 种				
甲藻门	3 属	7 种	1 种		1 属（种）	3 属 4 种
隐藻门	1 属	4 种	2 种		4 属（种）	2 属 4 种
总计	154 属	206 种	50 种	68 种、178 种	68 属（种）	67 属 132 种

注：＊（a）A 为 1983～1987 年；B 为 1987 年 10 月～1993 年 3 月；C 为 1996 年 12 月和 1997 年 6 月；D 为 1999 年 6 月和 9 月；E 为 2007～2008 年；F 为 2009～2011 年。1996 年 12 月和 1997 年 6 月监测点位均在鄱阳湖自然保护区，仅作为参照。（b）工程前期 A 数据引自书籍《鄱阳湖研究》；工程前期 B 数据来自参考文献谢欣铭等（2000）；建设期 C 数据引自报告《鄱阳湖国家自然保护区研究》；建设期 D 数据来自参考文献"."；建设期 E 数据引自项目"中国湖泊水质、水量和生物资源调查"（2007～2008）

表 7-5 鄱阳湖主湖区浮游植物优势种变化＊

	工程前期		建设期		试验性蓄水期
	A	B	C + D	E	F
蓝藻门					
微囊藻	√	√		√	√
颤藻	√	√			
悦目颤藻		√			
鱼腥藻	√	√			
束丝藻		√			
色球藻		√			
蓝纤维藻					
硅藻门					
直链藻	√	√	√	√	√
脆杆藻	√	√		√	√
针杆藻				√	√
小环藻					√
舟形藻	√	√			
布纹藻				√	
桥弯藻				√	
异极藻	√				
双菱藻	√				
曲壳藻		√			
等片藻	√				

续表

	工程前期		建设期		试验性蓄水期
	A	B	C+D	E	F
放射硅藻		√			
绿藻门					
鼓藻	√	√			√
新月鼓藻	√				
角星鼓藻	√		√		
多棘鼓藻	√				
栅藻		√			√
水绵	√				
丝藻		√			
纤维藻		√			
盘星藻	√	√			
月牙藻		√			
小球藻		√			
新月藻		√		√	
星杆藻					√
转板藻		√			
四球藻			√		
隐藻门					
隐藻					√
卵形隐藻		√		√	
马氏隐藻					
啮蚀隐藻			√		
蓝隐藻			√		√
金藻门					
花环锥囊藻		√			
密集钟罩藻				√	
黄藻门					
普通黄丝藻		√			
甲藻门					
多甲藻					√
合计	15	23	5	9	11

注：*（a）"√"表示为优势种。（b）A 为 1983～1987 年；B 为 1987 年 10 月～1993 年 3 月；C 为 1996 年 12 月和 1997 年 6 月；D 为 1999 年 6 月和 9 月；E 为 2007～2008 年；F 为 2009～2011 年。（c）工程前期 A 数据引自书籍《鄱阳湖研究》；工程前期 B 数据来自参考文献谢欣铭等（2000）；建设期 C 数据引自报告《鄱阳湖国家自然保护区研究》；建设期 D 数据来自参考文献王天宇等（2004）；建设期 E 数据引自"中国湖泊水质、水量和生物资源调查"（2007～2008）

　　图 7-16 为三峡工程建设前后鄱阳湖浮游植物丰度变化，可以看出，三峡工程试验性蓄水后鄱阳湖浮游植物丰度减少。由于缺乏长序列的鄱阳湖浮游生态长期定位监测与调查数据，三峡工程建设前期和建设期湖区浮游植物丰度数据主要是借鉴历史资料。通过对比鄱阳湖浮游植物历史资料与中国科学院鄱阳湖湖泊湿地观测研究站常规浮游植物监测数据，三峡工程试验性蓄水前后，鄱阳湖浮游植物季节变化趋势和空间分布格局并无显著变化，总体趋势表现为水温较低的冬季（1～2 月）浮游植物丰度较小，而水温较高的 6～10 月浮游植物丰度较高。在空间分布上，浮游植物的空间分布几乎是全湖性的，无论在河流入口、湖中心、湖沿岸带及湖水出口处均有分布；老爷庙以北至湖口水域，浮游植物数量最少；浮游植物数量最多的水域主要集中在都昌附件湖区和周溪湖湾。

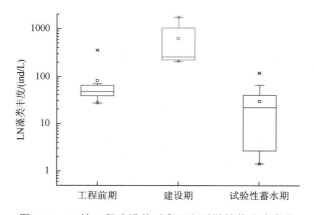

图 7-16　三峡工程建设前后鄱阳湖浮游植物丰度变化

数据来源：工程前期数据引自书籍《鄱阳湖研究》，参考文献谢欣铭等（2000）；建设期 C 数据引自报告
《鄱阳湖国家自然保护区研究》；建设期 D 数据引自参考文献王天宇等（2004）

7.4.3　三峡工程对鄱阳湖浮游植物的影响

　　淡水生态系统浮游植物与环境要素关系密切，其中营养盐含量、水温以及水温过程均对其产生显著影响。图 7-17 中显示了鄱阳湖浮游植物 chl a 与水位、水温的季节变化特征。可以看出，水温与水位的季节变化显示了较明显的一致性，这与鄱阳湖通江湖泊水文特征有关。每年 3 月、4 月气温上升，长江流域降水量也随之增多，夏季高温时也正是这一地区梅雨季。流域内高强度降水必然导致中下游通江湖泊水位快速上升，从而体现在水位与温度变化的高度同步性。浮游植物生长受温度条件控制极为明显，在适宜的温度范围内藻类会快速生长，从而形成较高的生物量，也是蓝藻水华暴发的重要前提。图 7-18 中鄱阳湖水体 chl a 含量与水温及水位的关系随季节变化而不同。春季和秋季显示了较高的一致性，但

夏季洪水期则显示了相反的变化趋势。已有研究表明，虽然较高的温度可以促进藻类生长，但水温过高反过来也可能会抑制藻类的分裂繁殖（谢欣铭等，2000；胡俊等，2017）。此外，洪水期流域内大量来水一方面会稀释湖体营养盐浓度，另一方面使得湖体水流流速增加，不利于藻类的生长与聚集。

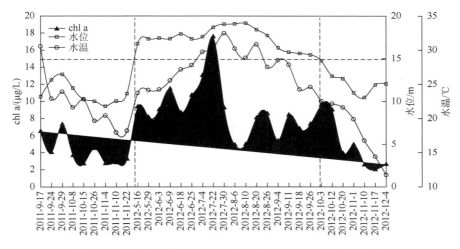

图 7-17　鄱阳湖浮游植物 chl a 浓度与水位、水温的季节变化

　　水体透明度是影响湖泊浮游植物生长的重要环境因素。在温度适宜条件下，良好的水体透明度能显著促进蓝绿藻类的生长。图 7-18 中显示鄱阳湖水位与水体透明度的关系弱线性关系，表明水体透明度的变化与水位波动关系并不密切。这一方面是由于湖区大范围高强度采砂导致全年湖区水色浑浊，另一方面因为赣江、饶河、信江、修水和抚河 5 条入江河流含沙量差异较大，导致湖区透明度在洪枯

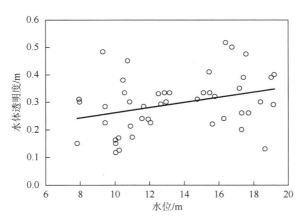

图 7-18　鄱阳湖水位与水体透明度的关系

季均呈现高度空间差异性，这也说明江湖关系变化引起的水位波动不会对湖泊水体透明度产生明显影响。

　　然而三峡工程启动试验性蓄水后，鄱阳湖浮游植物种类多样性减少，优势种构成单一，空间分布上于都昌、周溪及南部湖汊等尾闾区大量聚集。进入 10 月，鄱阳湖中部湖区都昌站以及南部湖区康山和鄱阳的水文条件均受到不同程度的影响。此时，鄱阳湖加速下泄，可能会影响南部湖区和中部湖区营养盐和浮游植物向北部或其他湖区的迁移聚集，使其空间分布格局发生变化。这在时间上正值三峡进入蓄水期阶段，三峡的蓄水运行可能对这种空间格局变化形成一定程度的叠加效应。因此，三峡工程导致的江湖关系改变可能使得湖区水文过程发生变化，导致营养盐以及浮游植物在局部湖区聚集，从而使得都昌与周溪附近湖区水体浮游植物有较明显变化。

7.5　渔业资源变化及影响分析

　　鄱阳湖位于长江中游，是长江中游大型通江湖泊，其水位涨落变幅大，丰枯季节水位落差可达 10 m 以上，独特的水文波动特征，造就了多样的栖息地类型，为鱼类提供了广阔的育肥场和产卵场。鄱阳湖鱼类主要由江湖洄游性的四大家鱼，定居性的鲤、鲫、鳊、鲇以及其他鱼类组成。在已有记录的 136 种鱼类中，鲤科鱼类最多，占鱼类总种数的 52.2%，主要经济鱼类有鲤、鲫、草、青、鲢、鳙等，珍贵鱼类有鲥鱼、银鱼、中华鲟等。该湖既是江湖洄游性鱼类重要的摄食和育肥场所，也是某些过河口洄游性鱼类的繁殖通道或繁殖场，对长江鱼类种质资源保护及种群的维持具有重大意义。三峡工程对鄱阳湖鱼类资源的影响主要取决于水文变化。三峡工程汛末蓄水会降低湖区水流流速，减少高水位持续时间，缩短高位洲滩淹没时间，从而使得湖区鲤、鲫等产卵场和索饵场数量与面积减小，进而可能会对湖区渔业资源产生负面影响。

7.5.1　产卵场生境变化

　　鄱阳湖鱼类索饵场主要分布在中部和南部，索饵鱼类主要有鲤、鲫、青鱼、草鱼、鲢、鳙、鳜、鲇和鲌等，索饵场面积因水位等因素不同而有差异，2011 年鄱阳湖 6～9 月的平均水位为 13.63 m，比 2009 年 6～9 月的平均水位 15.34 m 低 1.71 m，但与 2006 年同期平均水位相同。2011 年索饵场面积为 378 余 km²，较 2009 年减少了 7.1%，但与 2006 年（380 余 km²）相当，这可能与当年流域气候状况与水文过程关系更为密切。

　　三峡工程建设期（1998～2009 年）鄱阳湖鲤鲫产卵场面积变幅为 200～

700 km²，平均 442 km²；产卵量变幅为 35.5 亿～90.0 亿粒，均值为 49.5 亿粒；索饵场面积变幅为 407～955 km²，平均为 571 km²。试验性蓄水期（2011 年）鄱阳湖鲤鲫产卵场面积为 186 km²，产卵量为 33.7 亿粒；索饵场面积为 378 km²（图 7-19）。2011 年鄱阳湖由于出现历史罕见的春夏季连旱，湖口江段水位在 9 m 左右，鲤鲫亲鱼无法进入草洲产卵，其产卵场面积缩小为 186 余 km²，产卵量仅 33.68 亿粒，产卵面积与 2000 年相比缩小了 7%，比 2009 年缩小了 44%；产卵量与 2000 年相比则减少了 5.10%，比 2009 年减少了 19.04%，产卵面积与产卵量与往年相比均有不同程度降低。

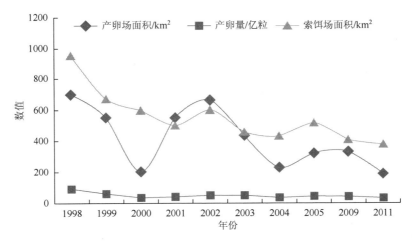

图 7-19　鄱阳湖鲤鲫鱼产卵场面积、索饵场面积及产卵量年际变化

　　长江三峡工程的调度运行对鄱阳湖渔业资源的再生和补充有着一定程度的影响，这种影响更多地体现在与上游流域气候水文过程的叠加效应上。4 月正值鄱阳湖鲤、鲫的繁殖季节，由于水位上升，草洲提前淹没，致使现存产卵场受到不同程度的影响。此外，三峡水库的调度运行后，低温水下泄，使长江干流四大家鱼繁殖期延迟，或因缺乏产卵所需的水动力学条件而无法繁殖，使鄱阳湖区四大家鱼的苗种来源减少。每年 10 月鄱阳湖开始稳定退水，一般自下旬以后，湖中的鱼类将随水进入长江或在湖中深水港潭越冬。三峡水库减泄流量使 10 月上、中旬湖口水位降低 1.6 m 左右，有可能导致鱼类提前入江，即使是定居性鱼类也可能随水流外逸，造成鄱阳湖鱼类资源的衰减。

7.5.2　鄱阳湖渔获物组成变化

　　鄱阳湖渔获物组成如图 7-20 所示，渔获物与湖区总渔获量年际变动趋势如

图 7-21 所示。可以看出，渔获物主要由江湖洄游性的四大家鱼，定居性的鲤、鲫、鳊、鲇以及其他鱼类组成，其中鲤鱼、鲫鱼和黄颡鱼捕获量高于其他鱼类。三峡工程建设和试运行期间，鄱阳湖四大家鱼渔获比例呈现出显著的下降趋势，而鲤、

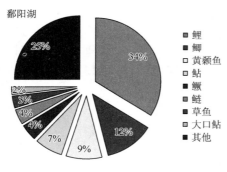

鄱阳湖

- 鲤
- 鲫
- 黄颡鱼
- 鲇
- 鳜
- 鲢
- 草鱼
- 大口鲇
- 其他

图 7-20 鄱阳湖渔获物组成

鲫等定居性鱼类的渔获比例则相应上升，这可能与整个长江流域四大家鱼总渔获量下降背景有关。1997～2002 年鄱阳湖水域四大家鱼渔获比例已呈现出持续大幅下滑的趋势（1998 年因流域洪水出现湖区渔获量出现大幅上升，但四大家鱼渔获比例升幅并不显著），2003 年蓄水后湖区四大家鱼渔获比例延续了前期的下降趋势，但2009 年以后四大家鱼渔获比例也出现了一定程度的回升。

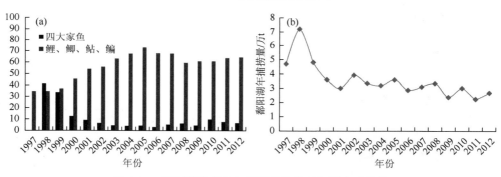

图 7-21 鄱阳湖渔获物与湖区总渔获量年际变动趋势
（a）鄱阳湖渔获物组成时间变化；（b）鄱阳湖天然捕捞产量变化

2003 年之前鄱阳湖鱼类资源的衰退趋势和三峡工程建设及试运行之间的联系尚不能确定，这一时段引起鄱阳湖鱼类资源持续衰退的因素主要有以下几点。①长期的过度捕捞导致鱼类资源不堪重负；②流域经济快速发展致使水域环境污染加剧。2003 年三峡水库蓄水以后至今，除了仍然面临水域环境污染威胁以外，鄱阳湖鱼类资源还需要面对因三峡工程产生的水文泥沙情势变化等叠加因素。但这一时期鄱阳湖鱼类资源并未延续之前的持续剧烈衰退的趋势，其原因主要可能有以下几个方面。①2002 年起农业部（现为农业农村部）实施长江流域春季禁渔，有效保护了鱼类亲本及补充群体；②江西省以长江流域首次试行春季禁渔为契机，组织实施了鄱阳湖全湖禁渔制度，禁渔期为每年的 3 月 20 日至 6 月 20 日，同时，在冬季 10 月 10 日至次年 4 月 10 日对鄱阳湖部分港段轮流实行冬季禁港休渔。自2003 年起，鄱阳湖相关管理部门有组织地持续开展了大规模人工增殖放流行动，

对鱼类资源特别是包括鲢、鳙在内的经济鱼类产生了积极影响，迅速扩充了放流鱼类的种群规模，促进了渔业资源向良性循环转变。此外，鄱阳湖渔政管理部门强化渔政管理，针对性地打击各类违规渔具、渔法，对渔船码头和重点水域进行死守严控，并对湖区监控情况采取一日一报制，同时从陆路组织渔政人员加强对非法收购、贩运禁渔区水产品的打击力度，从源头上维护渔业秩序，有效地促进了鄱阳湖渔业经济的可持续发展。

7.5.3　珍稀保护鱼类、淡水豚类变化特征

1. 鲥鱼

长江鲥鱼属溯河性鱼类，每年 5～7 月由海入江，定期生殖洄游，经鄱阳湖入赣江，在江西新干、峡江以及吉安 100 多公里赣江段内繁殖，孵化后的仔鲥鱼顺赣江而下入鄱阳湖觅食生长。秋季幼鲥鱼出湖入江，顺流入海。鲥鱼在长江的产卵场，多集中在鄱阳湖及赣江一带，主要分布于吉安以下、新干以上约 90 km 的江段中，主要产卵场在峡江县城上下 30 km 的江段内。此外，在信江上游也有断续分布的鲥产卵场。20 世纪 70 年代在峡江江段年均鲥鱼捕捞量达 7.5 t，最高捕捞量为 1974 年的 12.3 t。80 年代以后，鲥鱼捕捞量急剧减少，1986 年的捕捞量仅为 248 kg。1987 年开始，峡江鲥鱼产卵场实行全江禁捕（每年的 6 月 1 日至 7 月 31 日）。1996 年，地方渔政部门在峡江试捕 1 个月，但毫无所获；在鄱阳湖口进行幼鲥鱼监测，也难觅芳踪。之后通过连续 3 年的季节性捕捞，无论在峡江江段还是在鄱阳湖口，均未发现鲥鱼。三峡建坝后，鄱阳湖水情变化季节与鲥鱼洄游、产卵和生长季节错开，因此，直接影响较小。事实上，鄱阳湖鲥鱼资源在三峡建设阶段就已接近枯竭。鲥鱼产卵场主要分布在赣江等鄱阳湖上游河道。从鲥鱼的产卵、孵化、生长、洄游等过程分析，鲥鱼接近灭绝与三峡工程之间并无直接联系，而与鄱阳湖流域上游高密度建坝修库生态、流域生态环境恶化以及湖内及河段的酷捕滥捞有更直接的关系。

2. 江豚

鄱阳湖是长江江豚主要栖息地之一。2012 年 11 月 11 日至 12 月 24 日，在长江中下游开展的长江淡水豚科学考察累计工作 44 天，行程 3400 km，两艘考察船共发现江豚 172 次，380 头次。根据考察结果估算，鄱阳湖江豚种群数量为 450 头，与 2005 年起持续开展的种群数量常规监测结果（变幅为 316～657 头，平均为 457 头）相比基本接近，数量相对稳定。鄱阳湖湖区分布约 450 头江豚，是目前最为集中、数量最大的一个长江江豚自然种群。近些年来，由于区域气候干旱等原因，鄱阳湖连续出现低水位，枯水季节时间延长，渔业资源衰退严重，致使定置网等

有害渔业活动愈加严重，造成了鄱阳湖渔业资源的进一步衰退，增加了对江豚等珍稀水生动物的直接伤害风险。因此，鄱阳湖渔政管理部门强化渔政管理及鄱阳湖长江江豚保护区的建设，使渔业行为更加规范有序，对江豚在鄱阳湖的栖息地提供了一定的保障作用，使得江豚数量能够维持在较为稳定的水平。总体而言，江豚的数量变化与三峡工程的运行没有明确的直接关系，更多受湖区围垦养鱼、非法捕捞、挖沙、航运以及渔业资源下降的影响。

7.6　小　　结

（1）鄱阳湖水环境变化主要受入湖河流污染物输入以及流域内污染负荷增加影响。三峡工程在每年 10～11 月蓄水运行，导致蓄水期鄱阳湖枯水发生时间提前，枯水持续时间延长，在遭遇极端干旱气候的情况下，可能会加剧鄱阳湖枯水期水质恶化的趋势。

（2）三峡工程建设前后不同时期，鄱阳湖主湖区浮游植物基本组成变化不大，仍以绿藻、硅藻和蓝藻为三大主要门类，但种属数目明显减少。工程建设前期（1983～1987 年），鉴定浮游植物 154 属；试验性蓄水期（2009～2011 年），浮游植物总属数目下降至 67 属。浮游植物优势种属基本组成发生明显变化，三峡工程建设前期优势种属类别多样性丰富，而试验性蓄水期，优势种属基本构成单一。

（3）三峡工程试验性蓄水前后，鄱阳湖浮游植物季节变化趋势和空间分布格局并无显著变化。10 月，鄱阳湖中部湖区都昌站以及南部湖区康山和鄱阳的水文条件均受到不同程度的影响，鄱阳湖的加速下泄可能会影响南部湖区和中部湖区营养盐与浮游植物向北部或其他湖区的迁移聚集，使其空间分布格局发生变化。这在时间上正值三峡进入蓄水期阶段，三峡的蓄水运行可能对这种空间格局变化形成一定程度的叠加效应。

（4）三峡水库蓄水前（2003 年前）底栖动物的密度显著高于蓄水后，其中降低最为明显的是软体动物，从 1992 年的 578 个/m^2 降低至 2012 年的 149 个/m^2，但 2003～2012 年，底栖动物总密度的降低趋势变弱。与工程前期相比（1992 年），三峡工程建设期和蓄水期底栖动物优势种发生了较大变化，工程建设前期优势种种类较多。但是对比分析蓄水期前后底栖动物的优势种发现，1998 年与 2007 年和 2012 年底栖动物优势种无显著变化。这在一定程度上说明三峡工程蓄水运行对鄱阳湖主体水域底栖动物影响较小。主要影响因素可能是因为鄱阳湖近年来大规模的采砂导致底栖动物资源状况的转变，至于三峡工程引起的鄱阳湖水位过程变化是否会对浅滩产生影响，还需要开展进一步研究。

（5）长江三峡工程的调度运行对鄱阳湖渔业资源的再生和补充有着一定程度

的影响。4 月正值鄱阳湖鲤、鲫的繁殖季节，由于水位上升，草洲提前淹没，致
使现存产卵场受到不同程度的影响。此外，三峡水库的调度运行后，低温水下泄，
使长江干流四大家鱼繁殖期延迟，或因缺乏产卵所需的水动力学条件而无法繁殖，
使鄱阳湖区四大家鱼的苗种来源减少。三峡水库减泄流量使 10 月上、中旬湖口水
位降低 1.6 m 左右，有可能导致鱼类提前入江，即使是定居性鱼类也可能随水流
外逸，造成鄱阳湖鱼类资源的衰减。

　　（6）1997～2002 年，鄱阳湖水域四大家鱼渔获比例呈现出持续大幅下滑的趋
势，2003 年蓄水后，湖区四大家鱼渔获比例延续了前期的下降趋势，在低水平小
幅波动。2009 年以后，四大家鱼渔获比例也出现了一定程度的回升。2003 年三峡
水库蓄水以后至今，除了仍然面临水域环境污染威胁以外，鄱阳湖鱼类资源还需
要面对因三峡工程产生的水文泥沙情势变化等叠加因素。但由于禁渔制度、增
殖放流、渔管增强等措施的执行，这一时期鄱阳湖鱼类资源并未延续之前的持
续衰退的趋势。

　　（7）鄱阳湖鲥鱼在三峡工程建设阶段就已接近枯竭。三峡建坝后，鄱阳湖水
情变化季节与鲥鱼洄游、产卵和生长季节错开，直接影响较小。鲥鱼产卵场，因
在赣江等鄱阳湖上游河道，因此与三峡工程无直接关联。从鲥鱼的产卵、孵化、
生长、洄游等过程分析，鲥鱼接近灭绝的主要原因与鄱阳湖流域生态环境恶化、
湖内及河段的酷捕滥捞、数量减少导致的近亲繁殖等有更直接的关系。

　　（8）2012 年鄱阳湖江豚种群数量为 450 头，与 2005 年起持续开展的种群数
量常规监测结果（变幅为 316～657 头，平均为 457 头）相比基本接近，数量相对
稳定。江豚的生存条件虽然面临诸多不利因素的影响，但鄱阳湖相对于其他水体
更好的栖息环境以及江西省的保护措施，使江豚数量能够维持在较为稳定的水平。
江豚的数量变化与三峡工程的运行没有明确的直接关系。

参 考 文 献

陈宜瑜，常剑波. 1995. 长江中下游泛滥平原的环境结构改变与湿地丧失//陈宜瑜. 中国湿地研究. 长春：吉林科学
　　技术出版社.

崔丽娟，2004. 鄱阳湖湿地生态系统服务功能研究. 水土保持学报，18（2）：109-113.

董增川，梁忠民，李大勇，等. 2012. 三峡工程对鄱阳湖水资源生态效应的影响. 河海大学学报：自然科学版，
　　40（1）：13-18.

方春明，曹文洪，毛继新，等. 2012. 鄱阳湖与长江关系及三峡蓄水的影响. 水利学报，43（2）：175-181.

国务院三峡工程建设委员会办公室泥沙课题专家组，中国长江三峡工程开发总公司三峡工程泥沙专家组. 2002. 长
　　江三峡工程坝下游泥沙问题（二）. 长江三峡工程泥沙问题研究第七卷. 北京：知识产权出版社.

侯学煜. 1988. 论三峡工程对生态环境和资源的影响. 生态学报，8（3）：283-288.

胡俊，杨玉霞，池仕运，等. 2017. 邳山提灌站浮游植物群落结构空间变化对环境因子的响应. 生态学报，37（3）：
　　1-9.

胡细英. 2001. 鄱阳湖流域近百年生态环境的演变. 江西师范大学学报（自然科学版），25（2）：175-179.

姜加虎，黄群. 1997. 三峡工程对鄱阳湖水位影响研究. 自然资源学报，12（3）：219-224.

赖锡军，姜加虎，黄群. 2012. 三峡工程蓄水对鄱阳湖水情的影响格局及作用机制分析. 水力发电学报，31：132-136.

赖锡军，姜加虎，黄群. 三峡工程蓄水对鄱阳湖水情的影响格局及作用机制分析. 水力发电学报，31（6）：132-136.

刘晓东，吴敦银. 1999. 三峡工程对鄱阳湖汛期水位影响的初步分析. 江西水利科技，（2）：71-75.

刘元波，张奇，刘健，等. 2012. 鄱阳湖流域气候水文过程及水环境效应. 北京：科学出版社.

陆健健，何文珊，等. 2006. 湿地生态学. 北京：高等教育出版社.

闵骞，占腊生. 2012. 1952—2011 年鄱阳湖枯水变化分析，湖泊科学，24（5）：675-678.

潘庆燊. 2003. 长江水利枢纽工程泥沙研究. 北京：中国水利水电出版社.

鄱阳湖研究编委会. 1988. 鄱阳湖研究. 上海：上海科学技术出版社.

濮培民，蔡述明，朱海虹，等. 1994. 三峡工程与长江中游湖泊洼地环境. 北京：科学出版社.

任琼，严员英，周莉荫. 2017. 三峡工程蓄水运行对鄱阳湖的影响. 南方林业科学，45（1）：64-68.

万荣荣，杨桂山，王晓龙，等. 2014. 长江中游通江湖泊江湖关系研究进展. 湖泊科学，26（1）：1-8.

汪迎春，赖锡军，姜加虎，等. 2011. 三峡水库调节典型时段对鄱阳湖湿地水情特征的影响. 湖泊科学，23（2）：191-195.

汪迎春，赖锡军，姜加虎，等. 2011. 三峡水库调节典型时段对鄱阳湖湿地水情特征的影响. 湖泊科学，23，191-195.

王明甫，段文忠. 1993. 三峡建坝前后荆江河势及江湖关系研究综合报告//‘七五'国家重点科技攻关长江三峡工程泥沙与航运关键技术研究，专题研究报告集. 武汉：武汉工业大学出版社.

王儒述. 2002. 三峡工程的环境影响及其对策. 长江流域资源与环境，（4）：317-322.

王儒述. 2005. 三峡工程与长江中游湿地保护. 三峡大学学报（自然科学版），27（4）：289-292.

王天宇，王金秋，吴健平. 2004. 春秋两季鄱阳湖浮游植物物种多样性的比较研究. 复旦学报（自然科学版），43（6）：1073-1078.

邬年华罗优刘同宦黄志文. 三峡工程运行对鄱阳湖水位影响试验. 湖泊科学，26（4）：522-528.

吴龙华. 2007. 长江三峡工程对鄱阳湖生态环境的影响研究. 水利学报，（s1）：586-591.

谢欣铭，李长春，彭赐莲. 2000. 鄱阳湖浮游藻类群落生态的初步研究. 江西科学，18（3）：162-166.

徐晓君，杨世伦，张珍. 2010. 三峡水库蓄水以来长江中下游干流河床沉积物粒度变化的初步研究. 地理科学，30（1）：103-107.

许正甫. 1992. 三峡工程对中下游平原区潜育化沼泽化影响的探讨. 人民长江，9（23）：41-47.

杨云平，张明进，李松喆，等. 2017. 三峡大坝下游粗细颗粒泥沙输移规律及成因. 湖泊科学，29（4）：942-954.

叶许春，李相虎，张奇. 2012. 长江倒灌鄱阳湖的时序变化特征及其影响因素. 西南大学学报（自然科学版），34（11）：1-7.

余莉，何隆华，张奇，等. 2011. 三峡工程蓄水运行对鄱阳湖典型湿地植被的影响. 地理研究，30（1）：134-144.

周文斌，万金保，姜加虎. 2011. 鄱阳湖江湖水位变化对其生态系统影响. 北京：科学出版社.

朱海虹，张本. 1997. 鄱阳湖. 合肥：中国科学技术大学出版社.

Audry S，Schäfer J，Blanc G，et al. 2004. Fifty-year sedimentary record of heavy metal pollution（Cd，Zn，Cu，Pb）in the Lot River reservoirs（France）. Environmental Pollution，132：413-426.

Bayram A，Onsoy H，Komurcu M I，et al. 2014. Reciprocal influence of Kurtun Dam and wastewaters from the settlements on water quality in thestream HarAYit，NE Turkey. Environ. Earth Sci.，72（8）：2849-2860.

Guo H，Hu Q，Jiang T. 2008. Annual and seasonal streamflow responses to climate and land-cover changes in the Poyang Lake basin，China. Journal of Hydrology，355：106-122.

Guo H，Hu Q，Zhang Q，et al. 2012. Effects of the Three Gorges Dam on Yangtze River flow and river interaction with

Poyang Lake, China: 2003-2008. Journal of Hydrology, 416-417: 19-27.

Hu Q, Feng S, Guo H, et al. 2007. Interactions of the Yangtze river flow and hydrologic processes of the Poyang Lake, China. Journal of Hydrology, 347: 90-100.

Lai X, Jiang J, Yang G, et al. 2014. Should the Three Gorges Dam be blamed for the extremely low water levels in the middle-lower Yangtze River? Hydrological Processes, 28: 150-160.

Liu Y, Wu G, Zhao X S. 2013. Recent declines in China's largest freshwater lake: trend or regime shift? Environmental Research Letters, 8: 14010-14019.

Marc W. Beutel, Ricardi Duvil, Francisco J. Cubas, Thomas J. Grizzard. Effects of nitrate addition on water column methylmercury in Occoquan Reservoir, Virginia, USA. Water Research, 110: 288-296.

Nakayama T, Watanabe M. 2008. Role of flood storage ability of lakes in the Changjiang River catachment. Global and Planetary Change, 63: 9-22.

Vukovic D, Vukovic Z, Stankovic S. 2014. The impact of the Danube Iron Gate Dam on heavy metal storage and sediment flux within the reservoir. Catena, 113: 18-23.

Yin H, Liu G, Pi J, et al. 2007. On the river-lake relationship of the middle Yangtze reaches. Geomorphology, 85: 197-207.

Zhao G J, Hörmann G, Fohrer N, et al. Streamflow trends and climate variability impacts in Poyang Lake basin, China. Water Resources Management, 24: 689-706.

Zhu Y D, Yang Y Y, Liu M X, et al. 2015. Concentration, distribution, source, and risk assessment of PAHs and heavy metals in surface water from the Three Gorges Reservoir, China. Human and Ecological Risk Assessment: An International Journal, 21: 1593-1607.

第 8 章　政策建议与展望

国家和江西省政府高度重视对鄱阳湖水环境与水生态保护。2007 年，温家宝总理批示要求："一定要保护好鄱阳湖的生态环境，使鄱阳湖永远成为'一湖清水'"。2011 年中央 1 号文件《中共中央国务院关于加快水利改革发展的决定》中明确提出要"加强太湖、洞庭湖、鄱阳湖综合治理"，将鄱阳湖的治理与保护提高到了前所未有的高度。自 1983 年以来，江西省政府对鄱阳湖流域组织进行了 3 次综合科学考察，探明了鄱阳湖流域的自然资源、生态环境以及社会经济发展状况，积极寻找有效治理措施。近年来由于社会经济的持续高速发展，鄱阳湖水环境与水生态问题日趋严重。特别是在进入 21 世纪以来，年污染物输入量与湖体氮、磷等污染物含量呈逐年增加的趋势。2011 年《中华人民共和国国民经济和社会发展第十二个五年规划纲要》明确提出加快建设沿长江中游经济带，重点推进鄱阳湖生态经济区、武汉城市圈等区域发展的重要指示，这给维护鄱阳湖地区水安全提出更高的要求，也给鄱阳湖水环境水生态保护形成了极大的压力。

8.1　鄱阳湖水环境水生态保护管理现状

鄱阳湖是我国的第一大淡水湖，同时也是我国的第二大湖泊，仅次于青海湖。其位于长江中下游、江西省北部，上呈赣江、抚河、信江、饶河、修水"五河"之来水，调蓄后经湖口注入长江，是典型的一过水型、吞吐型湖泊。鄱阳湖流域面积为 16.22 万 km^2，占长江流域面积的 9%。环鄱阳湖区包括 12 个县（区），即隶属于南昌市的南昌县、新建县、进贤县，隶属于九江市的永修县、庐山区、星子县、德安县、湖口县、都昌县及共青城和隶属于上饶市的余干县、鄱阳县，容纳了 600 多万人口。

8.1.1　鄱阳湖水环境水生态保护法律法规条例

随着环鄱阳湖区社会经济的较快发展，工业废水和生活污水的排放量也随之增大，对鄱阳湖水环境水生态产生了很大的影响，出现了湖区面积变化加剧、水质呈下降态势、氮磷等营养物质增多、湖区生态功能减弱、生物多样性减少、水情恶化、洪涝灾害上升等一系列的水环境水生态问题。近些年来，为了保护鄱阳湖区的水环境水生态，出台了大量的地方性法律法规及保护条例：《江西省环境污染防治条例》《江西省鄱阳湖湿地保护条例》《江西省五河源头和鄱阳湖生态环境保护条例》《鄱阳湖采沙统一管理的实施意见》《江西省鄱阳湖自然保护区候鸟保护规定》等。而国家层面有《中华人民共和国水污染防治法》《中国环境保护法》《中国湿地保护行动计划》等相关的法律条例。相关法律法规的设立与实施对鄱阳湖生态环境的保护起着举足轻重的作用，使得鄱阳湖的生态环境有了一定的好转。

但是，无论是国家层面的法律还是地方性法律法规条例，对鄱阳湖区水环境和水生态保护的规定均过于原则和抽象，关于具体法律的实施并没有做明文规定，可操作性不强。而且这些法律法规条文过于分散，没有形成完善的法律法规体系。相比之下，国外许多国家相关法律法规的建立就比较完善，如日本不仅完整的出台了全国层面的法律法规如《水质污染防治法》，还针对具体项目制定了法律法规，如《关于保护故乡滋贺、与野生动植物共存共生条例》等，法律制定既具有广度，又具有深度，具有一定程度上完善的法律体系。因此，我国应该以此为鉴，逐步制定和出台具有层次上的广度和实施上的深度，同时兼具权威性、实用性的完善的法律法规体系。同时应该增强法律的执行力和公民的法律意识，使相关法律的实施得到贯彻和深入。

8.1.2　鄱阳湖生态保护区设置

鄱阳湖区共建立自然保护区 22 个（表 8-1），其中，国家级自然保护区 2 个，省级保护区 6 个，县级保护区 14 个，分布于鄱阳湖周边的 12 个县，总计面积为 2555.5 km^2，占鄱阳湖洪水位水面面积的 55.0%（吴淞高程），保护区涉及湿地、植物、动物等类型，形成了比较完善的自然保护区网络，对鄱阳湖湿地生态系统的保护发挥了不可替代的作用。

但是，现行的鄱阳湖区保护区网络保护管理面临着很多问题。鄱阳湖区的 2 个国家级自然保护区管理机构比较完善，经费充足，保护管理工作成效较好，但是保护区总面积仅占鄱阳湖区保护网络的 21.8%。6 个省级自然保护区普遍面临管理与运行经费不足的问题，而 14 个县级保护区更多只是法律法规层面的保护，没有专门的管理机构。另外，各个保护区建立的部门不同，工作人员混杂，素质高低不同，很难确保各个部门之间的保护管理工作的协调性。此外，保护区资源的保护与各个部门的资源开发利用以及当地居民的生存与经济发展产生的冲突矛盾不断。因此，充分发挥保护区网络的作用，需要加大资金投入与分配均衡，提高各级别保护区工作人员的素质和加强管理机构之间工作的分工与合作，充分发挥当地居民的积极性等。

表 8-1　鄱阳湖自然保护区名录

保护区名称	面积/hm²	行政区域	主要保护对象	类型	级别	主管部门
瑶湖	2050	南昌县	越冬候鸟和湿地生态系统	内陆湿地	县级	林业
南昌三湖	17110	南昌县	越冬候鸟和湿地生态系统	内陆湿地	县级	林业
鄱阳湖河蚌	15533	新建县、南昌县、进贤	三角河蚌、皱纹蚌	野生动物	省级	林业
鄱阳湖南矶湿地	33300	新建县	天鹅、大雁等越冬珍禽和湿地生境	内陆湿地	国家级	林业
青岚湖	1000	进贤县	百合、小天鹅等越冬珍禽和湿地生态系统	野生动物	省级	林业
赛城湖冬候鸟	4500	九江县	小天鹅等越冬候鸟及栖息地	野生动物	县级	林业
姑塘候鸟	5300	九江市庐山区	候鸟及湿地生态系统	内陆湿地	县级	林业
荷溪湿地	4000	永修县	湿地生态系统及候鸟	内陆湿地	县级	林业
鄱阳湖候鸟	22400	永修县、星子县、新建县	白鹤等越冬珍禽及栖息地	野生动物	国家级	林业
鄱阳湖鲤鲫鱼产卵场	30600	南昌县、余干县、鄱阳县	鲤、鲫、鯰鱼产卵场	野生动物	省级	农业
共青南湖湿地	3333	共青城市	湿地生态系统及候鸟	内陆湿地	省级	林业
星子蓼花地湿地	3333	星子县	候鸟及湿地	内陆湿地	县级	林业
新妙、南溪湖候鸟	4000	都昌县	湿地生态系统及越冬候鸟	内陆湿地	县级	林业
都昌候鸟	41100	都昌县	湿地生态系统及越冬候鸟	内陆湿地	省级	林业
湖口苍鹭	3	湖口县	苍鹭、候鸟及湿地生态系统	野生动物	县级	林业
屏峰	491	湖口县	湿地生态系统候鸟	内陆湿地	县级	林业
芳湖候鸟	1867	彭泽县	湿地及候鸟	内陆湿地	县级	林业
大泊湖小天鹅	2600	彭泽县	湿地生态系统及候鸟	内陆湿地	县级	林业
康山候鸟	13333	余干县	白鹤、东方白鹤、白头鹤等越冬候鸟和湿地生境	野生动物	县级	林业
鄱阳湖银鱼产卵场	2000	南昌县、进贤县	银鱼	野生动物	省级	农业
鄱阳湖长江江豚	6800	鄱阳县、都昌县	江豚及其生境	野生动物	省级	农业
白沙洲	40900	鄱阳县	湿地生态系统	内陆湿地	县级	林业

8.2　鄱阳湖水环境水生态监测与保护措施

　　水生态安全是指人们在获得安全用水的设施和经济条件的过程中，所获得的水能满足清洁生态和健康环保的要求，既满足生活和生产的需要，又使自然环境得到妥善保护的一种社会状态。随着社会经济的快速发展，我国面临着诸如湖泊面积减少及污染加重，地下水位下降，湿地退化等越发多的水环境水生态问题。因此加强水环境水生态监测，保护水生态安全不可或缺。自中华人民共和国成立至今，我国已基本形成了一个以大江、大河与重要湖泊为监测对象的综合监测网络体系，常规的水环境监测技术方法已经发展得很成熟，建立了比较完善的，符合我国国情的布点、采样、运输、分析、报告等方面的技术规范。作为水生态系统的重要部分，湖泊是其周边人们生活和社会经济发展的基础，同时也是自然生态系统中最为脆弱的生态系统之一，一旦遭到破坏，很难恢复。因此，加强湖泊生态系统水环境水生态的监测，建立湖泊水环境水生态安全监测网络体系，及时了解湖泊生态系统水量、水质、水生态（主要是生物）的动态，对保护湖泊生态系统的安全及促进周边经济社会发展是十分必要的。目前重要淡水湖泊如太湖、巢湖等湖泊不仅建立了完善的常规水环境监测与突发事件应急机制，在监测技术方法上也已发展了较为系统的水质自动在线与数据实时传输监测站网。

8.2.1　现有水环境水生态监测体系

　　作为我国的第一大淡水湖，鄱阳湖及其湿地对国家乃至世界的生态安全均具有重要的意义，其生态安全不仅会影响周边的经济社会发展，而且在长江中下游生态安全保护中发挥着重要的作用。鄱阳湖水质目前尚处于较好状态，但是研究显示，鄱阳湖的水质已经处于中营养化状态，呈上升趋势。除此之外，鄱阳湖湖区及周边洪涝灾害频发、血吸虫病流行、农田涝积严重、生物品种下降等环境问题愈发突出。自中华人民共和国成立以来，在国家和政府的支持下开展了对鄱阳湖的水文监测工作，先后在各地建立监测和试验站，以及时和充分了解鄱阳湖的水文水环境动态。至 2010 年年底，鄱阳湖区共设有各类水文监测站点 69 处，形成了较为系统的水文水环境动态监测体系，其中水文站 13 处，水位站 15 处，地下水监测站 3 处，墒情站 4 处，水质监测站 33 处（含藻类试点监测站 6 处），试验站 1 处，并在湖区依据网格法布设了 34 个断面，68 根垂涎的湖流水质同步调查监测网站。鄱阳湖水生态监测的指标为：水温、pH、溶解氧、高锰酸盐指数、化学需氧量、五日生化需氧量、氨氮、TP、TN、铜、锌、氟化物、硒、砷、汞、镉、铬（六价）、铅、氰化物、挥发酚、石油类、阴离子表面活性剂、硫化物、粪大肠菌群、透明度和叶绿素。这些站点积累了大量的水文水质数据，对鄱阳湖的水环境水生态安全动态的了解具有极大的意义，同时为政府重大决策、湖区资源保护及社会经济发展提供重要基础和依据。但是，现存的生态监测网络体系存在着一些问题有待改进：监测内容以水质监测为主，而生物监测以及一些持久性有毒有机污染物的监测尚处于初步发展阶段，除部分站点（如鄱阳湖湿地观测站）对鄱阳湖浮游藻类等进行监测外，其他站点尚未进行相关方面的工作；监测方法以常规监测为主，自动监测体系逐渐完善，而遥感监测作为获得大范围、连续时间尺度水质生物信息的重要手段，在鄱阳湖尚未得到充分利用；监测指标为全湖统一指标阶段性规模采样，不同湖区水环境水生态的特殊性并未得到充分考虑；监测站有待扩展，现有监测站之间监测区域及数据具有重叠现象。因此，鄱阳湖水环境水生态监测网络体系应该在已有的监测网络的基础上，增加监测网站和监测指标，增强监测区域指标的特殊性和典型性，结合多种监测手段，取长补短，以使鄱阳湖水生态监测体系具有监测区域广、监测指标全、监测效率高、监测资源共享性强等特点。

8.2.2　鄱阳湖水环境水生态的具体保护措施

在已有法律法规和监测的基础之上，许多鄱阳湖水环境水生态措施也被地方政府不断提出并积极落实。在鄱阳湖生态经济区规划的指导下，江西省严格审批不符合环保要求的项目，加强渔业资源管理，关闭已有的污染严重的企业，积极发展电子与新能源等产业，实现低碳发展，同时严禁非法捕捞、非法采砂、违法违规填湖等经济活动，努力实现经济发展与鄱阳湖水环境水生态保护的协调性。

1. 加强鄱阳湖渔业资源保护与管理

1986 年我国实施《中华人民共和国渔业法》后，江西省政府据此颁布了《关于制止酷渔滥捕、保护增殖鄱阳湖渔业资源的命令》，制定了《江西省实施〈中华人民共和国渔业法〉的办法》，规定鄱阳湖，赣江、信江、抚河、饶河、修河的主、支流，长江江西一侧江段等水域属全民所有，由省人民政府统一规划管理。2012 年 5 月，江西省人大常委会通过了《江西省渔业条例》，对养殖业、捕捞业、渔业资源增殖和保护等多个方面进行了规范。从 1987 年开始，在鄱阳湖部分水域实施春季禁渔和冬季休渔制度。自 2002 年，以长江流域首次试行春季禁渔为契机，组织实施了鄱阳湖全湖禁渔制度，禁渔期为每年的 3 月 20 日至 6 月 20 日。同时，在冬季 10 月 10 日至次年 4 月月 10 日，对鄱阳湖部分港段轮流实行冬季禁港休渔。现阶段，沿湖渔政分局渔政执法人员和船艇，分别驻守渔船码头和重点水域，进行死守严控，并对湖区监控情况采取一日一报制。与此同时，在陆路组织渔政人员加强对非法收购、贩运禁渔区水产品的打击力度，从源头上维护禁渔秩序。自 2002 年全面深入实施长江禁渔期制度以来，取得了显著的生态效益、社会效益和经济效益：鄱阳湖及长江渔业资源和生态环境得到一定的保护与改善，全社会保护渔业资源及渔业生态环境的公德意识得到进一步强化，渔政管理地位和社会认知度得到了提高，并且开创了相互配合、齐抓共管的渔政管理新模式，有效地促进了鄱阳湖渔业经济的可持续发展。

此外，为了及时修复因近年来罕见春夏连旱对渔业资源和水域生态环境造成的严重损害，减轻灾害对渔业和渔民生产的不利影响，保障渔业资源种质库。2009 年，江西省农业厅下发了《关于实行渔业资源增殖放鱼月制度的通知》，确定每年 6 月在全省实行渔业资源增殖放鱼月制度，在全国首次实行放鱼月制度，并将放流范围从初期的鄱阳湖逐步扩大到"五河"流域。近 5 年，全省共放流鱼类苗种 16.21 亿尾，种类主要为四大家鱼，投入放流资金 3602 万元。其中，长江江西段和鄱阳湖区各市县共放流 9.72 亿尾，共投入放流资金 2161 万元。2011 年，江西省各地先后遭遇严重旱情，持续干旱导致鄱阳湖湖床大面积干涸，大量鱼类死亡，一些定居性鱼类几乎没有产卵繁殖。相关部门在 2012 年春季休渔期间向鄱阳湖、长江江西段和赣江等五大河流放流经济鱼类苗种 4 亿尾以上，大规格鱼种60 万斤[①]以上，珍稀水生动物苗种 50 万尾以上，促进了鄱阳湖渔业资源的修复。此外，为保障渔业资源增殖放流的效果，各分局加强对非法渔具、捕捞作业方式的打击力度和对涉渔工程的监管力度。

2. 强化鄱阳湖流域点源污染治理

为保护鄱阳湖生态环境，配合鄱阳湖生态经济区建设，促进湖区经济可持续发展，除"一大四小"造林绿化工程和长江暨鄱阳湖流域水资源保护工程外，江西省以保护"一湖清水"为重点，实施以生态保护、污染治理为主要内容的六大生态环境建设工程。

"五河一湖"水治理工程的主要任务是保护水环境、控制污染物排放，实施范围为除"五河"源头保护区及临长江地区以外的全省其他区域。"十二五"期间，重点改扩建 5 个省级危险废弃物处理中心，建设 1000 个城镇垃圾处理场，治理水土流失区面积 1 万 km^2，治理废弃矿井 5000 口，治理重点矿区 54 处，建设 11 个设区市和 80 个县（市）饮用水源保护区，保护天然湿地面积 3100 km^2，建成国家级和省级湿地公园 20 个，工程总投资 100 亿元。

目前，正在对"五河"源头地区的排污口进行摸底调查，积极与相关部门协调全面整治排污口工作。章江源头大余县启动废弃矿山重金属污染综合治理项目，已由南昌大学编制完成《江西省大余县废弃矿山重金属污染综合治理项目可行性研究报告》，同时颁布了《江西省（鄱阳湖）水资源保护工程实施纲要（2011—

---

① 1 斤 = 500 g。

2015 年)》，划定了水资源管理开发"三条红线"（即利用红线、用水效率红线、限制纳污红线），并将各项目标任务分解落实到各设区市和有关取用水户。根据我省水域水功能区划，相关部门全面清理了赣江、抚河、信江、饶河、修水"五河"源头及其干流、鄱阳湖滨湖 1 km 范围内及东江源头的污染企业；开展鄱阳湖流域水土流失综合治理，实施了赣江中上游国家水土保持重点建设工程、国家农业综合开发水土保持项目和坡耕水土流失综合治理试点等；加强环境监测，环鄱阳湖各设区市全部建成污染源自动监控平台，实现对企业全天候动态监控，环鄱阳湖地区国控、省控企业均建成自动监控系统。

2008 年 5 月，江西省委、省政府决定用两年时间在全省所有县（市）建成生活污水处理设施，涉及 84 个县（市）的 85 个污水处理设施建设，投资概算 48.6 亿元。到 2009 年年底，85 个污水处理厂及截污主干管全面建成，2011 年年底已全部投入运营，同时二期配套管网建设正在加快实施，全年新建排水管网 1349.8 km，改建 360.6 km，投资 28 亿元。"十二五"期间，计划新建和改造升级配套污水管网 6022 km，累计完成投资 250 亿元。其中，2011 年计划新建和改造升级城镇生活污水管网 1230 km，完成投资 48.6 亿元。到 2015 年年底，全省城镇生活污水处理能力达到 747.6 万 m^3/日，全省城镇生活污水处理率由今年的 62% 提高到 85%。截至 2011 年 9 月底，城镇生活污水处理厂累计完成投资 45.25 亿元，占总计划的 86.7%，城镇生活污水处理厂已全部建成，现正抓紧县（市）排水管网建设。

工业园区污水处理工程主要是在全省 94 个工业园区全面建成污水处理设施，并建立较为完善的园区工业废水管网收集、雨污分流系统和在线监测系统，工程总投资约 100 亿元。按照统一规划、分步实施的要求，第一步，优先在鄱阳湖生态经济区范围内选取了 10 个入园企业多、污水排放量大、条件比较成熟的园区作为示范工程，率先组织建设。南昌经济技术开发区、共青城全国青年创业基地等 10 个园区已于 2010 年 11 月 30 日集中开工。第二步，在总结示范建设经验的基础上，2011 年新开工建设 30 个园区污水处理项目。第三步，2012 年 6 月底前，再开工建设 33 个园区污水处理项目。加上已经建成和正在建设的 21 个园区污水处理设施项目，到 2013 年底，实现工业园区污水处理设施全覆盖，全省工业园区污水日处理能力可达到 200 万 t，污水处理率达到 80%，削减化学需氧量 14.6 万 t。截至 2011 年 9 月底，工业园区污水处理厂，首批 10 个项目已完成工程形象进度 95% 以上的有 4 个，完成工程形象进度 55% 以上的有 2 个，初步设计已基本完成，施工队伍正在进行进场准备工作的有 3 个，另有一家已经申请由统建改为自建。2011 年 12 月第二批 32 个项目中进展较快的有 16 个，其中已开工的 2 个，已完成地勘及初步设计，具备进场施工条件的有 14 个；正在地勘的有 2 个；具备进场地勘、设计条件的有 7 个；处于征地、拆迁阶段，地勘筹备进场的有 4 个；前期征地工作未启动的有 3 个，目前统计已开工 41 个项目完成投资额累计 2.39 亿元。

3. 推进鄱阳湖流域农村清洁工程

农村清洁工程主要解决农村环境污染和资源浪费等问题，重点是推行农村垃圾无害化处理、控制农业面源污染等。从 2009 年开始，全省每年在鄱阳湖流域 5 万个左右自然村、500 个左右集镇推行农村垃圾无害化处理，并在此基础上，启动了农村清洁工程建设试点示范工作，共建成 200 多个国家级农村清洁工程示范村。示范村的生活垃圾、污水、农作物秸秆、人畜便处理利用率达到 90% 以上，化肥、农药减施 20% 以上，基本上实现了"清洁家园，生活垃圾不出村；清洁水源，污水不出村；清洁田园，秸秆不出田；清洁能源，用能不冒烟"。2011 年，全省又选择 3 万个村点、500 个农村集镇实施农村清洁工程，投资 4.2 亿元。"十二五"期间，还将重点实施 8700 个农村清洁工程示范村，每个示范村投入资金约 83 万元，合计投资 72.6 亿元。截至 2011 年 9 月底，农村垃圾无害化处理工程累计完成投资 1 亿元，占总计划的 66.7%。3 月 11 日江西省新农村建设办公室与省财政厅联合下发《关于做好 2011 年度农村清洁工程资金安排和管理工作的通知》，并完成各县定点备案工作，5 月开展了农村清洁工程督查月活动，督促指导各地农村清洁工程开展工作，省财政于 6 月 2 日下达 2011 年农村清洁工程补助经费（赣财预〔2011〕71 号），各地稳步推进清洁工程宣传、培训、基础设施建设等各项工作，同年 9 月对全省农村清洁工程推进情况进行第二次督查。

8.3　鄱阳湖水环境与水生态保护与管理对策建议

众多实例表明，湖泊出现的一系列生态环境问题，大多数是由于对湖泊资源不合理、高强度的开发利用及管理不善等原因造成的。与在湖泊管理方面取得成功的国家相比，我国在湖泊的管理方面还存在一些问题，如条块分割的管理体制不利于湖泊的高效管理，相关法律法规的建设有待完善，水质管理模式下的标准、监测和评估体系难以实现湖泊的可持续利用与发展，公众参与湖泊管理不足等。因而，对鄱阳湖水环境的管理和优化显得尤为重要，需要各单位及公众的共同努力，而建立综合管理机制以及健全环境信息公开制度等是必不可少的。

8.3.1　建立综合管理机制

积极发挥政府的主导作用，建立鄱阳湖流域综合管理机构，协调和指导开展鄱阳湖流域水环境管理工作。同时需要理顺现有管理机制，完善和加强区域间的联合执法，严格落实执法监管的各项措施，严厉打击违法排放行为，对重点河流及区域，如南昌电化、乐安江德兴铜矿等，应严格实行总量控制，减少废水排放量。以流域为单元，整体考虑鄱阳湖的开发利用和保护管理，制定其总体战略规划和年度实施计划，并明确各机构的职责分工、行政程序、职责等，监督、检查规划的实施情况。流域管理是美国 21 世纪的湖泊管理的基本战略，也是英国、法国、日本等发达国家水环境管理的基本战略。如美国的 TMDL 环境管理政策，就是在识别受损水体的基础上，通过制定和贯彻流域综合治理规划来实现的。为了推动科学地进行规划，美国国家环境保护局组织相关领域专家编制了《恢复和保护水环境的流域规划制定技术手册》。同时，相关部门应注重流域的生态完整性，将流域看作一个完整的生态系统，对其管理体制、法规标准、规划、监测体系等方面进行系统创新，实现流域由水质管理向水生态系统管理的转变。传统的流域管理必须向基于生态系统的流域综合管理转变已经在欧盟各国、美国、加拿大、澳大利亚和南非等国家的管理者中得到充分共识。

8.3.2　建立健全环境信息公开制度

首先，以立法为先导，通过立法加强对流域水环境的保护，健全环境信息公开的法规体系。在现有的法规体系中，应对环境信息公开加以规定，其主要内容应包括环境信息公开主体（政府及企业两大类）、环境信息公开内容、公开时限、公开程序、公开对象、公众参与具体方式的规定等。同时，保障公众主动申请获得环境信息的权利，实现信息的双向沟通。其次，加大企业环境信息公开的力度。企业必须报告其生产部门向环境排放有害物质的总量以及输送到处理、储存和处置装置中有害物质的总量，并向社会公开。最后，建立统一的水资源数据库与信息共享机制。通过环境公报与市、县、镇、村的宣传报等及时提供鄱阳湖和周边水系的水环境水生态状况及环境保护对策实施报告；强化资源整合、信息共享，做到信息统一处理、统一发布，利用互联网等各种通讯媒体作为情报窗口，提供大范围的关于鄱阳湖及周边水系的基础情报的共享机会，通过环境论坛的定期召开等措施，确保环境情报的提供和交换，让公众及时了解鄱阳湖的环境状况，提高公众参与保护鄱阳湖的力度。

8.3.3　加强鄱阳湖水环境水生态监测体系

目前鄱阳湖水生态安全的监测主要是江西省水文部门和省环境保护部门在执行。最近，中国科学院南京地理与湖泊研究所结合湿地监测也开始了相关的生态监测。此外，鄱阳湖水生态安全的遥感监测与无线监测也逐渐受到地方管理部门的重视。江西省遥感信息系统中心已有相关的研究课题在进行这方面的研究，如国家科技支撑计划课题"鄱阳湖水生态安全监测预警技术研究"等。总体而言，经过几十年的建设，鄱阳湖水环境水生态监测已经形成了相应的监测站网并形成固定的监测队伍。但目前鄱阳湖水环境水生态监测仍存在一些不足，如，①监测站点的分布不尽合理，大多数站点布设在河道入湖口，针对性不够强，不足以反映鄱阳湖大水体水生态安全的真实状况；②监测指标项中水质指标多，生态指标少，尤其是反映水生动、植物的指标特别少；③站点监测本身不足，仅能反映出很小范围的水生态状况，而目前可以反映较大面积的遥感监测尚没有达到固定点位、固定时相和周期的要求；④存在部门鸿沟，信息不通，缺乏数据共享。

近年来由于水文情势变化和流域人类开发活动增强，鄱阳湖水环境水生态保护面临的压力也随之增加。为适应当前复杂的水文情势变化与人类干扰，提高鄱阳湖水环境水生态科学管理水平，提出以下建议。

（1）研究建立鄱阳湖水生态安全监测体系。进行鄱阳湖水生态安全监测的指标体系、水生态安全标准和规范的研究，以规范鄱阳湖水生态安全监测业务；针对各部门的行业特点和优势，在现有监测业务的基础上合理分工，合作完成监测任务。

（2）进行鄱阳湖水生态安全监测分区。水生态分区是 20 世纪 80 年代后期美国国家环境保护局首次针对河流、湖泊等淡水水体提出的生态分区方案。经过 20 多年的发展和普及，这种基于水生态分区的河流、湖泊管理和研究已经成为水体生态保护和环境管理、评价的热点，成为水生态安全监测网点设计的有效辅助手段。水生态区能够建立区域和监测点之间的联系，在适宜的统计方法支持下，基于水生态区的分析可以精确预测那些没有大量进行现场监测的水体的状况，而这些水体往往是没有机会或者条件开展定点研究和调查的。采用水生态分区的技术与方法，按照水生态功能与特点，将鄱阳湖区划分成不同水生态安全监测分区；参考国际水生态监测的现状与发展趋势，以国家标准和规范设置各分区的重点监测指标项，有重点地进行监测，以期获得最佳的监测效果。

（3）扩充和增设监测站点。充分利用鄱阳湖现有的监测站点，在水环境监测的基础上，扩充和增设水生态安全监测站点，重点是增设遥感和无线监测站点。

（4）扩大监测要素的范围，从以水质为主逐步向水生态发展。引入遥感和无线传感监测技术手段，以生物等为监测主体，逐步形成与常规监测同步的业务化流程，实现多方位、全面的鄱阳湖水生态安全监测。目前，尽管遥感监测可以弥补常规监测无法实现的一些优点，有些监测技术也达到了可以接受的水平标准，但受信息源、气候条件以及物体本身光谱特性的限制，尚没有形成常规的业务化，且监测站点也不固定，影响了其成果的应用。因此，当前的重点，一是加强某些特定水生态因子的遥感监测研究，争取在短期内获得成熟的技术；二是要针对特定区域，建立固定的遥感监测场，使监测数据具有可比性；三是要选择适当的遥感信息源，该信息源应该较少受到气候等条件的影响，使接收信息稳定，能保证监测的需求等。

（5）构建鄱阳湖水生态监测数据平台，形成数据共享机制。建议在省政府的统一领导下，确定牵头部门，联合与鄱阳湖水生态安全监测有关的各部门、各单位，本着互通有无、互利共赢的原则，建立数据交换平台，联合构建起鄱阳湖水生态安全监测的数据平台，共建鄱阳湖水生态安全监测网络体系，逐步形成数据共享机制，为鄱阳湖水生态安全体系建设提供数据基础。

8.3.4　建立鄱阳湖水环境水生态预警系统

水环境水生态预警系统是指通过对与水环境有关的警情、警源的现状分析与评价分析，利用定性、定量相结合的预警模型确定其变化的趋势和速度，以形成对突发性或长期性警情的预报，从而达到排除警患的目的。预警系统的建设坚持以人为本、保障安全的基本原则，按照"居安思危、防患未然，全监测、早预警、保重点"的原则，建设布局合理、能力到位、手段齐全、装备先进、预警及时的鄱阳湖水质预警监测系统。本着"统一规划，强化整体，全面覆盖，突出重点"的原则，由环保部门统一规划，强化对鄱阳湖及城市水环境监测预警的统一监管，采用人工巡测和自动监测，做到监测监视全覆盖；重点建设行政交界、出入湖河流水质自动站，加强对饮用水源地和重点监视河流水质监控，新建水质自动站要求覆盖鄱阳湖流域及城市主要水体，对区内主要行政交界断面、出入湖河流及饮用水源地水质进行全面监控。

鄱阳湖水环境监测体系中的预警系统就是应用已有的资料，在对鄱阳湖水环境演变规律和趋势进行分析的基础上，结合鄱阳湖水环境的关键影响因素和作用机理，根据鄱阳湖生态经济区规划和建设的需要，建立鄱阳湖水环境预警模型，形成合适的预警系统，在实现对鄱阳湖水环境预警的同时为鄱阳湖的管理者提供前瞻性的科学决策依据和对策。可利用粗糙集理论（RS）和支持向量机（SVM）方法实现对鄱阳湖水环境的诊断和预警，建立鄱阳湖综合预警模型。在 Windows 操作系统下，以 ArcGIS 为基础进行二次开发，结合鄱阳湖水环境预警模型研制鄱阳湖水环境预警地理信息系统。该系统通过外界因素对鄱阳湖水环境正负两个方面影响的综合分析，确定鄱阳湖水环境的演化趋势、速度及质量状态变化的动态过程，而后做出预警，并采取相应对策。通过该系统可以评价与预测鄱阳湖开发利用对鄱阳湖水环境的影响，便于决策者确定鄱阳湖的科学管理活动，人为进行系统调控，积极防止鄱阳湖水环境向无序化方向发展。对饮用水源区、突发性水污染事故敏感区的预警有重要作用。通过鄱阳湖水环境预警地理信息系统可以直观、系统性地完成对鄱阳湖水环境状况的诊断、预警、预报警度、分析警源，为鄱阳湖管理者的科学决策依据提供理论和方法支撑，从而促进鄱阳湖的健康与可持续发展。

众所周知，水环境预警中，监测是关键，也是根本。根据鄱阳湖的实际情况，采用"水、陆、空"三位一体的办法，运用人工监测与自动连续在线监测相结合的方式，对鄱阳湖湖体、集中式饮用水源地、主要出入湖河道、调水通道及重要敏感水体的水质及藻类分布情况进行高密度、高频次的监测和巡测，为预警提供坚实的科学依据。其中，湖体预警应按照等级不同，采用不同的频次对鄱阳湖湖体进行水面人工巡测和自动监测，了解湖体水质、藻类密度及藻类水面分布和集聚情况；在陆域范围按照预警等级采用不同频次在岸上对集中式饮用水源地、主要出入湖河道、调水通道及重要敏感水体（包括鄱阳湖沿岸重点区域）的水质及藻类分布和集聚情况进行监视和监测，运用的手段有人工采样监测、水质自动站在线连续监测、藻类视频监测系统在线观测、鄱阳湖沿岸藻类人工定点观测；此外，空中观测需要加强卫星遥感解译与实时跟踪，及时获取整个鄱阳湖湖体藻类水面分布和集聚的完整信息，掌握鄱阳湖藻类的空间分布区域和面积。

参 考 文 献

陈美球, 魏晓华. 2010. 鄱阳湖水保护的经验与启示. 鄱阳湖学刊, 4: 78-82.

陈水松, 唐剑锋. 2013. 水生态监测方法介绍及研究进展评述. 人民长江, (s2): 92-96.

陈婷, 饶志, 储小东, 等. 2015. 江西鄱阳湖流域水环境质量现状分析及管理对策. 中国湖泊论坛.

邓燕青. 2013. 鄱阳湖水生态监测现状及发展趋势研究//中国水利学会 2013 学术年会论文集——S2 湖泊治理开发与保护.

淦峰, 林联盛, 郭秋忠, 等. 2011. 鄱阳湖水生态安全遥感监测分析. 江西科学, 29 (1): 131-137.

郭玉银, 王仕刚. 2014. 鄱阳湖水文生态动态监测系统构建与探讨. Journal of Water Resources Research, 3: 436-443.

胡卡, 刘木生, 郭秋忠, 等. 2011. 鄱阳湖水生态安全监测数据库框架. 江西科学, 28 (6): 860-865.

胡细英, 蒋英文, 胡俊. 2004. 鄱阳湖流域江河源头地区水环境立法保护. 水土保持研究, 11 (3): 275-277.

胡细英, 熊小英. 2002. 鄱阳湖水位特征与湿地生态保护. 江西林业科技, 5: 1-4.

计勇, 张洁, 陈泉, 等. 2010. 研究主要关注的几个问题（Ⅰ）重金属污染演变. 江西科学, 28 (5): 714-718.

郎锋祥, 彭英, 龚芸. 2014. 水生态监测的实践与探讨. 水资源研究, (1): 41-43.

李秀香. 2008. 借鉴国内外河湖水污染治理经验, 加大鄱阳湖流域水环境保护力度. 鄱阳湖生态经济区开放型经济研究.

林联盛, 刘木生, 何文莉, 等. 2011. 鄱阳湖水生态安全监测现状与分析. 水土保持通报, 31 (3): 99-102.

林联盛, 夏雨, 刘木生, 等. 2009. 鄱阳湖水生态监测现状与监测体系的思考. 江西科学, 27 (4): 510-516.

林祚顶. 2008. 水生态监测探析. 水利信息化, 4: 1-4.

刘小春. 2010. 论鄱阳湖湿地生态环境的法律保护. 赣州: 江西理工大学.

刘小春. 2012. 试论鄱阳湖湿地生态环境保护法律制度的构建. 前沿, (16): 66-67.

罗静伟. 2010. 基于生态安全的鄱阳湖湿地生态系统管理. 南昌: 南昌大学.

孟伟, 张远, 郑丙辉. 2007. 水生态区划方法及其在中国的应用前景. 水科学进展, 18 (2): 293-300.

聂爱平. 2011. 资源管理体制改革的法治视角. 鄱阳湖学刊, (3): 51-58.

孙志勇，桂丽静，黄晓凤. 2013. 鄱阳湖区自然保护区网络建设及管理对策. 现代园艺，（24），149-150.

万金保，蒋胜韬. 2006. 分析及综合治理. 水资源保护，22（3）：24-27.

汪玉奇. 2013. 生态环境保护与管理体制创新. 北京：中国社会科学出版社.

王石忆. 2011. 鄱阳湖生态经济区建设与水生态环境保护对策初探. 科技风，（13）：240-240.

徐忠麟，方孝安. 2012. 鄱阳湖湿地生态环境的法律保护探讨. 安徽农业科学，40（1）：287-289.

游文荪，丁惠君，许新发. 2009. 安全现状评价与趋势研究. 长江流域资源与环境，18（12）：1173-1180.

周雍. 2010. 环境保护立法研究. 南昌：南昌大学.

附　　录

附表 1　鄱阳湖水质与水生态长期定位监测样点

编号	位置	东经/(°)	北纬/(°)
PY1	瓢山	116.39077	29.06087
PY2	棠荫	116.38012	29.06818
PY3	狮茅岭	116.30425	29.15622
PY4	都昌	116.18500	29.24710
PY5	小矶山	116.08277	29.25109
PY6	修水	116.01300	29.19360
PY7	赣江主支口	116.00074	29.28260
PY8	蚌湖口	116.00055	29.28410
PY9	渚溪口	116.04900	29.30980
PY10	老爷庙	116.03843	29.38672
PY11	湖口	116.21288	29.74754
PY12	鞋山	116.15880	29.66958
PY13	蛤蟆石	116.15099	29.63771
PY14	屏风山	116.13131	29.50880
PY15	星子	116.05437	29.44136

附表 2　鄱阳湖藻类名录

一、蓝藻门 Cyanophyta

1. 平裂藻属 Merismopedia

2. 微囊藻属 Microcystis

3. 浮丝藻属 Planktothrix

4. 螺旋藻属 Spirulina

5. 鱼腥藻属 Anabeana

6. 拟鱼腥藻属 Anabaenopsis

7. 束丝藻属 Aphanizomenon

二、金藻门 Chrysophyta

8. 锥囊藻属 Dinobryon

三、硅藻门 Bacillariophyta

9. 直链藻属 Aulacoseira

10. 小环藻属 *Cyclotella*	七、绿藻门 Chlorophyta
11. 四棘藻属 *Attheya*	34. 盘藻属 *Gonium*
12. 平板藻属 *Tabellaria*	35. 实球藻属 *Pandorina*
13. 脆杆藻属 *Fragilaria*	36. 空球藻属 *Eudorina*
14. 针杆藻属 *Synedra*	37. 杂球藻属 *Pleodorina*
15. 布纹藻属 *Gyrosigma*	38. 团藻属 *Volvox*
16. 舟形藻属 *Navicula*	39. 微芒藻属 *Mciractiniym*
17. 根管藻属 *Rhizosolenia*	40. 多芒藻属 *Golenkinia*
18. 羽纹藻属 *Pinnularia*	41. 小球藻属 *Chlorella*
19. 桥弯藻属 *Cymbella*	42. 弓形藻属 *Schroederia*
20. 异极藻属 *Gomphonema*	43. 顶棘藻属 *Chodatella*
21. 卵形藻属 *Cocconeis*	44. 四角藻属 *Tetraedron*
22. 窗纹藻属 *Epithemia*	45. 拟新月藻属 *Closteriopsis*
23. 星杆藻属 *Asterionella*	46. 纤维藻属 *Ankistrodesmus*
24. 双菱藻属 *Surirella*	47. 月牙藻属 *Selenastrum*
	48. 蹄形藻属 *Kirchneriella*
四、隐藻门 Cryptophyta	49. 四棘藻属 *Treubaria*
25. 隐藻属 *Cryptomonas*	50. 棘球藻属 *Echinosphaerella*
26. 蓝隐藻属 *Chroomonas*	51. 卵囊藻属 *Oocystis*
	52. 网球藻属 *Dictyosphaerium*
五、甲藻门 Pyrrophyta	53. 水网藻属 *Hydrodictyon*
27. 薄甲藻属 *Glenodinium*	54. 盘星藻属 *Pediastrum*
28. 多甲藻属 *Peridinium*	55. 栅藻属 *Scenedesmus*
29. 角甲藻属 *Ceratium*	56. 四星藻属 *Tetrastum*
	57. 十字藻属 *Crucigenia*
六、裸藻门 Euglenophyta	58. 集星藻属 *Actinastrum*
30. 裸藻属 *Euglena*	59. 空星藻属 *Coelastrum*
31. 囊裸藻属 *Trachelomonas*	60. 丝藻属 *Ulothrix*
32. 陀螺藻属 *Strombomonas*	61. 转板藻属 *Mougeotia*
33. 扁裸藻属 *Phacus*	62. 鼓藻属 *Cosmarium*
	63. 角星鼓藻属 *Staurastrum*

64. 叉星鼓藻属 *Staurodesmus*

65. 微星鼓藻属 *Micrasterias*

66. 胶球鼓藻属 *Cosmocladium*

67. 顶接鼓藻属 *Spondylosium*

68. 角丝鼓藻属 *Desmidium*

69. 新月藻属 *Closterium*

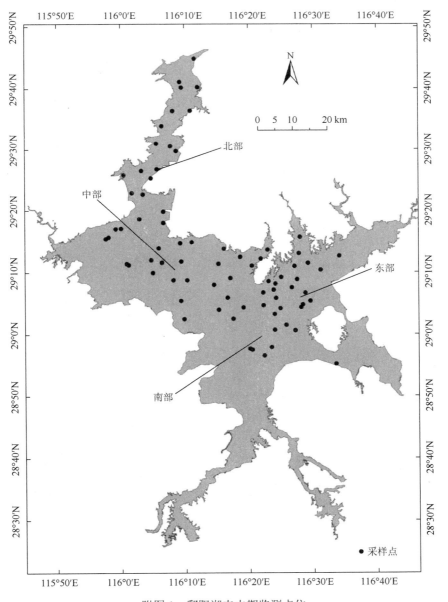

附图1　鄱阳湖丰水期监测点位

附表3　鄱阳湖站水环境与水生态长期定位监测点

编号	位置	东经/(°)	北纬/(°)
PY1	瓢山	116.39077	29.06087
PY2	棠荫	116.38012	29.06818
PY3	狮茅岭	116.30425	29.15622
PY4	都昌	116.18500	29.24710
PY5	小矶山	116.08277	29.25109
PY6	修水	116.01300	29.19360
PY7	赣江主支口	116.00074	29.28260
PY8	蚌湖口	116.00055	29.28410
PY9	渚溪口	116.04900	29.30980
PY10	老爷庙	116.03843	29.38672
PY11	湖口	116.21288	29.74754
PY12	鞋山	116.15880	29.66958
PY13	蛤蟆石	116.15099	29.63771
PY14	屏风山	116.13131	29.50880
PY15	星子	116.05437	29.44136

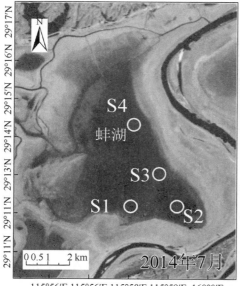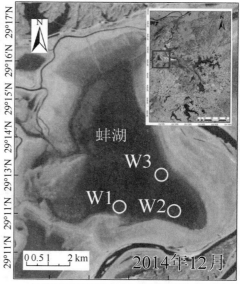

附图2　蚌湖2012年夏季和冬季底栖动物调查点

附表4　2012年1月至2012年10月鄱阳湖底栖动物名录

种类	Taxa	1月	4月	7月	10月
寡毛纲	Oligochaeta				
霍甫水丝蚓	*Limnodrilus hoffmeisteri*		+	+	+
苏氏尾鳃蚓	*Branchiura sowerbyi*	+	+	+	+
中华河蚓	*Rhyacodrilus sinicus*	+			+
摇蚊幼虫	Chironomidae				
褐斑菱跗摇蚊	*Clinotanypus sugiyamai*		+		
花翅前突摇蚊	*Procladius choreus*			+	+
半折摇蚊	*Chironomus semireductus*	+			
梯形多足摇蚊	*Ploypedilum scalaenum*		+		
凹铗隐摇蚊	*Cryptochironomus defectus*		+	+	
叶二叉摇蚊	*Dicrotendipes lobifer*	+			+
淡绿二叉摇蚊	*Dicrotendipes pelochloris*		+		
暗肩哈摇蚊	*Harnischia fuscimana*				+
李氏摇蚊	*Lipiniella* sp.		+		
阿克西摇蚊属一种	*Axarus* sp.	+	+	+	+
腹足纲	Gastropoda				
铜锈环棱螺	*Bellamya aeruginosa*	+	+	+	+
耳河螺	*Rivularia auriculata*	+	+	+	+
双龙骨河螺	*Rivularia bicarinata*	+		+	
长角涵螺	*Alocinma longicornis*	+		+	
纹沼螺	*Parafossarulus striatulus*			+	
大沼螺	*Parafossarulus eximius*	+	+	+	+
方格短沟蜷	*Semisulcospira cancellata*	+	+	+	+
双壳纲	Bivalve				
河蚬	*Corbicula fluminea*	+ +	+ +	+ + +	+ + +
淡水壳菜	*Limnoperna fortunei*	+	+ +	+	+
中国尖脊蚌	*Acuticosta chinensis*	+	+		
椭圆背角无齿蚌	*Anodonta woodiana elliptica*				+
圆背角无齿蚌	*Anodonta woodiana pacifica*				+
背角无齿蚌	*Anodonta woodiana woodiana*		+		
扭蚌	*Arconaia lanceolata*	+	+		+
鱼尾楔蚌	*Cuneopsis pisciculus*		+		
三角帆蚌	*Hyriopsis cumingii*			+	

续表

种类	Taxa	1月	4月	7月	10月
洞穴丽蚌	*Lamprotula caveata*	+	+		+
背瘤丽蚌	*Lamprotula leai*			+	+
猪耳丽蚌	*Lamprotula rochechouarti*	+	+	+	
橄榄蛏蚌	*Solena iaoleivora*	+			
圆顶珠蚌	*Unio douglasiae*				+
其他	Others				
钩虾	*Gammaridae* sp.	+	+	+	++
寡鳃齿吻沙蚕	*Nephtys oligobranchia*	+	+	+	+
低头石蚕	*Neureclipsis* sp.	+			
毛翅目一种	Trichoptera sp.				+
蜉蝣属一种	*Ephemera* sp.	+	+		+
扁舌蛭	*Glossiphonia complanata*	+		+	+
宽身舌蛭	*Glossiphonia lata*			+	
舌蛭科一种	Glossiphoniidae sp.	+			
石蛭科一种	Erpobdella sp.		+		
物种数		25	24	23	24

附表5　军山湖底栖动物物种名录

种类	Taxa
寡毛纲	
管水蚓	*Aulodrilus* sp.
苏氏尾鳃蚓	*Branchiura sowerbyi*
霍甫水丝蚓	*Limnodrilus hoffmeisteri*
摇蚊幼虫	
菱跗摇蚊	*Clinotanypus* sp.
半折摇蚊	*Chironomus semireductus*
多足摇蚊	*Ploypedilum* sp.
花翅前突摇蚊	*Procladius choreus*
中国长足摇蚊	*Tanypus chinensis*
腹足纲	
铜锈环棱螺	*Bellamya aeruginosa*
耳河螺	*Rivularia auriculata*
大沼螺	*Parafossarulus eximius*

续表

种类	Taxa
光滑狭口螺	*Stenothyra glabra*
双壳纲	
河蚬	*Corbicula fluminea*
圆顶珠蚌	*Unio douglasiae*
洞穴丽蚌	*Lamprotula caveata*
其他	
寡鳃齿吻沙蚕	*Nephtys oligobranchia*
扁舌蛭	*Glossiphonia complanata*